#개념원리
#개념완전정복

개념
해결의 법칙

Chunjae Makes Chunjae

[개념 해결의 법칙] 초등 수학 2-1

기획총괄	김안나
편집개발	이근우, 서진호, 김현주, 김정민
디자인총괄	김희정
표지디자인	윤순미, 여화경
내지디자인	박희춘, 이혜미
제작	황성진, 조규영

발행일	2023년 9월 1일 개정초판 2023년 9월 1일 1쇄
발행인	(주)천재교육
주소	서울시 금천구 가산로9길 54
신고번호	제2001-000018호
고객센터	1577-0902

※ 정답 분실 시에는 천재교육 교재 홈페이지에서 내려받으세요.

※ KC 마크는 이 제품이 공통안전기준에 적합하였음을 의미합니다.

※ 주의

책 모서리에 다칠 수 있으니 주의하시기 바랍니다.

부주의로 인한 사고의 경우 책임지지 않습니다.

8세 미만의 어린이는 부모님의 관리가 필요합니다.

모든 개념을 다 보는 해결의 법칙

수학 2·1

스케줄표

2-1

1일차 월 일	2일차 월 일	3일차 월 일	4일차 월 일	5일차 월 일
1. 세 자리 수 8쪽 ~ 13쪽	1. 세 자리 수 14쪽 ~ 17쪽	1. 세 자리 수 18쪽 ~ 23쪽	1. 세 자리 수 24쪽 ~ 27쪽	1. 세 자리 수 28쪽 ~ 31쪽

6일차 월 일	7일차 월 일	8일차 월 일	9일차 월 일	10일차 월 일
2. 여러 가지 도형 34쪽 ~ 39쪽	2. 여러 가지 도형 40쪽 ~ 45쪽	2. 여러 가지 도형 46쪽 ~ 49쪽	2. 여러 가지 도형 50쪽 ~ 53쪽	3. 덧셈과 뺄셈 56쪽 ~ 61쪽

11일차 월 일	12일차 월 일	13일차 월 일	14일차 월 일	15일차 월 일
3. 덧셈과 뺄셈 62쪽 ~ 67쪽	3. 덧셈과 뺄셈 68쪽 ~ 71쪽	3. 덧셈과 뺄셈 72쪽 ~ 75쪽	3. 덧셈과 뺄셈 76쪽 ~ 81쪽	3. 덧셈과 뺄셈 82쪽 ~ 85쪽

16일차 월 일	17일차 월 일	18일차 월 일	19일차 월 일	20일차 월 일
3. 덧셈과 뺄셈 86쪽 ~ 89쪽	3. 덧셈과 뺄셈 90쪽 ~ 93쪽	3. 덧셈과 뺄셈 94쪽 ~ 97쪽	4. 길이 재기 100쪽 ~ 103쪽	4. 길이 재기 104쪽 ~ 107쪽

21일차 월 일	22일차 월 일	23일차 월 일	24일차 월 일	25일차 월 일
4. 길이 재기 108쪽 ~ 111쪽	4. 길이 재기 112쪽 ~ 115쪽	4. 길이 재기 116쪽 ~ 119쪽	5. 분류하기 122쪽 ~ 127쪽	5. 분류하기 128쪽 ~ 133쪽

26일차 월 일	27일차 월 일	28일차 월 일	29일차 월 일	30일차 월 일
5. 분류하기 134쪽 ~ 137쪽	6. 곱셈 140쪽 ~ 145쪽	6. 곱셈 146쪽 ~ 149쪽	6. 곱셈 150쪽 ~ 155쪽	6. 곱셈 156쪽 ~ 159쪽

스케줄표 활용법

1 먼저 스케줄표에 공부할 날짜를 적습니다.
2 날짜에 따라 스케줄표에 제시한 부분을 공부합니다.
3 채점을 한 후 확인란에 부모님이나 선생님께 확인을 받습니다.

예 〉

1일차 월 일
1. 세 자리 수 8쪽 ~ 13쪽

개념 2학년

해결의 법칙 칠교판, 자

[관련 단원] 2. 여러 가지 도형

칠교판 문제에 활용하세요.

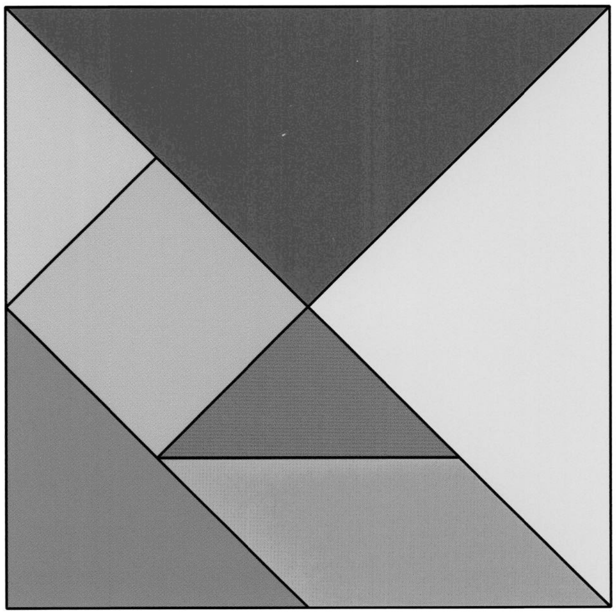

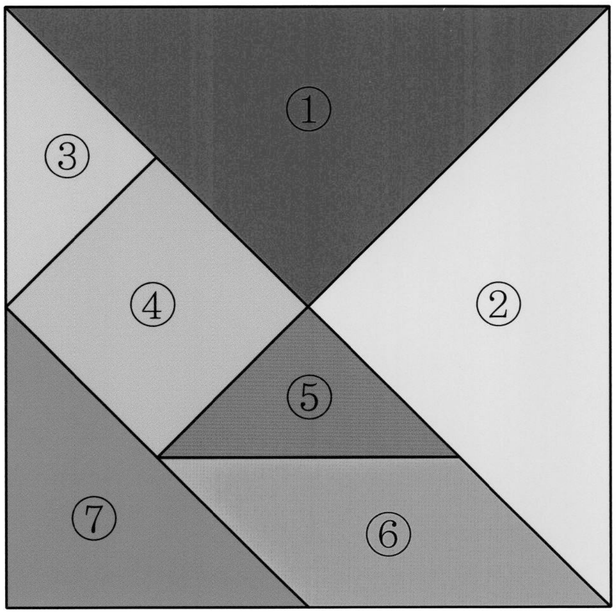

자르는 선

사용방법 ① 선을 따라 잘라서 조각 7개로 나누어 봅니다. [주의] 가위나 칼로 자를 때 다치지 않도록 조심하세요.
② 나누어진 조각의 변이 서로 만나도록 붙여 여러 가지 모양을 만들어 봅니다.

[관련 단원] 4. 길이 재기

길이를 재는 문제에 활용하세요.

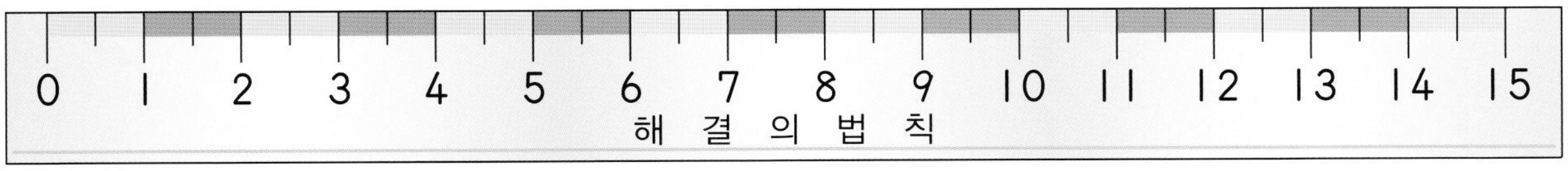

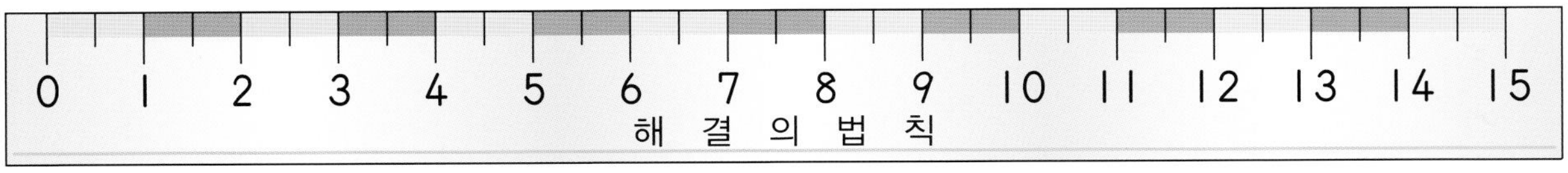

사용방법 ① 자의 테두리를 따라 잘라 봅니다. [주의] 가위나 칼로 자를 때 다치지 않도록 조심하세요.
② 자를 이용하여 길이를 재어 봅니다.

모든 개념을 다 보는 해결의 법칙

22개정 교육과정 반영

수학

2·1

개념 해결의 법칙만의

「학습」 관리

개념 받아쓰기 와 개념 받아쓰기 문제 를 풀면서
개념을 내 것으로 만들자!

1 STEP

개념 파헤치기

교과서 개념원리를 꼼꼼하게 익히고, 기본 문제를 풀면서 개념을 제대로 이해했는지 확인할 수 있어요.

개념 동영상 강의 제공

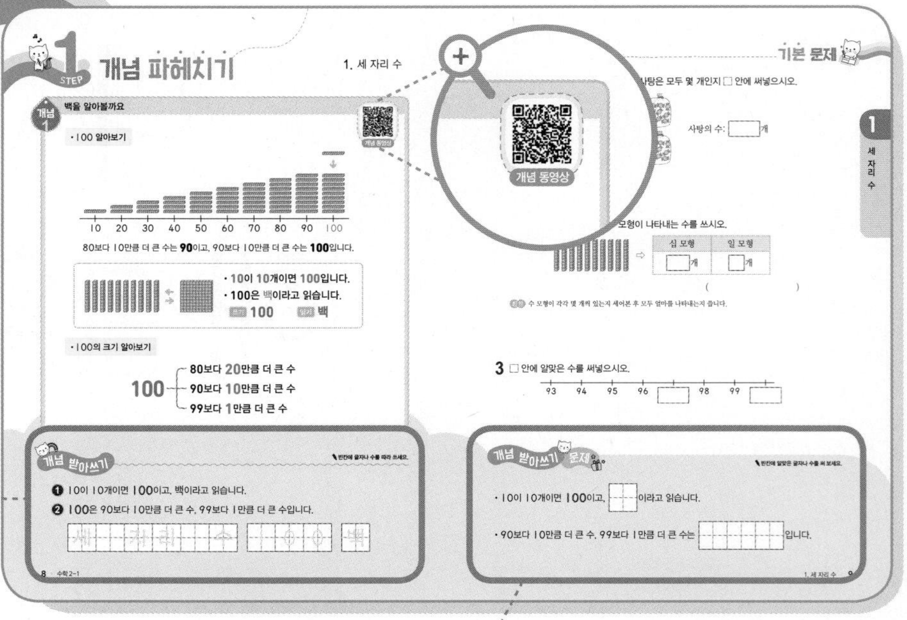

개념을 정리하고 받아쓰기 연습도 같이 할 수 있어요.

2 STEP

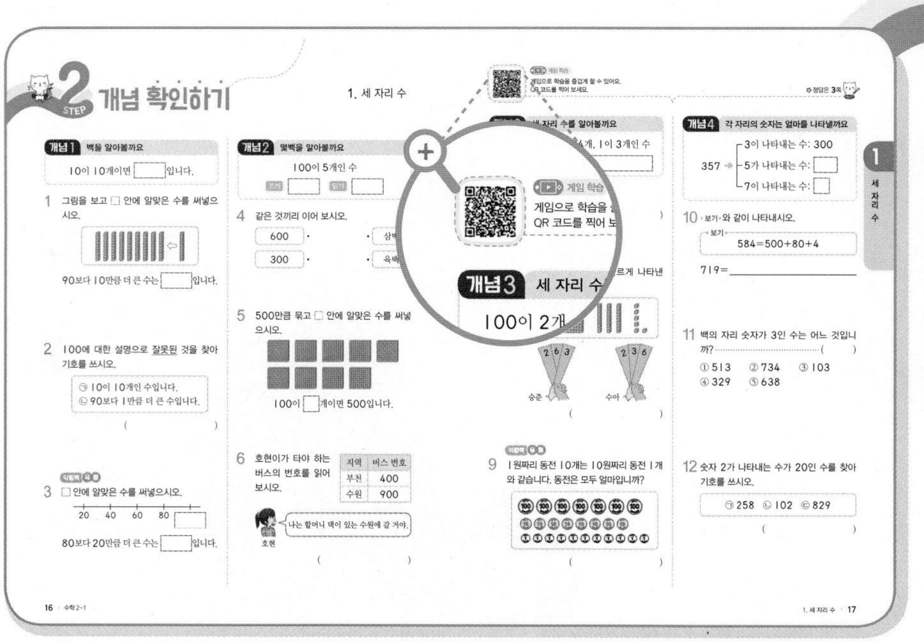

개념 확인하기

다양한 교과서, 익힘책 문제를 풀면서 앞에서 배운 개념을 완전히 내 것으로 만들어 보세요.

게임 학습

모든 개념을 다 보는 해결의 법칙

모바일 코칭 시스템

3 STEP

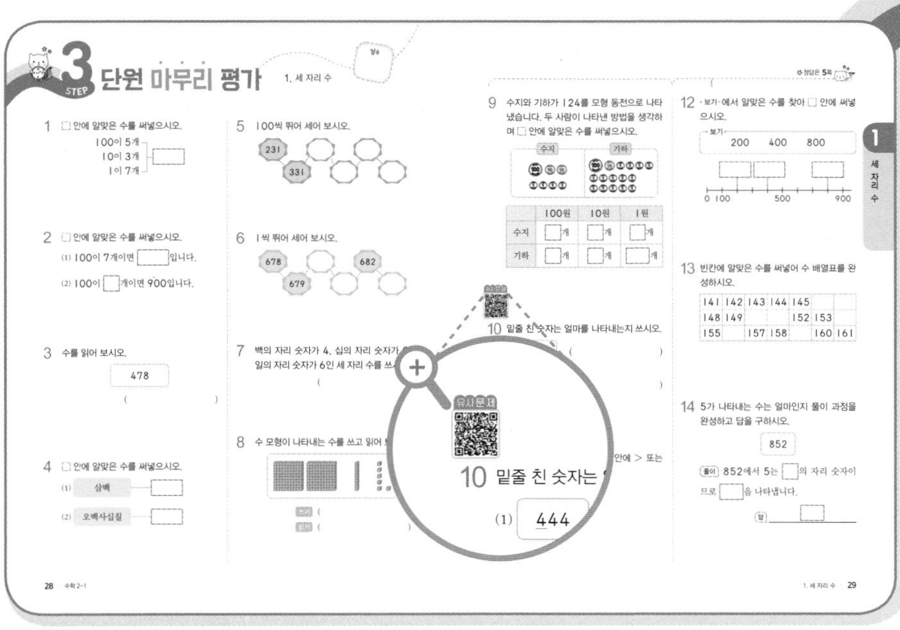

단원 마무리 평가

단원 마무리 평가를 풀면서 앞에서 공부한 내용을 정리해 보세요.

유사 문제 제공

게임 학습

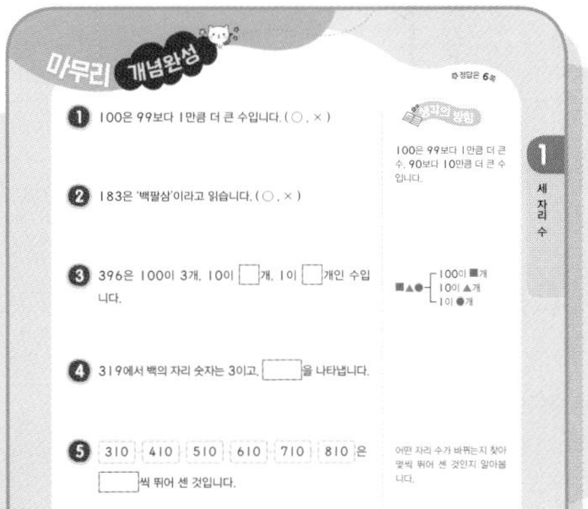

마무리 개념완성

문제를 풀면서 단원에서 배운 개념을 완성하여 내 것으로 만들어 보세요.

개념 해결의 법칙

「QR 활용법」

모바일 코칭 시스템

모바일 동영상 강의 서비스

개념 동영상 강의 제공

개념에 대해 선생님의 더 자세한 설명을 듣고 싶을 때 찍어 보세요. 교재 내 QR 코드를 통해 개념 동영상 강의를 무료로 제공하고 있어요.

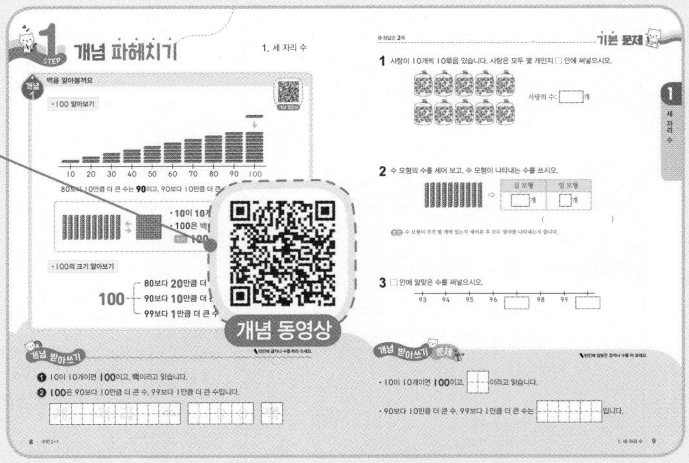

유사 문제 제공

3단계에서 비슷한 유형의 문제를 더 풀어 보고 싶다면 QR 코드를 찍어 보세요. 추가로 제공되는 유사 문제를 풀면서 앞에서 공부한 내용을 정리할 수 있어요.

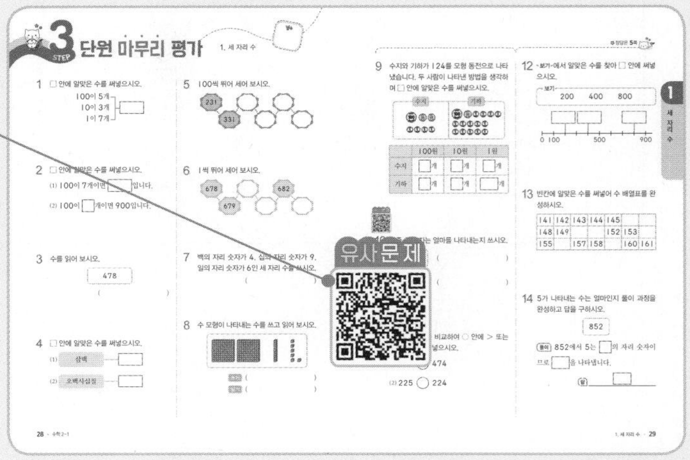

게임 학습

2단계의 시작 부분과 3단계의 끝 부분에 있는 QR 코드를 찍어 보세요. 게임을 하면서 개념을 정리할 수 있어요.

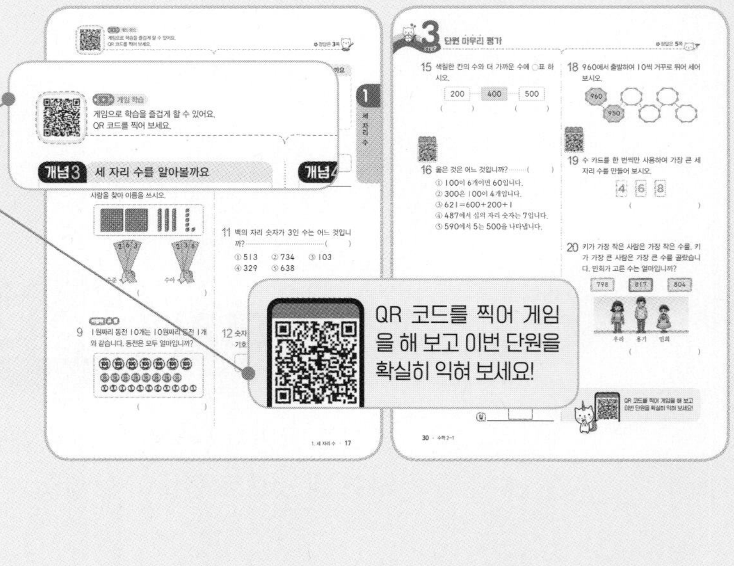

개념 해결의 법칙

「차례」

2-1

1 세 자리 수

제1화 장화신은 고양이! 나라를 세우러 가다.

이전에 배운 내용

[1-2 100까지의 수]
- 60, 70, 80, 90 알아보기
- 99까지의 수 알아보기
- 100 알아보기
- 100까지의 수의 순서 알아보기
- 두 수의 크기 비교하기

이번에 배울 내용

- 백, 몇백 알아보기
- 세 자리 수 쓰고 읽기
- 각 자리 숫자가 나타내는 수
- 뛰어 세기
- 수의 크기 비교하기

앞으로 배울 내용

[2-2 네 자리 수]
- 천, 몇천 알아보기
- 네 자리 수 알아보기
- 각 자리 숫자가 나타내는 수
- 뛰어 세기
- 수의 크기 비교하기

STEP 1 개념 파헤치기

개념 1 백을 알아볼까요

개념 동영상

• 100 알아보기

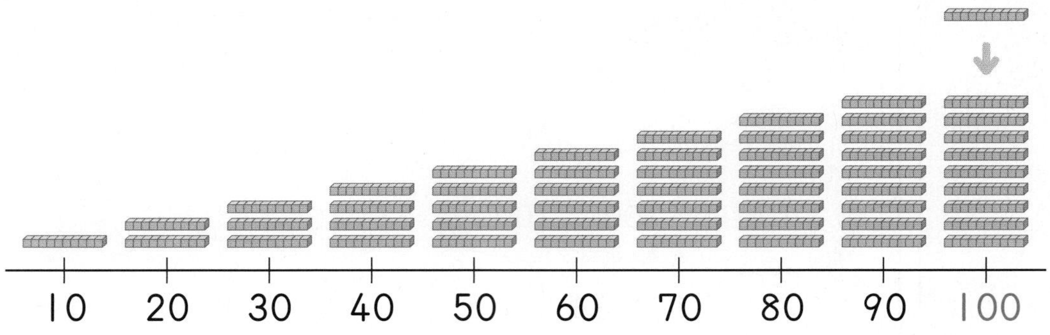

80보다 10만큼 더 큰 수는 **90**이고, 90보다 10만큼 더 큰 수는 **100**입니다.

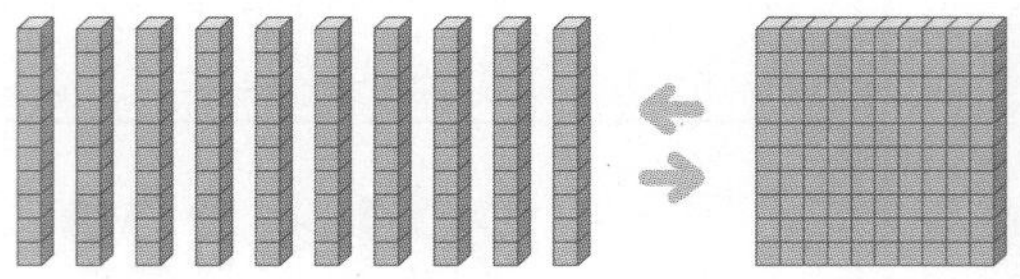

• **10**이 **10**개이면 **100**입니다.

• **100**은 **백**이라고 읽습니다.

쓰기 **100** 읽기 **백**

• 100의 크기 알아보기

100
- **80**보다 **20**만큼 더 큰 수
- **90**보다 **10**만큼 더 큰 수
- **99**보다 **1**만큼 더 큰 수

개념 받아쓰기

✎ 빈칸에 글자나 수를 따라 쓰세요.

❶ 10이 10개이면 100이고, 백이라고 읽습니다.

❷ 100은 90보다 10만큼 더 큰 수, 99보다 1만큼 더 큰 수입니다.

세 자리 수 | 100 | 백

1 사탕이 10개씩 10묶음 있습니다. 사탕은 모두 몇 개인지 □ 안에 써넣으시오.

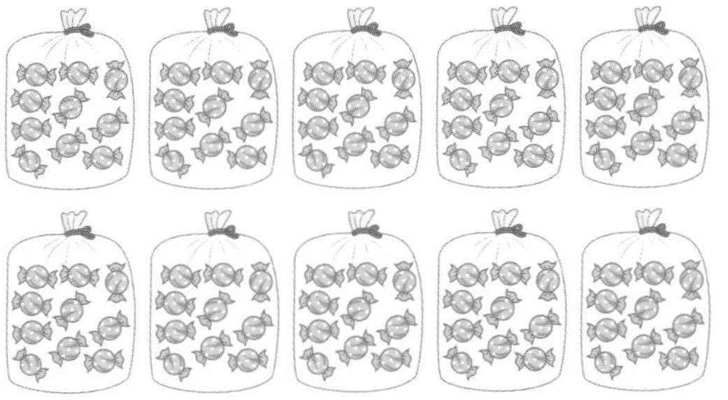

사탕의 수: □개

2 수 모형의 수를 세어 보고, 수 모형이 나타내는 수를 쓰시오.

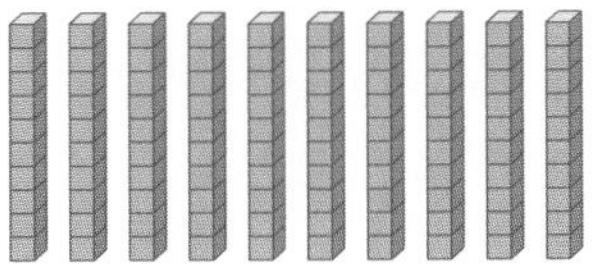

⇨

십 모형	일 모형
□개	□개

(　　　　　　　)

힌트 수 모형이 각각 몇 개씩 있는지 세어본 후 모두 얼마를 나타내는지 씁니다.

3 □ 안에 알맞은 수를 써넣으시오.

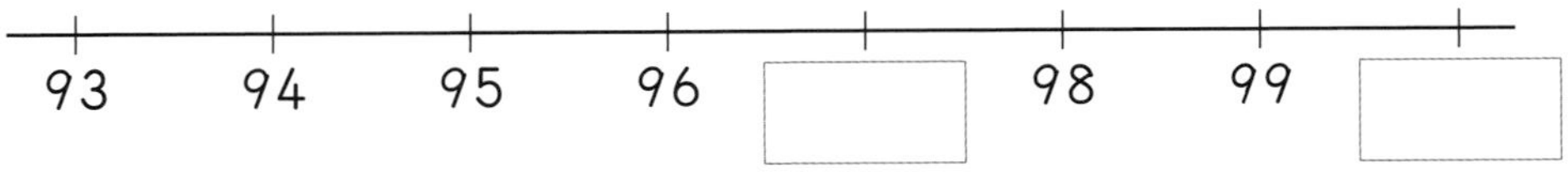

1

세 자리 수

개념 받아쓰기 문제

✎ 빈칸에 알맞은 글자나 수를 써 보세요.

• 10이 10개이면 100이고, □이라고 읽습니다.

• 90보다 10만큼 더 큰 수, 99보다 1만큼 더 큰 수는 □입니다.

개념 2 몇백을 알아볼까요

개념 동영상

수 모형		쓰기	읽기
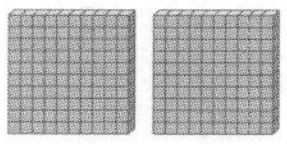	100이 2개	200	이백
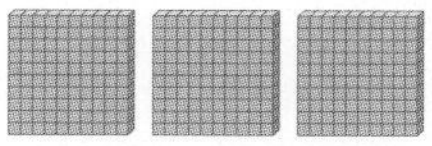	100이 3개	300	삼백
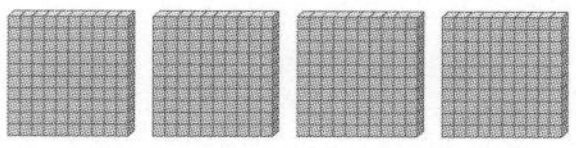	100이 4개	400	사백
	100이 5개	500	오백
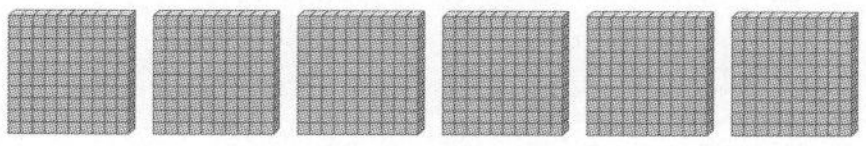	100이 6개	600	육백
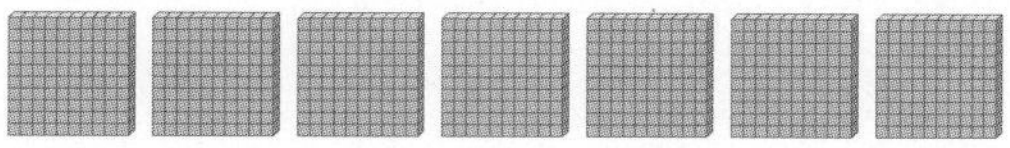	100이 7개	700	칠백
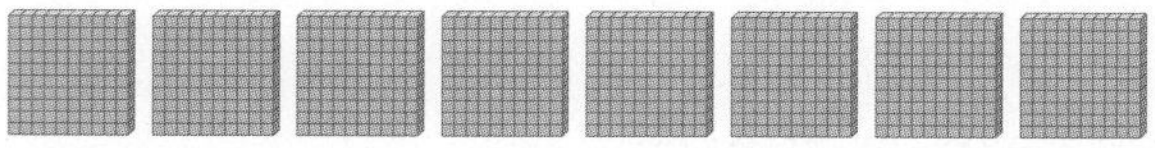	100이 8개	800	팔백
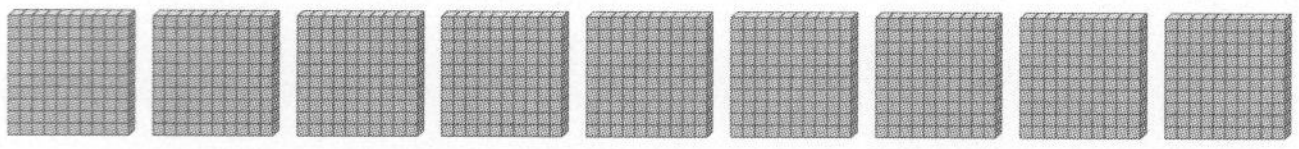	100이 9개	900	구백

100이 4개이면 **400**이라 쓰고, **사백**이라고 읽습니다.

100이 7개이면 **700**이라 쓰고, **칠백**이라고 읽습니다.

100이 9개이면 **900**이라 쓰고, **구백**이라고 읽습니다.

참고 100이 한 개씩 늘어날 때마다 100, 200, 300, ..., 900이 되고, 백, 이백, 삼백, ..., 구백이라고 읽습니다.

개념 받아쓰기

① 100씩 묶어 세면 100, 200, 300, 400, 500, 600, 700, 800, 900입니다.

② 몇백을 읽어 보면 **백, 이백, 삼백, 사백, 오백, 육백, 칠백, 팔백, 구백**입니다.

이	백		삼	백		육	백		칠	백

1 수를 읽어 보시오.

(1) 500 (　　　　　　　)

(2) 700 (　　　　　　　)

(3) 800 (　　　　　　　)

2 □ 안에 알맞은 수를 써넣으시오.

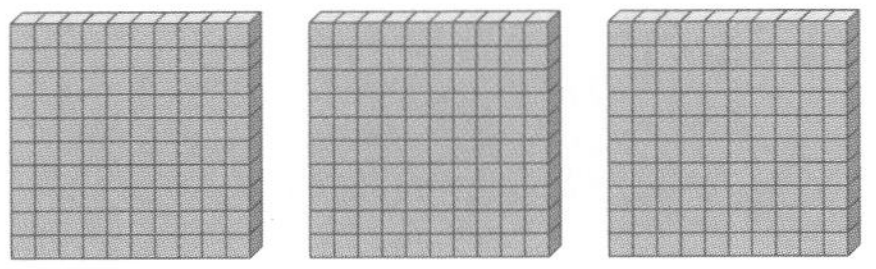

백 모형이 3개이면 □입니다.

3 옳으면 ○표, 틀리면 ×표 하시오.

(1) 100이 4개이면 40입니다. ························ (　　　　)

(2) 700은 100이 7개인 수입니다. ················ (　　　　)

(3) 900은 구십이라고 읽습니다. ···················· (　　　　)

개념 받아쓰기 문제

200 → 이백, 300 → 삼백, 400 → □, 500 → □,

600 → 육백, 700 → 칠백, 800 → □, 900 → □

개념 3 세 자리 수를 알아볼까요

개념 동영상

• 세 자리 수 알아보기

백 모형	십 모형	일 모형
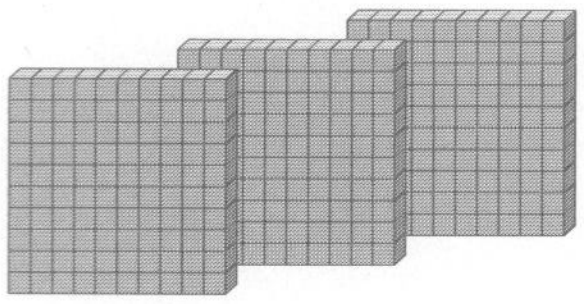	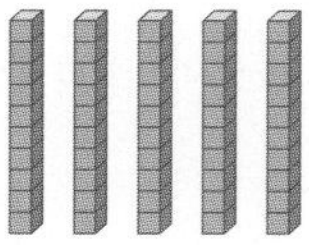	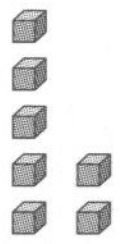

100이 3개, 10이 5개, 1이 7개인 수

쓰기 **357** 읽기 **삼백오십칠**

• 0이 있는 세 자리 수 알아보기

백 모형	십 모형	일 모형
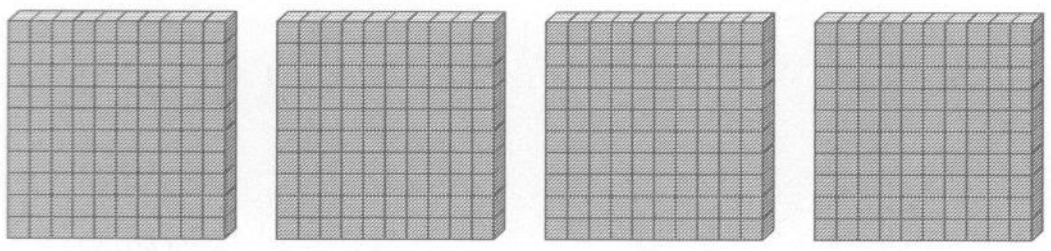		

100이 4개, 10이 0개, 1이 3개인 수

쓰기 **403** 읽기 **사백삼**

0인 자리는 숫자와 자릿값을 읽지 않습니다.

개념 받아쓰기

❶ 637은 **육백삼십칠**이라고 읽습니다.

❷ 908은 **구백팔**이라고 읽습니다. '구백영십팔'이라고 읽지 않도록 주의합니다.

육	백	삼	십	칠

구	백	팔

1 수를 읽어 보시오.

(1) 385

( )

(2) 601

( )

2 수 모형이 나타내는 수를 쓰시오.

(1) 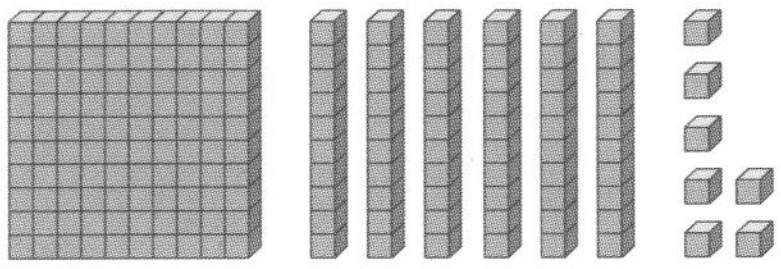

( )

(2) 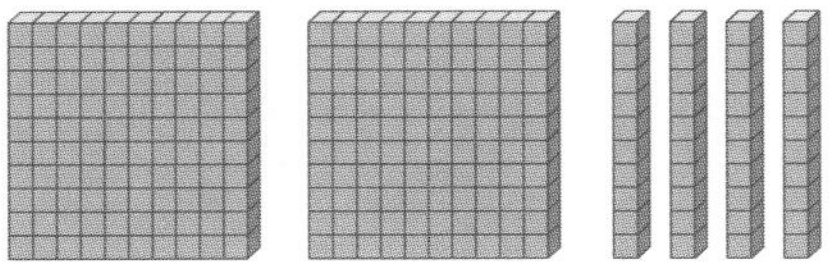

( )

힌트 어떤 수 모형이 몇 개씩 있는지 세어 본 후 모두 얼마를 나타내는지 씁니다.

3 □ 안에 알맞은 수를 써넣으시오.

(1) 100이 8개, 10이 4개, 1이 6개인 수는 □ 입니다.

(2) 100이 9개, 1이 6개인 수는 □ 입니다.

개념 받아쓰기 문제

- 796을 읽어 보면 □□□□□□□□□□ 입니다.
- 100이 4개, 10이 0개, 1이 2개인 수는 402이고, □□□□□□ 라고 읽습니다.

개념 4 각 자리의 숫자는 얼마를 나타낼까요

개념 동영상

• 각 자리 숫자와 나타내는 수 알아보기

백의 자리	십의 자리	일의 자리
3	6	7
100이 3개	10이 6개	1이 7개
300	60	7

3은 **백의 자리 숫자**이고 300을 나타냅니다.
6은 **십의 자리 숫자**이고 60을 나타냅니다.
7은 **일의 자리 숫자**이고 7을 나타냅니다.

$$367=300+60+7$$

• 같은 숫자라도 나타내는 수가 다른 경우 알아보기

888 →

	백의 자리	십의 자리	일의 자리
숫자	8	8	8
나타내는 수	800	80	8

개념 받아쓰기

1 234에서 각 자리 숫자 알아보기

→ 2는 백 의 자리 숫자, 3은 십 의 자리 숫자, 4는 일 의 자리 숫자입니다.

1 □ 안에 알맞은 수를 써넣으시오.

(1) 856 ⇨

100이 8개	10이 5개	1이 6개
800	□	□

856=800+□+□

(2) 719 ⇨

100이 7개	10이 1개	1이 9개
□	10	□

719=□+10+□

힌트 ■▲●=■00+▲0+●와 같이 나타낼 수 있습니다.

2 □ 안에 알맞은 수를 써넣으시오.

185	백의 자리 숫자: 1 ⇨ □을 나타냅니다. 십의 자리 숫자: □ ⇨ □을 나타냅니다. 일의 자리 숫자: □ ⇨ □를 나타냅니다.

개념 받아쓰기 문제

• 478에서 각 자리 숫자 알아보기

→ 4는 □의 자리 숫자, 7은 □의 자리 숫자, 8은 □의 자리 숫자입니다.

개념 1 백을 알아볼까요

10이 10개이면 □ 입니다.

1 그림을 보고 □ 안에 알맞은 수를 써넣으시오.

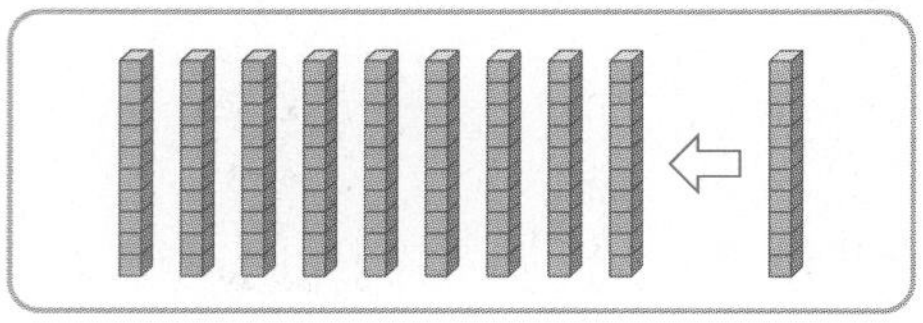

90보다 10만큼 더 큰 수는 □ 입니다.

2 100에 대한 설명으로 잘못된 것을 찾아 기호를 쓰시오.

㉠ 10이 10개인 수입니다.
㉡ 90보다 1만큼 더 큰 수입니다.

( )

익힘책 유형

3 □ 안에 알맞은 수를 써넣으시오.

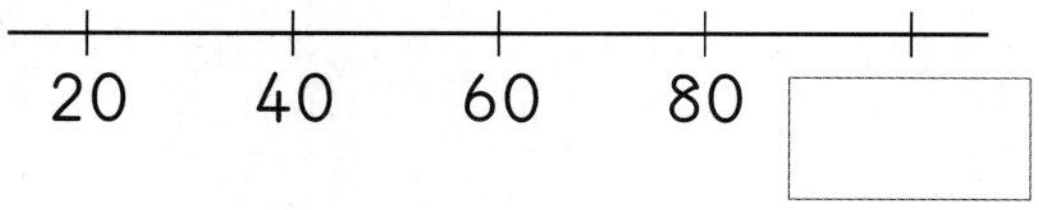
20
40
60
80

80보다 20만큼 더 큰 수는 □ 입니다.

개념 2 몇백을 알아볼까요

100이 5개인 수

쓰기 □ 읽기 □

4 같은 것끼리 이어 보시오.

600 •	• 삼백
300 •	• 육백

5 500만큼 묶고 □ 안에 알맞은 수를 써넣으시오.

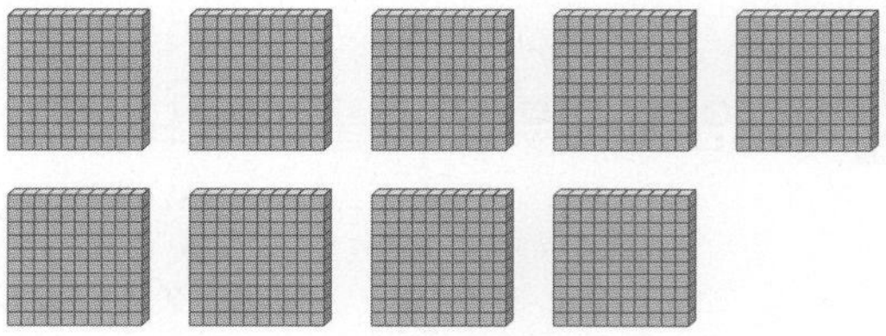

100이 □ 개이면 500입니다.

6 호현이가 타야 하는 버스의 번호를 읽어 보시오.

지역	버스 번호
부천	400
수원	900

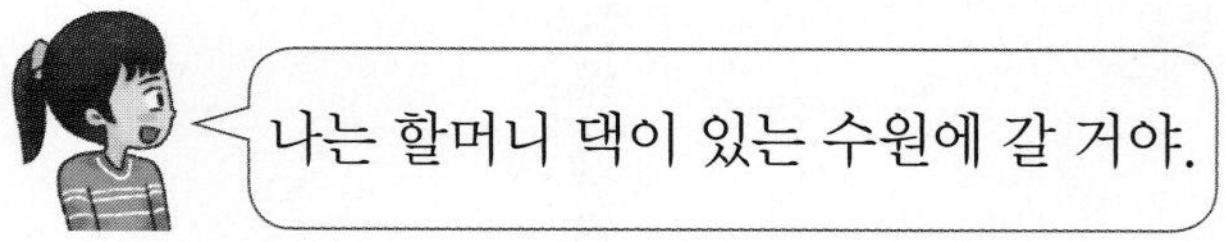
나는 할머니 댁이 있는 수원에 갈 거야.

호현

( )

정답은 3쪽

개념3 세 자리 수를 알아볼까요

100이 2개, 10이 4개, 1이 3개인 수

쓰기 [ ] 읽기 [ ]

개념4 각 자리의 숫자는 얼마를 나타낼까요

357 → 3이 나타내는 수: 300
5가 나타내는 수: [ ]
7이 나타내는 수: [ ]

7 수를 읽어 보시오.

561 ( )

8 수 모형으로 나타낸 수를 바르게 나타낸 사람을 찾아 이름을 쓰시오.

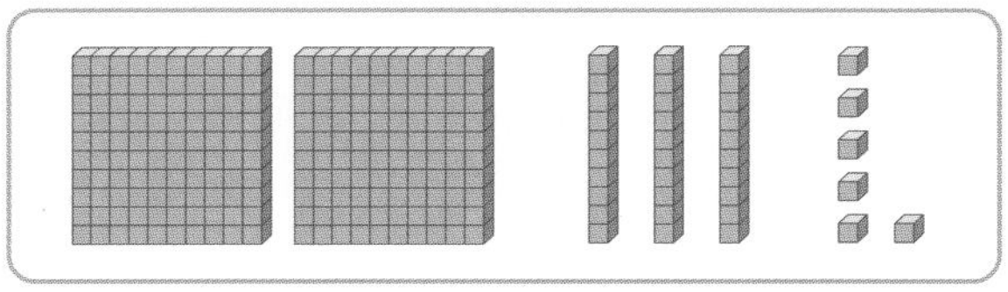

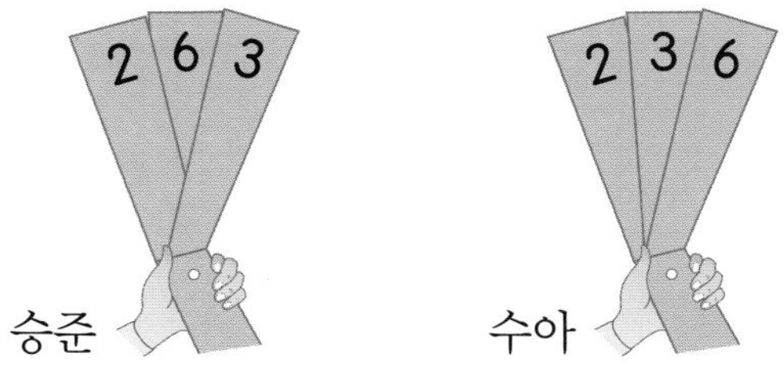

( )

익힘책 유형

9 1원짜리 동전 10개는 10원짜리 동전 1개와 같습니다. 동전은 모두 얼마입니까?

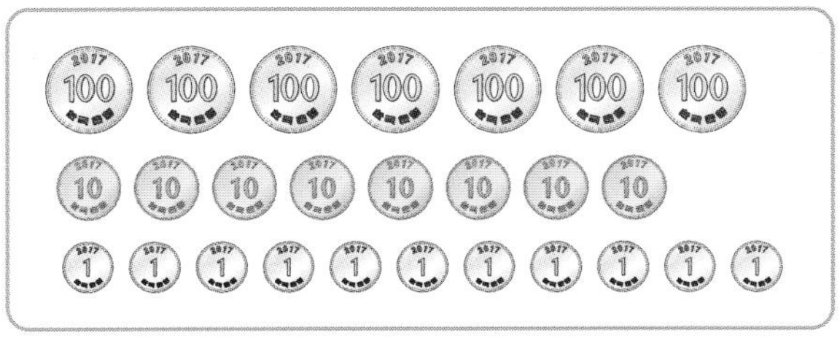

( )

10 보기 와 같이 나타내시오.

보기
584=500+80+4

719=__________

11 백의 자리 숫자가 3인 수는 어느 것입니까? ……………… ( )

① 513 ② 734 ③ 103
④ 329 ⑤ 638

12 숫자 2가 나타내는 수가 20인 수를 찾아 기호를 쓰시오.

㉠ 258 ㉡ 102 ㉢ 829

( )

개념 5 뛰어 세어 볼까요

개념 동영상

• 100씩 뛰어 세기

115 — 215 — 315 — 415 — 515 — 615

➔ **백**의 자리 수가 **1씩** 커집니다.

• 10씩 뛰어 세기

930 — 940 — 950 — 960 — 970 — 980

➔ **십**의 자리 수가 **1씩** 커집니다.

• 1씩 뛰어 세기

995 — 996 — 997 — 998 — 999 — 1000

➔ **일**의 자리 수가 **1씩** 커집니다.

• 1000 알아보기

999보다 1만큼 더 큰 수는 **1000**이고, **천**이라고 읽습니다.

참고 1000은 900보다 100만큼 더 큰 수, 990보다 10만큼 더 큰 수입니다.

개념 받아쓰기

✎ 빈칸에 글자나 수를 따라 쓰세요.

❶ 999보다 1만큼 더 큰 수는 1000이고, 천이라고 읽습니다.

1	0	0	0

천

1 뛰어 세어 보시오.

(1) 100씩 뛰어 세어 보시오.

170 — 270 — [ ] — 470 — 570 — 670 — [ ] — 870 — [ ]

(2) 10씩 뛰어 세어 보시오.

102 — 112 — 122 — [ ] — 142 — [ ] — 162 — 172 — [ ]

(3) 1씩 뛰어 세어 보시오.

561 — 562 — [ ] — 564 — [ ] — 566 — 567 — [ ] — 569

힌트 100씩 뛰어 세면 백의 자리 수가 1씩 커집니다.

2 999보다 1만큼 더 큰 수를 쓰고 읽어 보시오.

쓰기 (   ) 읽기 (   )

개념 받아쓰기 문제

빈칸에 알맞은 글자나 수를 써 보세요.

- 999보다 1만큼 더 큰 수는 [ ] 입니다.
- 1000은 [ ] 이라고 읽습니다.

개념 6 수의 크기를 비교해 볼까요 (1) — 백의 자리 수끼리 비교

개념 동영상

세 자리 수에서 백의 자리 수가 다를 경우
➔ **백의 자리 수가 클수록 더 큰 수**입니다.

• **324**와 **287**의 크기 비교

	백의 자리	십의 자리	일의 자리
324 ➔	3	2	4
287 ➔	2	8	7

백의 자리 수가 다르므로
백의 자리 수가 클수록 큽니다.

■가 ●보다
큽니다.
⇨ ■>●

백 십 일 / 백 십 일
324 $>$ **287** 읽기 **324는 287보다 큽니다.**

• **153**과 **500**의 크기 비교

백 십 일 / 백 십 일
153 $<$ **500** 읽기 **153은 500보다 작습니다.**

개념 받아쓰기

1. 세 자리 수의 크기를 비교할 때에는 백 의 자리 수가 **클수록** 더 큽니다.

2. 세 자리 수의 크기를 비교할 때에는 백 의 자리 수가 **작을수록** 더 작습니다.

1 빈칸에 알맞은 수를 써넣은 후 두 수의 크기를 비교하여 ○ 안에 > 또는 <를 알맞게 써넣으시오.

(1)

	백의 자리	십의 자리	일의 자리
537 ⇨	5	3	7
837 ⇨			

⇨ 537 ○ 837

(2)

	백의 자리	십의 자리	일의 자리
662 ⇨	6	6	2
490 ⇨			

⇨ 662 ○ 490

힌트 백의 자리 수가 클수록 더 큰 수입니다.

2 두 수의 크기를 비교하여 ○ 안에 > 또는 <를 알맞게 써넣으시오.

(1) 938 ○ 805
9 ○ 8

(2) 345 ○ 548
3 ○ 5

(3) 450 ○ 504
4 ○ 5

개념 받아쓰기 문제

• 356 ○ 286 → 356은 286보다 ☐.

• 676 ○ 700 → 676은 700보다 ☐.

개념 7 수의 크기를 비교해 볼까요(2) — 십의 자리 수끼리 비교

개념 동영상

세 자리 수에서 백의 자리 수가 같은 경우
→ **십의 자리 수가 클수록 더 큰 수**입니다.

백의 자리 수 비교 —(백의 자리 수가 같다면)→ 십의 자리 수 비교

• **274**와 **256**의 크기 비교

	백의 자리	십의 자리	일의 자리
274 →	2	7	4
256 →	2	5	6

(백의 자리: 같습니다.) (십의 자리: 수의 크기 비교)

백 십 일 / 백 십 일
274 > 256 읽기 **274는 256보다 큽니다.**

• **609**와 **610**의 크기 비교

백 십 일 / 백 십 일
609 < 610 읽기 **609는 610보다 작습니다.**

개념 받아쓰기

❶ 세 자리 수의 크기를 비교할 때

백의 자리 수가 같으면 [십]의 자리 수가 **클수록** 더 [큽니다].

1 빈칸에 알맞은 수를 써넣은 후 두 수의 크기를 비교하여 ○ 안에 > 또는 <를 알맞게 써넣으시오.

(1)

	백의 자리	십의 자리	일의 자리
643 ⇨	6	4	3
692 ⇨			

⇨ 643 ○ 692

(2)

	백의 자리	십의 자리	일의 자리
708 ⇨	7	0	8
738 ⇨			

⇨ 708 ○ 738

힌트 백의 자리 수가 같을 때는 십의 자리 수를 비교해 봅니다.

2 두 수의 크기를 비교하여 ○ 안에 > 또는 <를 알맞게 써넣으시오.

(1) 872 ○ 869
7 ○ 6

(2) 935 ○ 945
3 ○ 4

(3) 408 ○ 411
0 ○ 1

개념 받아쓰기 문제

• 865 ○ 893 → 865는 893보다 ☐.

• 565 ○ 550 → 565는 550보다 ☐.

개념 8 수의 크기를 비교해 볼까요 ⑶ — 일의 자리 수끼리 비교

개념 동영상

세 자리 수의 크기 비교는
백의 자리 수, 십의 자리 수, 일의 자리 수 순서로 비교합니다.

백의 자리 수 → (백의 자리 수가 같다면) → 십의 자리 수 → (십의 자리 수가 같다면) → 일의 자리 수

• **463**과 **469**의 크기 비교

	백의 자리	십의 자리	일의 자리
463 →	4	6	3
469 →	4	6	9
	같습니다.	같습니다.	수의 크기 비교

백 십 일 / 백 십 일

463 < **469** 읽기 **463은 469보다 작습니다.**

• **901**과 **900**의 크기 비교

백 십 일 / 백 십 일

901 > **900** 읽기 **901은 900보다 큽니다.**

개념 받아쓰기

1 세 자리 수의 크기를 비교할 때 백의 자리 수끼리 같고, 십의 자리 수끼리 같으면

[일]의 자리 수가 **클수록** 더 [큽니다].

1 빈칸에 알맞은 수를 써넣은 후 두 수의 크기를 비교하여 ○ 안에 > 또는 <를 알맞게 써넣으시오.

(1)

	백의 자리	십의 자리	일의 자리
564 ⇨	5	6	4
568 ⇨			

⇨ 564 ○ 568

(2)

	백의 자리	십의 자리	일의 자리
858 ⇨	8	5	8
857 ⇨			

⇨ 858 ○ 857

힌트 백의 자리 수끼리 같고, 십의 자리 수끼리 같으면 일의 자리 수를 비교합니다.

2 두 수의 크기를 비교하여 ○ 안에 > 또는 <를 알맞게 써넣으시오.

(1) 675 ○ 673
5 ○ 3

(2) 104 ○ 109
4 ○ 9

(3) 107 ○ 104
7 ○ 4

개념 받아쓰기 문제

• 458 ○ 450 ➔ 458은 450보다 □.

• 630 ○ 632 ➔ 630은 632보다 □.

STEP 2 개념 확인하기

개념 5 뛰어 세어 볼까요

① 100씩 뛰어 세면 백의 자리 수가
② 10씩 뛰어 세면 십의 자리 수가
③ 1씩 뛰어 세면 일의 자리 수가
➜ 각각 □씩 커집니다.

1 □ 안에 알맞은 수를 써넣으시오.

999보다 1만큼 더 큰 수 ⇨ □

익힘책 유형

2 빈칸에 알맞은 수를 써넣고 몇씩 뛰어 세었는지 써넣으시오.

742 — 752 — 762 — □ — □ — □

⇨ □씩 뛰어 세었습니다.

3 610부터 100씩 거꾸로 뛰어 세어 보시오.

610 — 510 — □ — □ — □ — □

개념 6 크기 비교 – 백의 자리 수끼리 비교

세 자리 수의 크기를 비교할 때
백의 자리 수가 클수록 더 □ 수입니다.

4 두 수의 크기를 비교하여 ○ 안에 > 또는 <를 알맞게 써넣으시오.

(1) 768 ○ 297

(2) 592 ○ 803

교과서 유형

5 빈칸에 알맞은 수를 써넣으시오.

	백의 자리	십의 자리	일의 자리
593 ⇨	5	9	3
831 ⇨			
420 ⇨			

가장 큰 수는 □ 입니다.

6 도서관에 위인전이 324권, 동화책이 264권 있습니다. 위인전과 동화책 중에서 더 많은 책은 어느 것입니까?

( )

게임 학습
게임으로 학습을 즐겁게 할 수 있어요.
QR 코드를 찍어 보세요.

정답은 5쪽

개념7 크기 비교 – 십의 자리 수끼리 비교

세 자리 수에서 백의 자리 수가 같으면
➔ 십의 자리 수가 클수록 더 □ 수입니다.

7 두 수의 크기를 바르게 비교한 것을 찾아 기호를 쓰시오.

㉠ 136>141 ㉡ 159<160

( )

익힘책 유형

8 수의 크기를 비교하여 작은 수부터 차례로 쓰시오.

293 273 253

□ < □ < □

익힘책 유형

9 □ 안에 들어갈 수 있는 수를 모두 찾아 ○표 하시오.

5□7 > 574

1 2 3 4 5
6 7 8 9

개념8 크기 비교 – 일의 자리 수끼리 비교

세 자리 수에서 백의 자리 수끼리, 십의 자리 수끼리 같으면
➔ 일의 자리 수가 클수록 더 □ 수입니다.

10 두 수의 크기를 비교하여 ○ 안에 > 또는 <를 알맞게 써넣으시오.

(1) 962 ○ 963 (2) 789 ○ 786

11 ㉠과 ㉡의 크기를 비교하여 더 작은 수의 기호를 쓰시오.

㉠ 100이 4개, 10이 5개, 1이 8개인 수
㉡ 457

( )

12 번호가 작은 사람부터 영화표를 살 수 있습니다. 영화표를 먼저 살 수 있는 사람의 번호를 쓰시오.

( )

3 STEP 단원 마무리 평가

점수

1 □ 안에 알맞은 수를 써넣으시오.

100이 5개
10이 3개 → □
1이 7개

2 □ 안에 알맞은 수를 써넣으시오.

(1) 100이 7개이면 □ 입니다.

(2) 100이 □ 개이면 900입니다.

3 수를 읽어 보시오.

478

(　　　　　　)

4 □ 안에 알맞은 수를 써넣으시오.

(1) 삼백 — □

(2) 오백사십칠 — □

5 100씩 뛰어 세어 보시오.

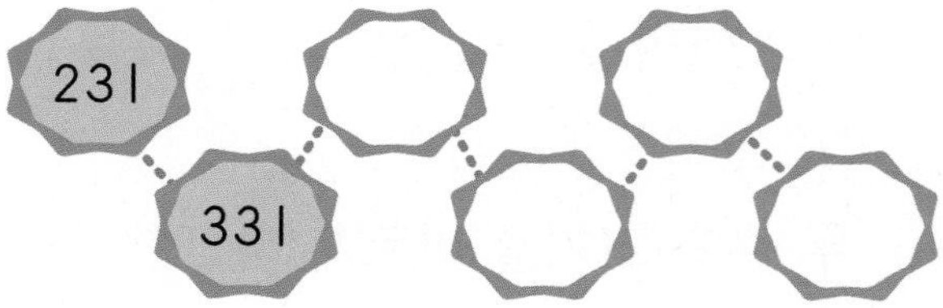

6 1씩 뛰어 세어 보시오.

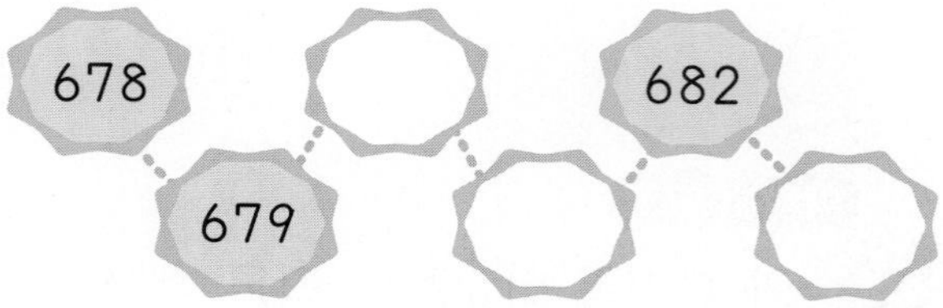

7 백의 자리 숫자가 4, 십의 자리 숫자가 9, 일의 자리 숫자가 6인 세 자리 수를 쓰시오.

(　　　　　　)

8 수 모형이 나타내는 수를 쓰고 읽어 보시오.

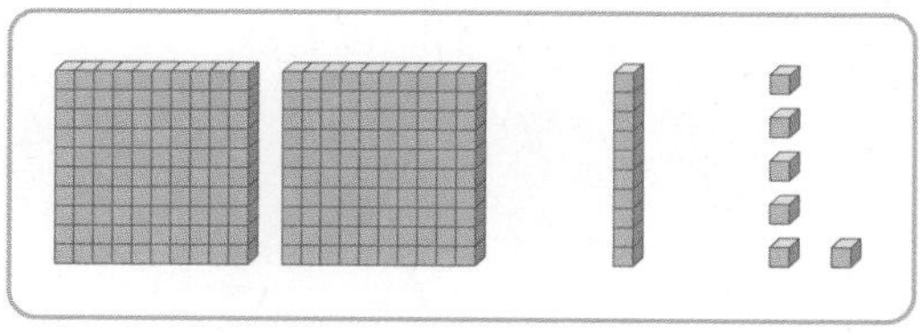

쓰기 (　　　　　　)

읽기 (　　　　　　)

정답은 5쪽

9 수지와 기하가 124를 모형 동전으로 나타냈습니다. 두 사람이 나타낸 방법을 생각하며 □ 안에 알맞은 수를 써넣으시오.

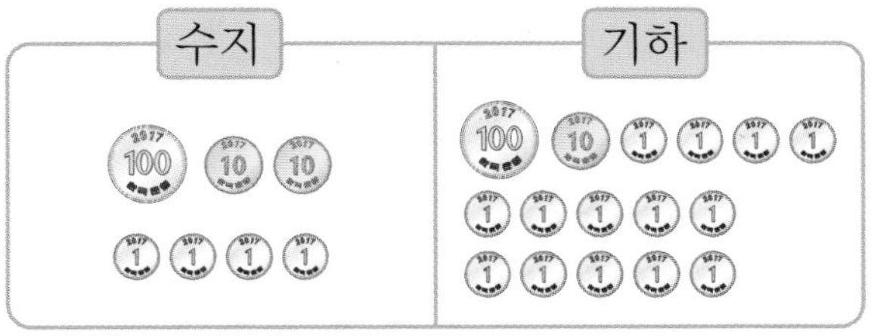

	100원	10원	1원
수지	□개	□개	□개
기하	□개	□개	□개

유사문제

10 밑줄 친 숫자는 얼마를 나타내는지 쓰시오.

(1) 444 (　　　　　　)

(2) 596 (　　　　　　)

유사문제

11 두 수의 크기를 비교하여 ○ 안에 > 또는 <를 알맞게 써넣으시오.

(1) 327 ○ 474

(2) 225 ○ 224

12 보기에서 알맞은 수를 찾아 □ 안에 써넣으시오.

보기
200 800 400

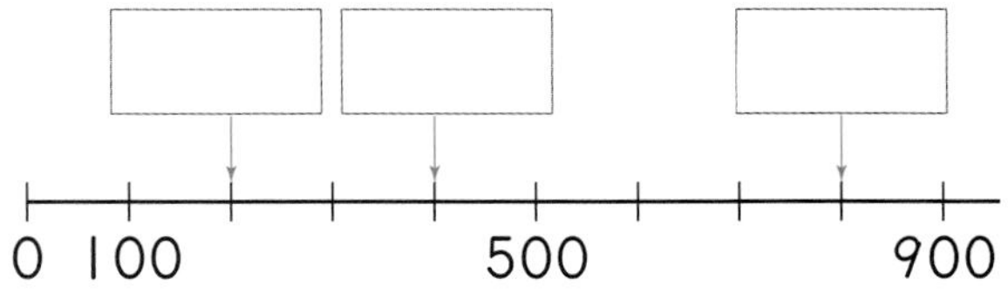

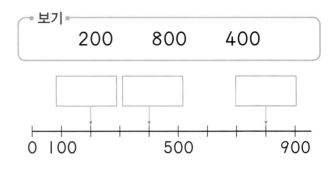

13 빈칸에 알맞은 수를 써넣어 수 배열표를 완성하시오.

141	142	143	144	145		
148	149			152	153	
155		157	158		160	161

14 5가 나타내는 수는 얼마인지 풀이 과정을 완성하고 답을 구하시오.

852

풀이 852에서 5는 □의 자리 숫자이므로 □을 나타냅니다.

답 □

15 색칠한 칸의 수와 더 가까운 수에 ○표 하시오.

200 — 400 — 500

( ) ( )

유사문제

16 옳은 것은 어느 것입니까? ……… ( )

① 100이 6개이면 60입니다.

② 300은 100이 4개입니다.

③ 621=600+200+1

④ 487에서 십의 자리 숫자는 7입니다.

⑤ 590에서 5는 500을 나타냅니다.

17 색종이를 영욱이는 362장과, 세희는 350장 가지고 있습니다. 색종이를 더 많이 가지고 있는 사람을 찾으려고 합니다. 풀이 과정을 완성하고 답을 구하시오.

풀이 ☐의 자리 수가 같으므로

☐의 자리 수를 비교하면 ☐>☐이므로 ☐>☐입니다.

따라서 ☐이가 더 많이 가지고 있습니다.

답 ☐

18 960에서 출발하여 10씩 거꾸로 뛰어 세어 보시오.

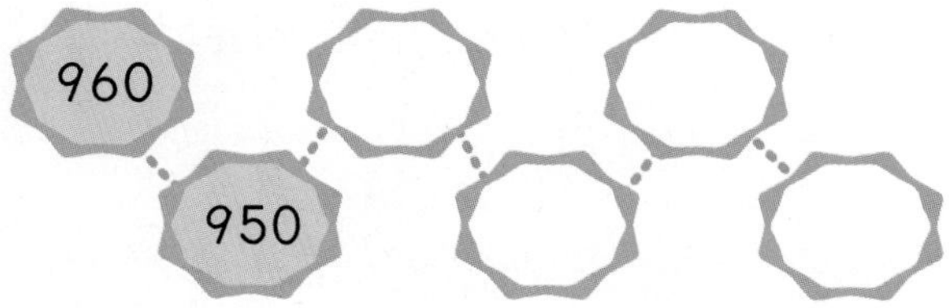

유사문제

19 수 카드를 한 번씩만 사용하여 가장 큰 세 자리 수를 만들어 보시오.

4 6 8

( )

20 키가 가장 작은 사람은 가장 작은 수를, 키가 가장 큰 사람은 가장 큰 수를 골랐습니다. 민희가 고른 수는 얼마입니까?

798 817 804

( )

QR 코드를 찍어 게임을 해 보고
이번 단원을 확실히 익혀 보세요!

마무리 개념완성

정답은 6쪽

1 100은 99보다 1만큼 더 큰 수입니다. (○ , ×)

2 183은 '백팔삼'이라고 읽습니다. (○ , ×)

3 396은 100이 3개, 10이 [ ]개, 1이 [ ]개인 수입니다.

4 319에서 백의 자리 숫자는 3이고, [ ]을 나타냅니다.

5 [310]-[410]-[510]-[610]-[710]-[810]은 [ ]씩 뛰어 센 것입니다.

6 426과 451의 크기는 [ ]의 자리 수를 비교하면 [ ]이 더 크다는 것을 알 수 있습니다.

생각의 방향

100은 99보다 1만큼 더 큰 수, 90보다 10만큼 더 큰 수입니다.

■▲● — 100이 ■개, 10이 ▲개, 1이 ●개

어떤 자리 수가 바뀌는지 찾아 몇씩 뛰어 센 것인지 알아봅니다.

개념 공부를 완성 했다!

2 여러 가지 도형

제2화 새 궁전의 모습은?

헉헉! 대체 얼마나 더 가야 하는 거냐?
나라를 세우려면 강이 흐르는 넓은 땅을 찾아봐야죠.
이번에는 왕궁을 멋있게 지어야지!
어떤 모양으로 지을건데요?
음. 어떤 모양이 좋을까?
삼각형 어때요?
삼각형?
삼각형
변과 꼭짓점이 3개인 도형이에요.
변과 꼭짓점이 4개인 사각형도 멋있을 거 같은데!
사각형
아니야. 좀 더 멋있게 짓고 싶어.
저기! 저 태양 같은 모양이 좋을 것 같다.
곧은 선도 없고 동그란 모양인 원으로 짓는다고요?
힘든가?
네. 저희가 너무 힘듭니다.
그렇군.

이전에 배운 내용

[1-1 여러 가지 모양]

• 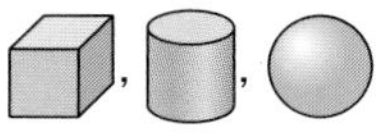 모양 찾기

[1-2 여러 가지 모양]

• □, △, ○ 모양 찾기

이번에 배울 내용

• 삼각형, 사각형, 원 알아보기
• 칠교판으로 모양 만들기
• 쌓은 모양을 알아보기
• 여러 가지 모양으로 쌓기

앞으로 배울 내용

[3-1 평면도형]
• 직각삼각형, 직사각형, 정사각형 알아보기

[3-2 원]
• 원의 중심, 반지름, 지름 알아보기

이건 어떨까요? 삼각형과 사각형을 이용해서 만드는 거예요.
어떻게?
이렇게 말이죠.
오! 특이하군.
칠교판을 이용한 것 같네요.
칠교판?
칠교판은 삼각형 5개, 사각형 2개로 이루어져 있어요.
①
②
③
④
⑤
⑥
⑦
이거 좋다! 좋아!
너희들은 어떠냐?
헉
어라? 다들 어디 갔어?
힘들 것 같다고 도망갔어요.
그럼 우리끼리 짓자.
나도 같이 가!
터덜
터덜

개념 1 △을 알아보고 찾아볼까요

개념 동영상

끊어진 부분 없이 곧은 선 3개로 둘러싸인 도형을 **삼각형**이라고 합니다.

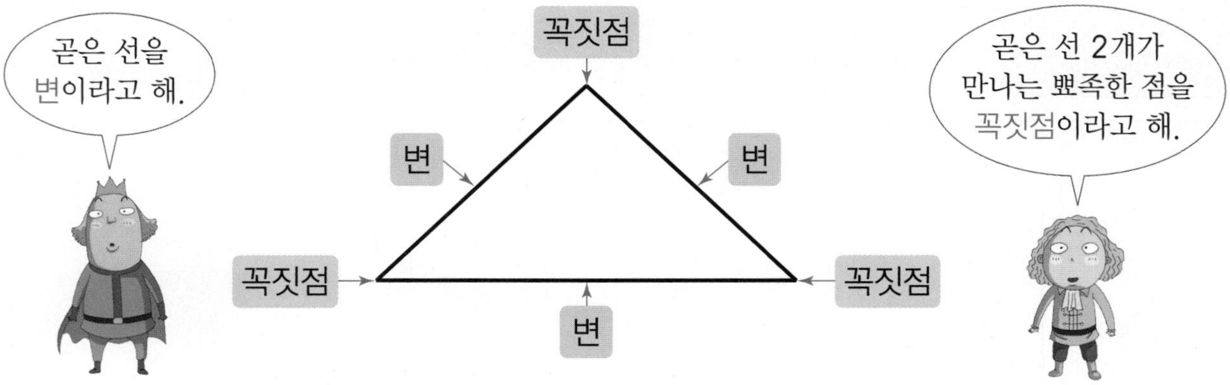
곧은 선을
변이라고 해.
꼭짓점
변
변
꼭짓점
꼭짓점
변
곧은 선 2개가
만나는 뾰족한 점을
꼭짓점이라고 해.

➜ 삼각형은 변이 3개, 꼭짓점이 3개 있습니다.

삼각형이 아닌 것들

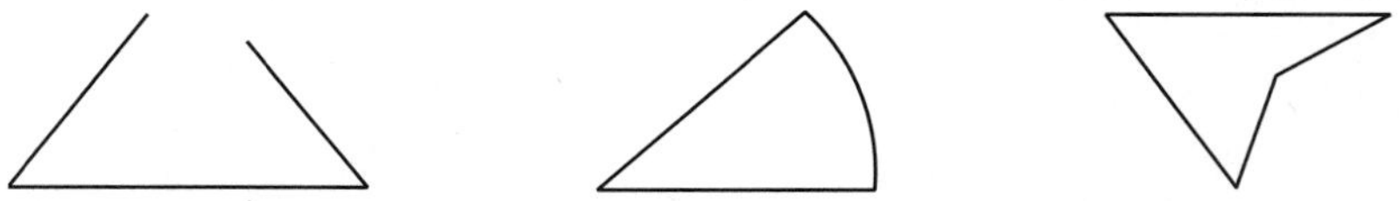

끊어져 있음 / 곡선이 있음 / 변이 4개임

개념 받아쓰기

빈칸에 글자나 수를 따라 쓰세요.

❶ 곧은 선 3개로 둘러싸인 도형을 **삼각형**이라고 합니다.

❷ 도형에서 곧은 선을 **변**, 곧은 선 2개가 만나는 점을 **꼭짓점**이라고 합니다.

삼각형 변 꼭짓점 도형

✿ 정답은 7쪽

기본 문제

1 삼각형을 모두 찾아 색칠하시오.

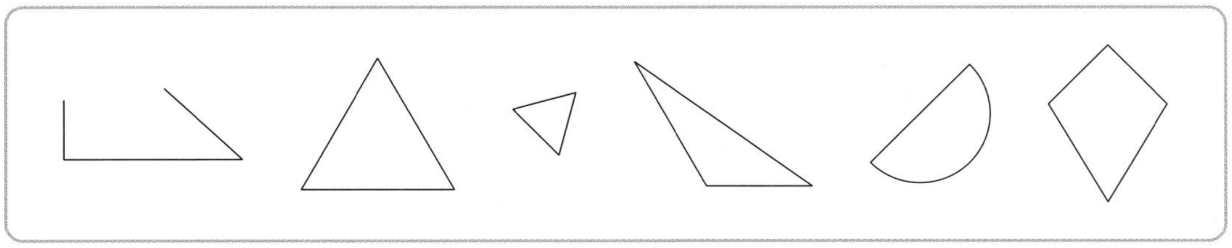

힌트 변이 3개, 꼭짓점이 3개인 도형을 찾습니다.

2 물음에 답하시오.

(1) 변에 모두 ×표 하시오.

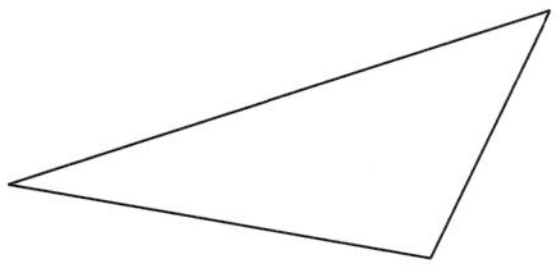

(2) 꼭짓점에 모두 ○표 하시오.

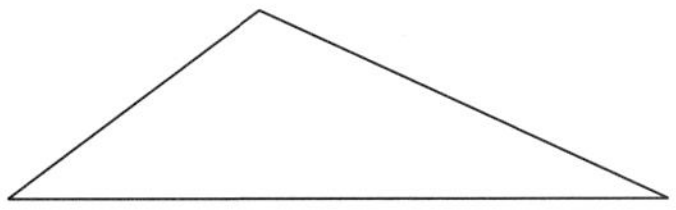

3 삼각형에 대한 설명으로 옳으면 ○표, 틀리면 ×표 하시오.

(1) 꼭짓점이 3개 있습니다. ·········· (　　　　　)

(2) 굽은 선이 있습니다. ················ (　　　　　)

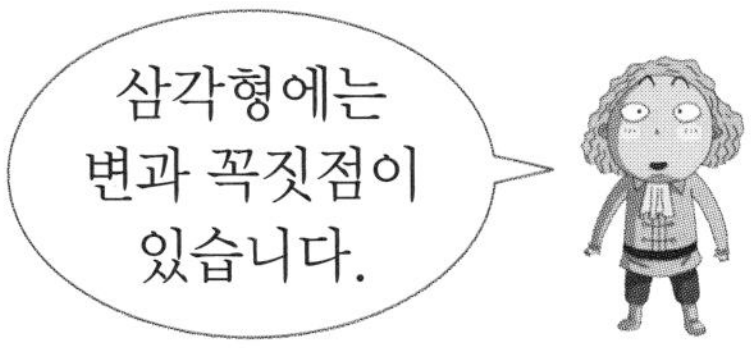

개념 받아쓰기 문제

✎ 빈칸에 알맞은 글자나 수를 써 보세요.

• 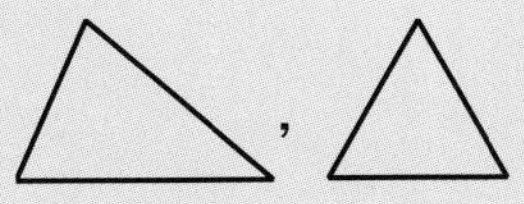 모양의 도형을 ☐☐☐ 이라고 합니다.

• 도형에서 곧은 선을 ☐, 곧은 선 2개가 만나는 점을 ☐☐☐ 이라고 합니다.

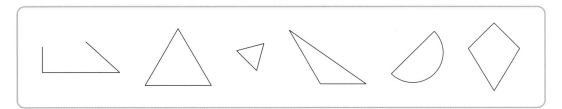

개념 2 □을 알아보고 찾아볼까요

개념 동영상

끊어진 부분 없이 곧은 선 4개로 둘러싸인 도형을 **사각형**이라고 합니다.

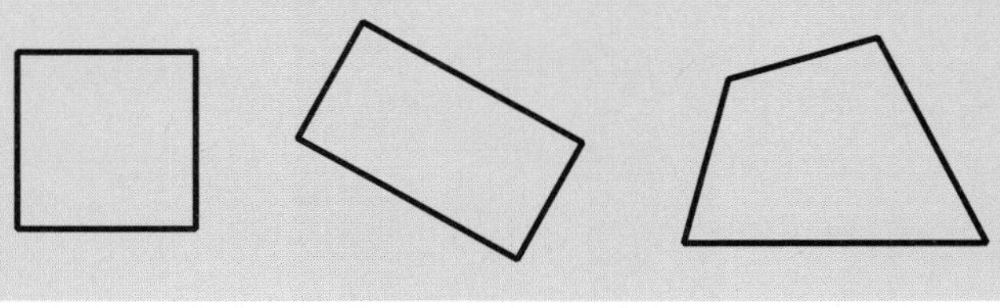

모양이 다른
여러 가지 사각형을
그릴 수 있어.

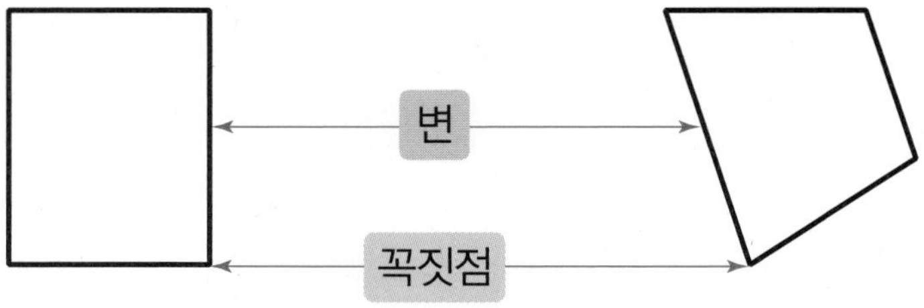
변
꼭짓점

모양이 달라도
변이 4개, 꼭짓점이
4개로 같아.

➜ 사각형은 변이 4개, 꼭짓점이 4개 있습니다.

사각형이 아닌 것들

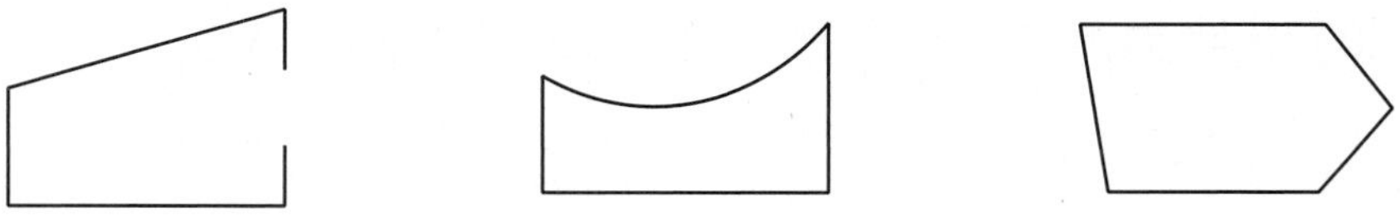

끊어져 있음 / 곡선이 있음 / 변이 5개임

개념 받아쓰기

❶ 곧은 선 4개로 둘러싸인 도형을 **사각형**이라고 합니다.

❷ 도형에서 곧은 선을 **변**, 곧은 선 2개가 만나는 점을 **꼭짓점**이라고 합니다.

사	각	형		변		꼭	짓	점

1 사각형을 모두 찾아 색칠하시오.

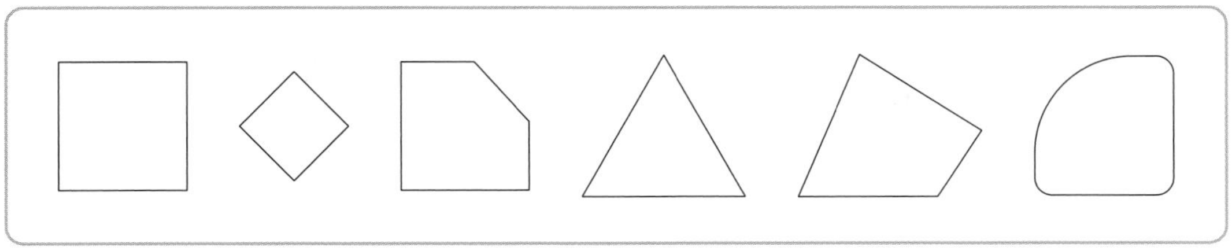

힌트 변이 4개, 꼭짓점이 4개인 도형을 찾습니다.

2 물음에 답하시오.

(1) 변에 모두 ×표 하시오.

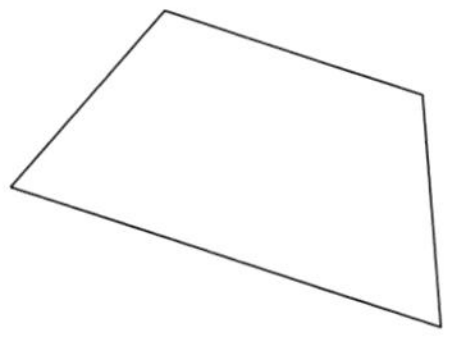

(2) 꼭짓점에 모두 ○표 하시오.

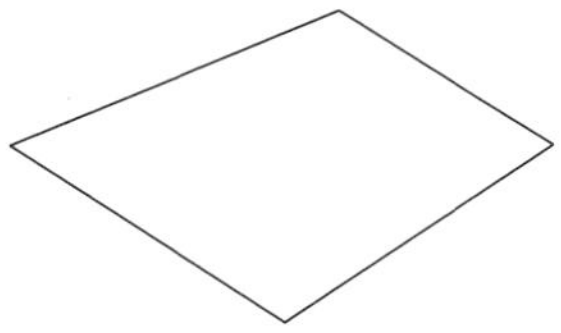

3 사각형에 대한 설명으로 옳으면 ○표, 틀리면 ×표 하시오.

(1) 변이 4개, 꼭짓점이 4개입니다. ································ (　　　　)

(2) 곧은 선 3개가 만나는 점을 꼭짓점이라고 합니다. ········ (　　　　)

개념 받아쓰기 문제

• 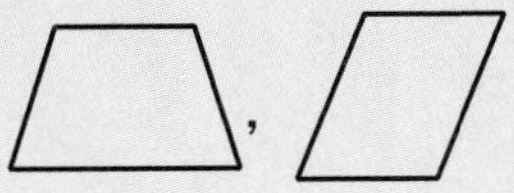 모양의 도형을 [　　　　　　] 이라고 합니다.

• 도형에서 곧은 선을 [　　], 곧은 선 2개가 만나는 점을 [　　　　　　] 이라고 합니다.

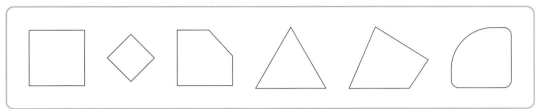

STEP 1 개념 파헤치기

개념 3 ◯을 알아보고 찾아볼까요

개념 동영상

그림과 같은 모양의 도형을 **원**이라고 합니다.

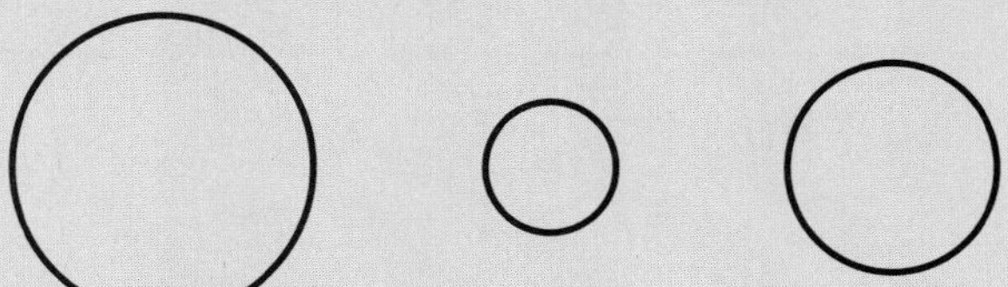

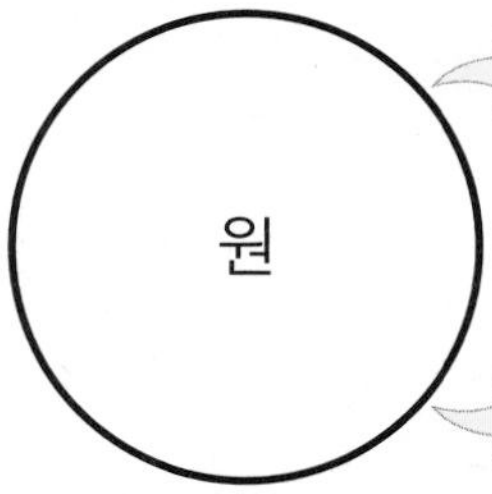

곧은 선이 없어.

어느 쪽에서 보아도 완전히 둥근 모양이야.

뾰족한 부분이 없어.

원이 아닌 것들			
	곧은 선이 있음	완전히 둥근 모양이 아님	끊어져 있음

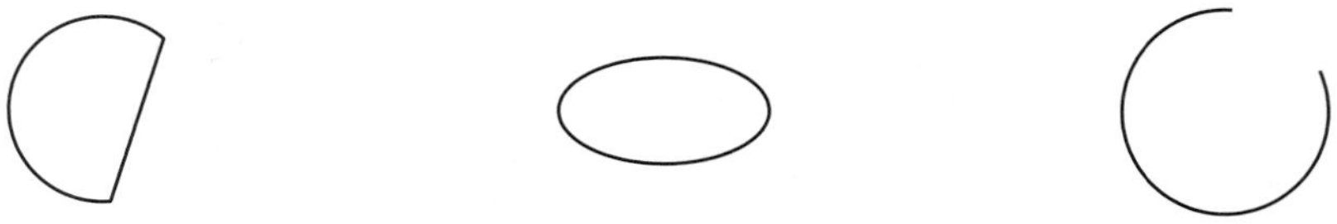

원은 크기는 달라도 생긴 모양은 모두 같아요.

동전, 바퀴, 탬버린 등에서 원 모양을 찾을 수 있어요.

개념 받아쓰기

1 ◯, ◯, ○ 모양의 도형을 **원**이라고 합니다. ➔ 원 원 원

1 원을 모두 찾아 색칠하시오.

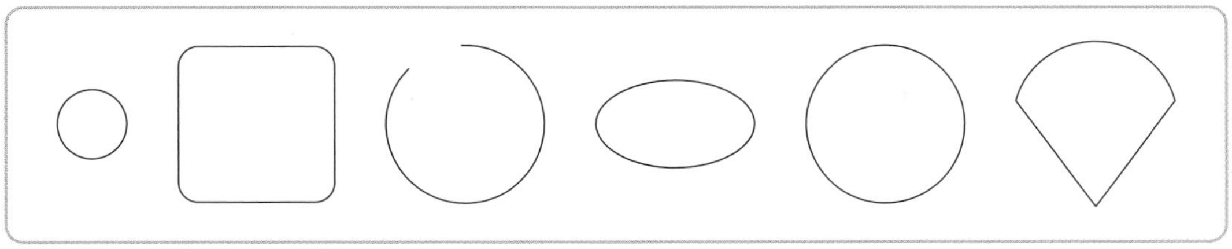

2 원 모양이 있는 물건에 모두 ○표 하시오.

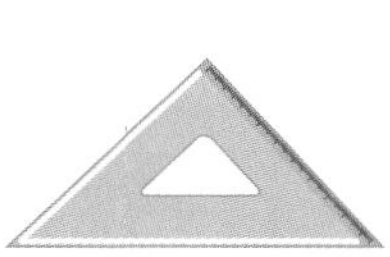  

(　　　　)　(　　　　)　(　　　　)

3 종이컵을 대고 테두리를 따라 그린 도형의 이름을 쓰시오.

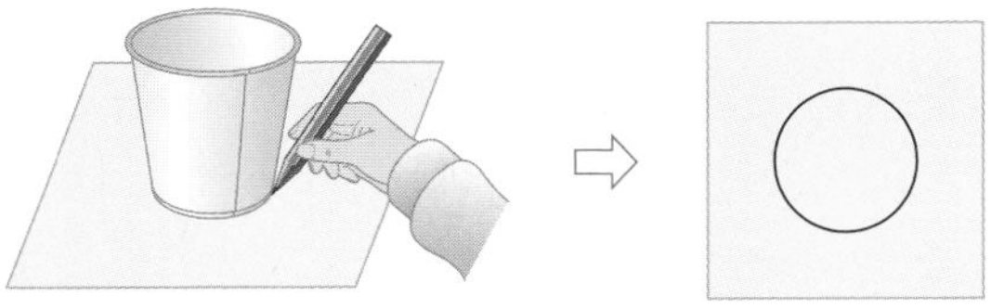

(　　　　　　　　)

개념 받아쓰기 문제

• , 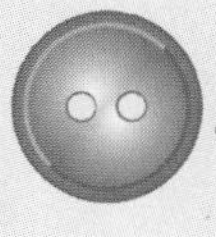,  모양의 도형을 ☐ 이라고 합니다.

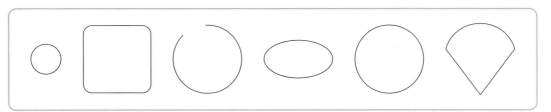

STEP 2 개념 확인하기

개념 1 △을 알아보고 찾아볼까요

삼각형은 변이 3개,
꼭짓점이 □개입니다.

1 삼각형을 모두 찾아 ○표 하시오.

(　　) (　　) (　　) (　　)

익힘책 유형

2 □ 안에 알맞은 말을 써넣으시오.

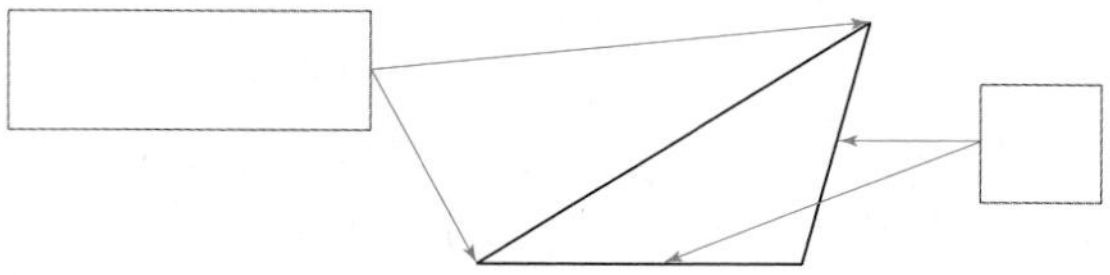

3 삼각형을 그려 보시오.

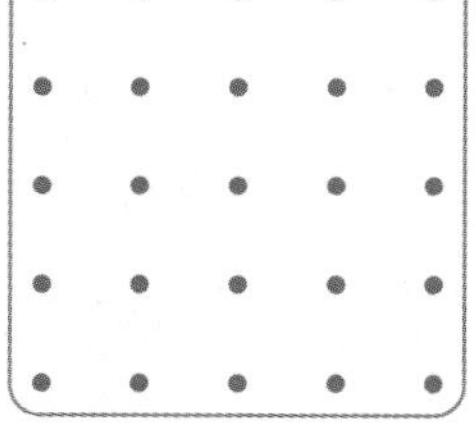

4 삼각형은 모두 몇 개입니까?

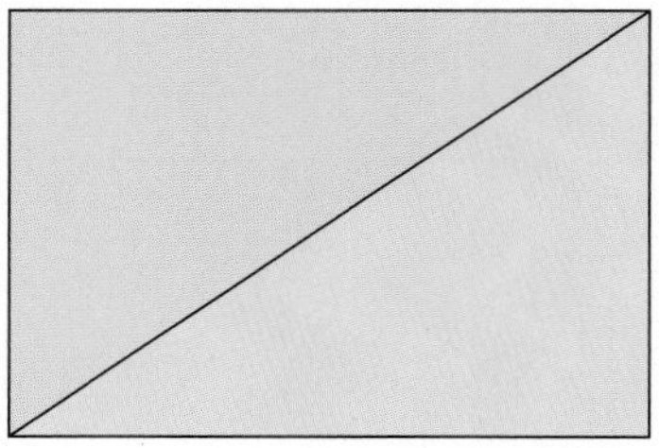

(　　　　　　)

개념 2 □을 알아보고 찾아볼까요

사각형은 변이 4개,
꼭짓점이 □개입니다.

5 사각형을 찾아 ○표 하시오.

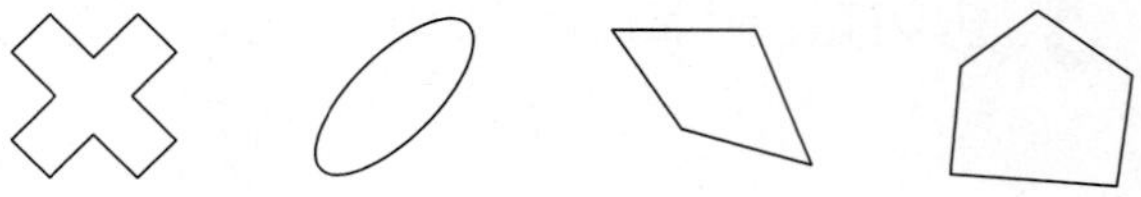

(　　) (　　) (　　) (　　)

익힘책 유형

6 □ 안에 알맞은 말을 써넣으시오.

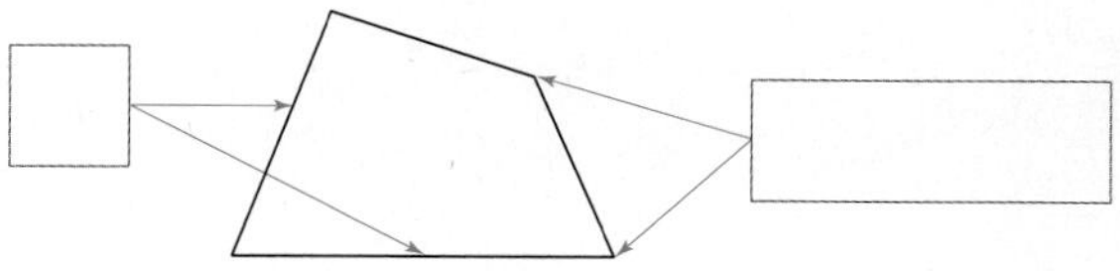

게임 학습

게임으로 학습을 즐겁게 할 수 있어요.
QR 코드를 찍어 보세요.

정답은 7쪽

7 종이를 점선을 따라 자르면 어떤 도형이 생깁니까?

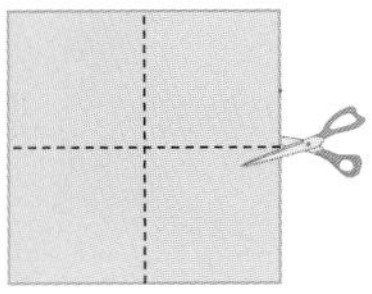

(　　　　　　　　　　)

교과서 유형

8 사각형을 완성해 보시오.

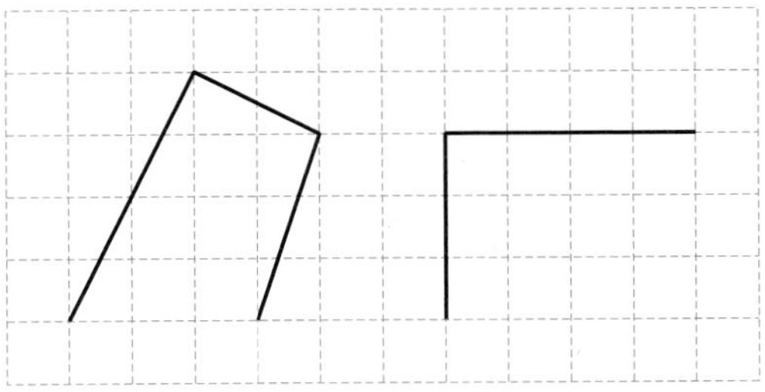

개념3 ◯을 알아보고 찾아볼까요

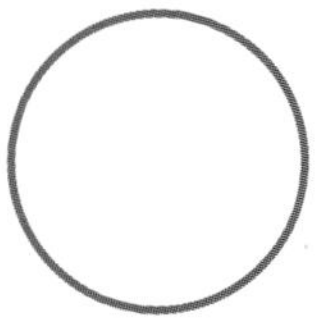

왼쪽과 같이 둥근 모양을 □이라고 합니다.

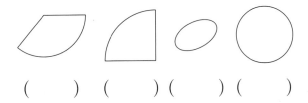

9 원을 찾아 ◯표 하시오.

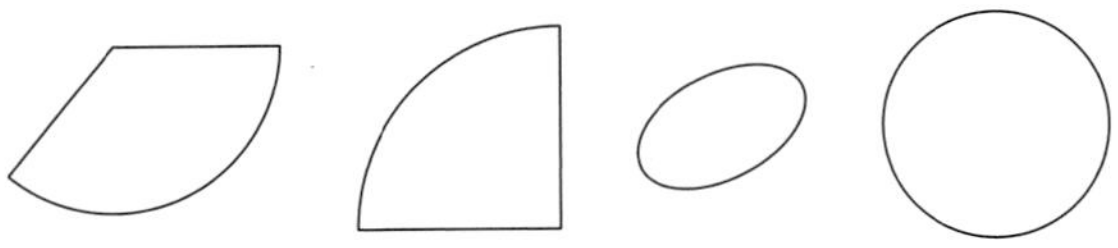

(　　) (　　) (　　) (　　)

10 주변의 물건이나 모양 자를 이용하여 크기가 다른 원을 2개 그려 보시오.

11 원은 모두 몇 개입니까?

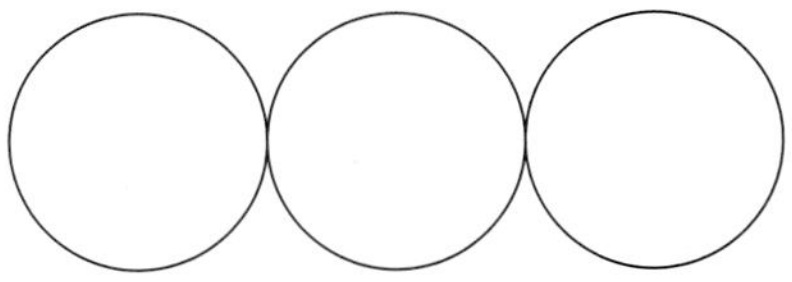

(　　　　　　　　　　)

익힘책 유형

12 원에 대하여 옳게 말한 사람에 ◯표 하시오.

(　　　　) (　　　　)

2 여러 가지 도형

개념 4 칠교판으로 모양을 만들어 볼까요

개념 동영상

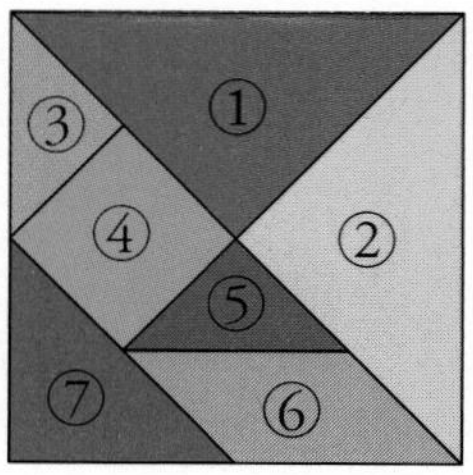

7개의 조각으로 나뉜 놀이판을 칠교판이라고 부릅니다.

삼각형	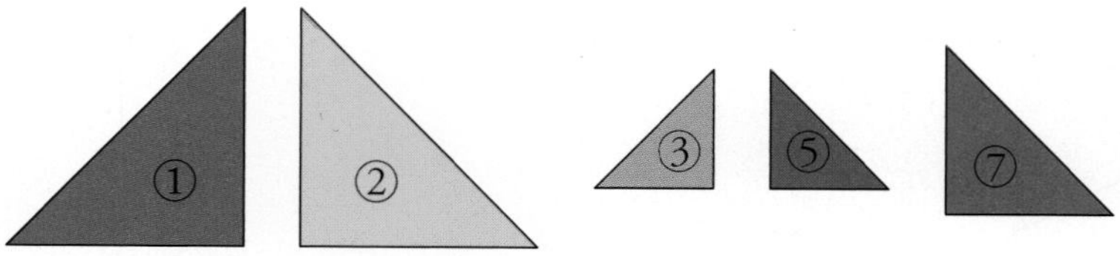
사각형	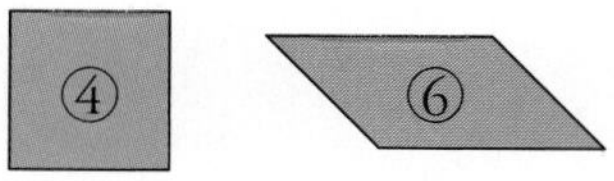

칠교판으로 여러 모양 만들기

*책 맨 앞의 칠교판을 잘라서 직접 만들어 봅니다.

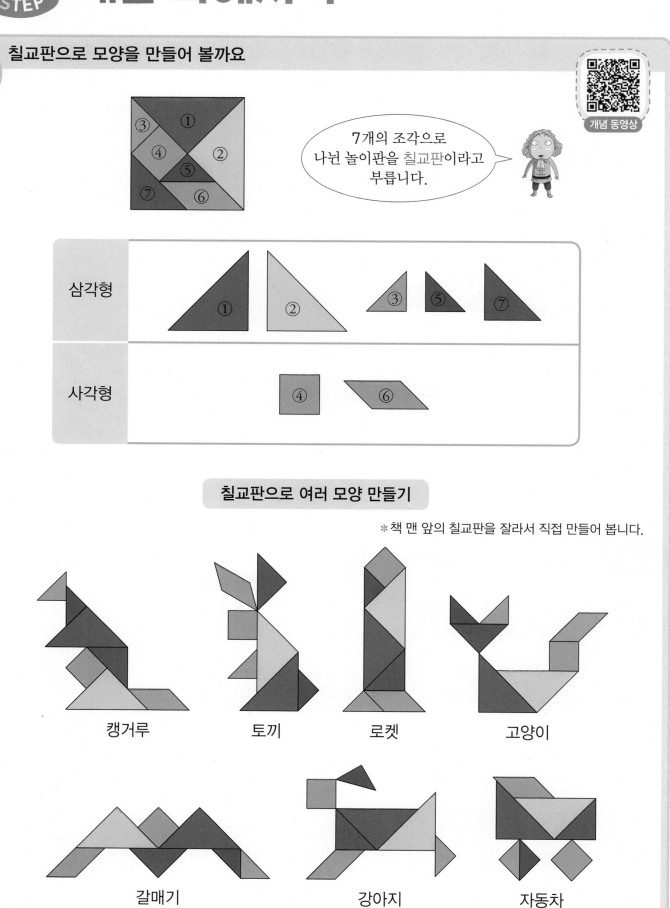

캥거루

토끼

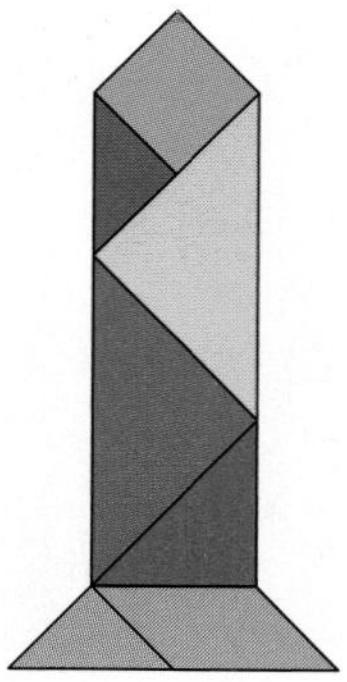

로켓

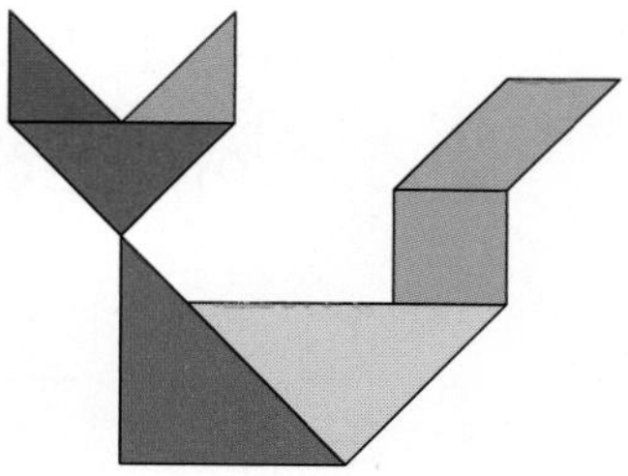

고양이

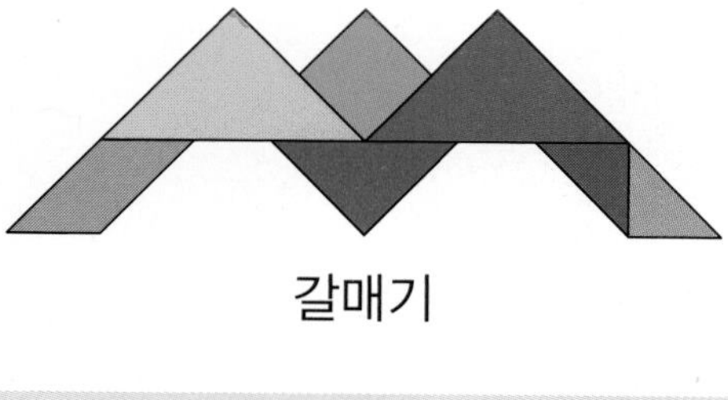

갈매기

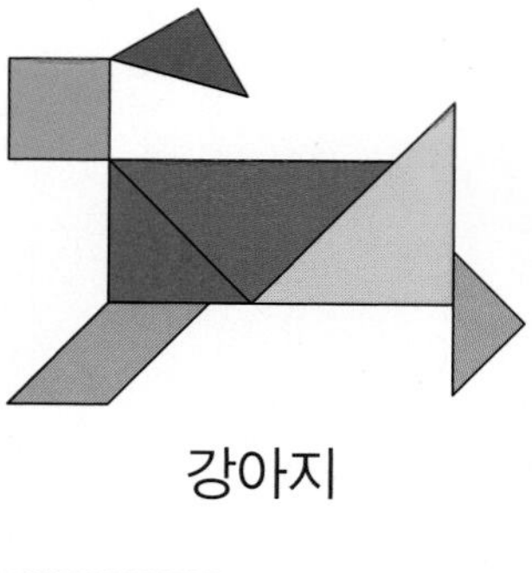

강아지

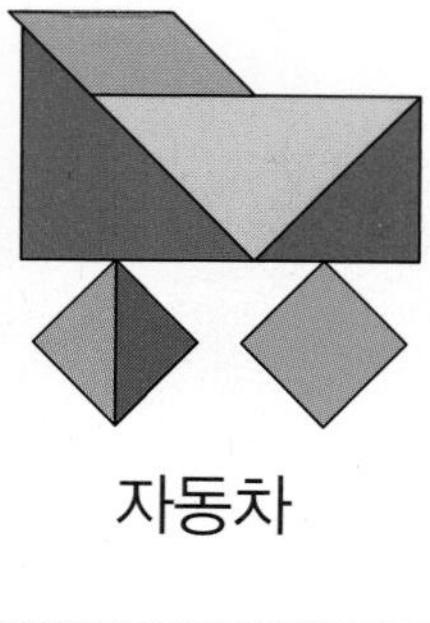

자동차

1 칠교판을 보고 물음에 답하시오.

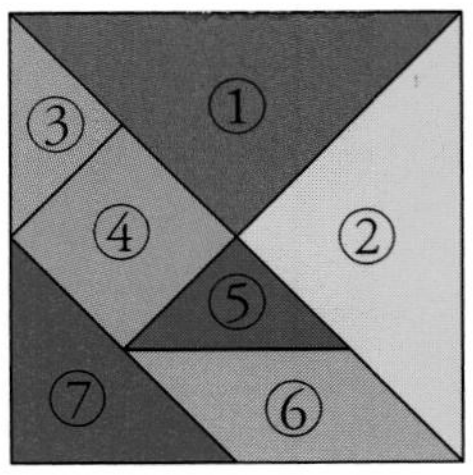

(1) 삼각형과 사각형을 찾아 번호를 쓰시오.

삼각형 (　　　　　　　　　　　　　　　)

사각형 (　　　　　　　　　　　　　　　)

(2) 두 조각 ①, ②를 모두 이용하여 삼각형과 사각형을 만드시오.

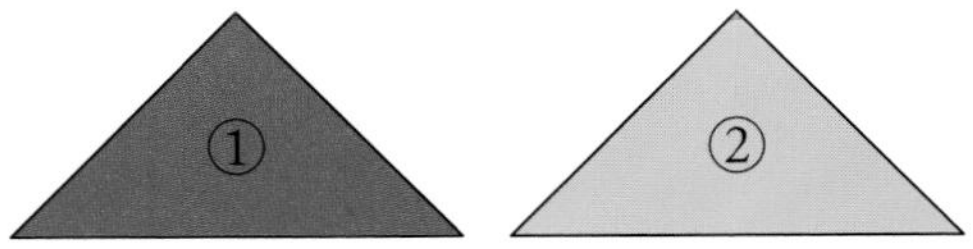

삼각형	사각형

힌트 칠교 조각에는 삼각형이 5개, 사각형이 2개 있습니다.

2 칠교 조각을 한 번씩 이용하여 다른 칠교 조각을 만들어 보시오.

(1) ⑥번 조각을 다른 조각들로 만들어 보시오.

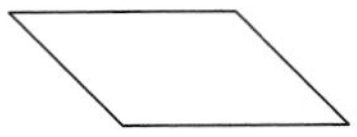

(2) ①번 조각을 다른 조각들로 만들어 보시오.

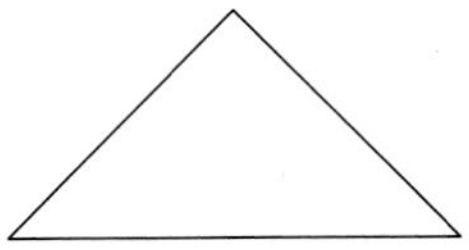

(3) ⑦번 조각을 다른 조각들로 만들어 보시오.

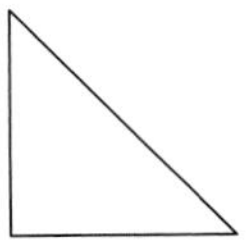

(4) ④번 조각을 다른 조각들로 만들어 보시오.

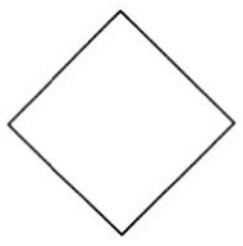

개념 5 쌓은 모양을 알아볼까요

개념 동영상

내가 보고 있는 쪽을 앞, 오른손이 있는 쪽을 오른쪽으로 약속합니다.

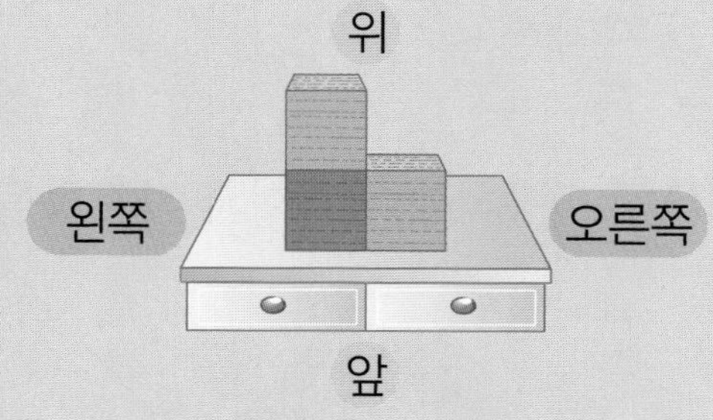

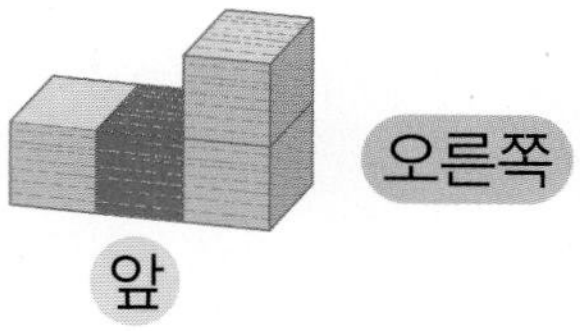

똑같이 쌓기

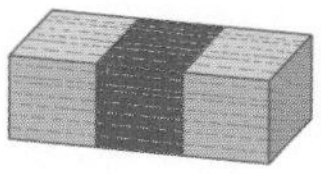

빨간색 쌓기나무의 오른쪽과 왼쪽에 1개씩 놓기

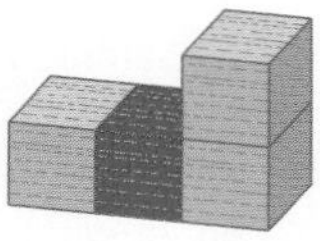

맨 오른쪽 쌓기나무 위에 1개를 더 놓기

빨간색 쌓기나무의 오른쪽은 초록색, 왼쪽은 파란색, 위는 노란색

빨간색 쌓기나무의 앞은 초록색, 뒤는 파란색

개념 받아쓰기

✎ 빈칸에 글자나 수를 따라 쓰세요.

쌓기나무의 방향

내가 보고 있는 쪽이 **앞**, 오른손이 있는 쪽이 **오른쪽**입니다.

쌓	기	나	무

앞

오	른	쪽

기본 문제

1 설명하는 쌓기나무를 찾아 ○표 하시오.

(1)

빨간색 쌓기나무의
오른쪽에 있는 쌓기나무

(2)

빨간색 쌓기나무의
위에 있는 쌓기나무

2 보기 에서 알맞은 수나 말을 골라 □ 안에 써넣으시오.

보기
앞, 뒤, 위, 오른, 왼, 1, 2

(1)

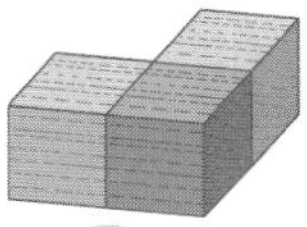

빨간색 쌓기나무가 1개 있고, 그 뒤에 쌓기나무가 □개 있습니다. 그리고 빨간색 쌓기나무의 □쪽에 쌓기나무가 1개 있습니다.

(2)

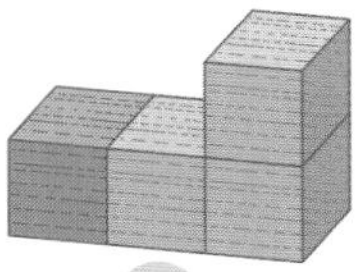

빨간색 쌓기나무가 1개 있고, 그 □쪽에 쌓기나무가 2개 있습니다. 그리고 맨 오른쪽 쌓기나무 □에 쌓기나무가 1개 있습니다.

개념 받아쓰기 문제

빈칸에 알맞은 글자나 수를 써 보세요.

- 쌓기나무의 방향은 내가 보고 있는 쪽이 **앞**, 반대편이 □,

오른손이 있는 쪽이 **오른쪽**, 왼손이 있는 쪽이 □□ 입니다.

개념 6 여러 가지 모양으로 쌓아 볼까요

개념 동영상

• 쌓기나무 3개로 만든 모양

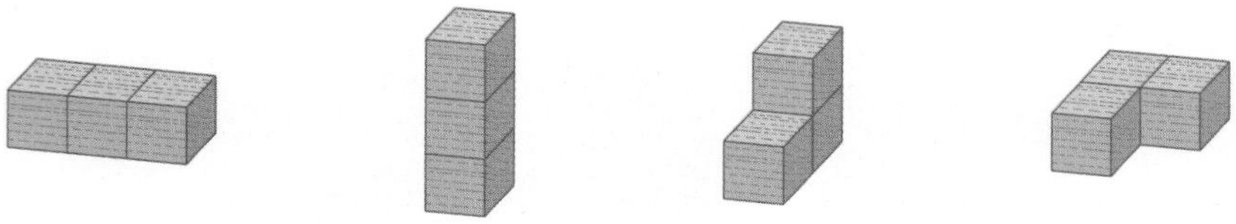

• 쌓기나무 4개로 만든 모양

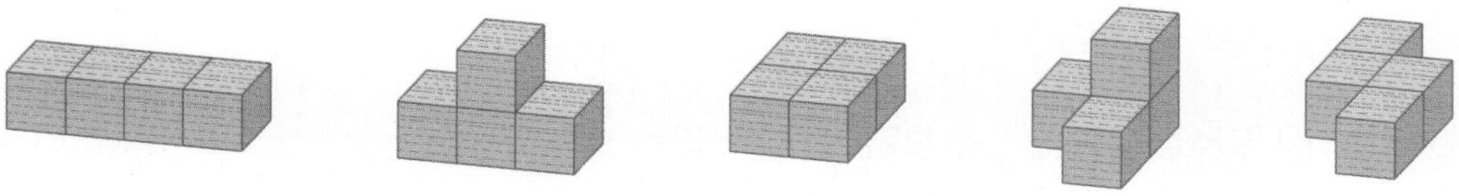

• 쌓기나무 5개로 만든 모양

모양	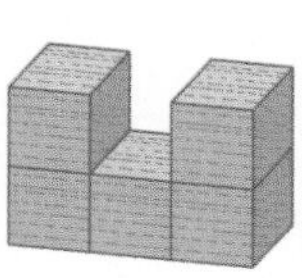	
설명	1층에 쌓기나무 3개를 옆으로 나란히 놓고 양쪽 끝 쌓기나무 위에 1개씩 더 쌓았습니다.	1층에 쌓기나무 3개를 옆으로 나란히 놓고 가운데 쌓기나무 위에 2개를 더 쌓았습니다.

• 틀린 설명 찾아보기

쌓기나무 4개를 옆으로 나란히 놓고, 맨 ~~오른쪽~~ 왼쪽 쌓기나무 ~~앞~~ 위에 쌓기나무가 1개 있습니다.

정답은 8쪽

1 쌓기나무 4개로 만든 모양을 찾아 ○표 하시오.

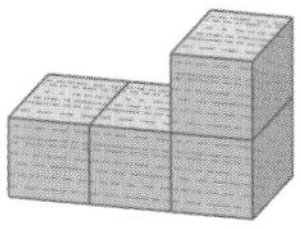
(　　　)

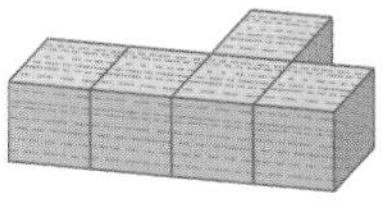
(　　　)

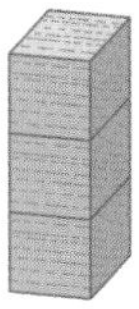
(　　　)

2 설명대로 쌓은 모양을 찾아 기호를 쓰시오.

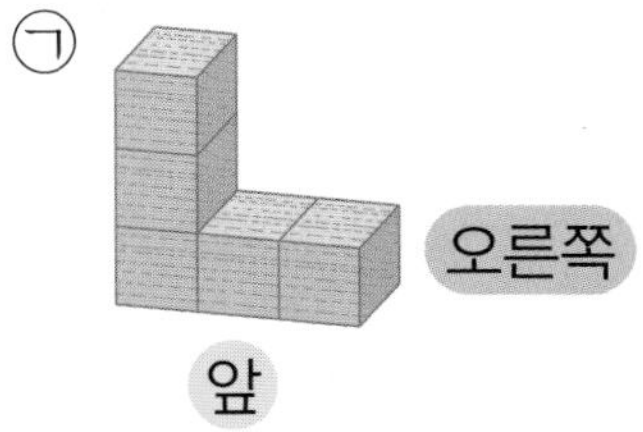

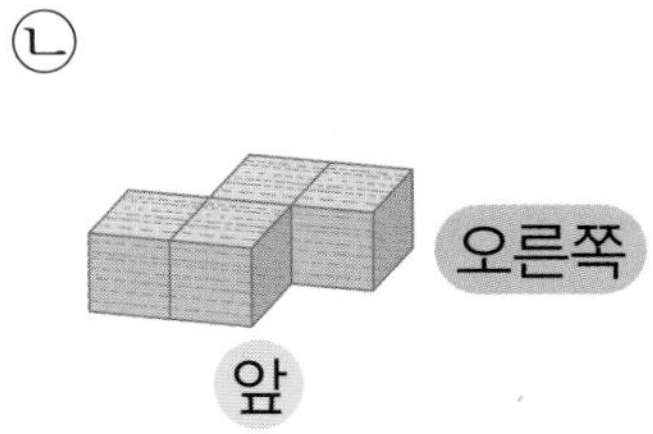

(1) 1층에 쌓기나무 3개가 옆으로 나란히 있고, 맨 왼쪽 쌓기나무 위에 2개가 있습니다.

(　　　　　　　　)

(2) 쌓기나무 3개가 옆으로 나란히 있고, 맨 왼쪽과 맨 오른쪽 쌓기나무 뒤에 각각 1개씩 있습니다.

(　　　　　　　　)

3 왼쪽 모양에서 쌓기나무 1개를 옮겨 오른쪽과 똑같은 모양을 만들려고 합니다. 옮겨야 할 쌓기나무에 ○표 하시오.

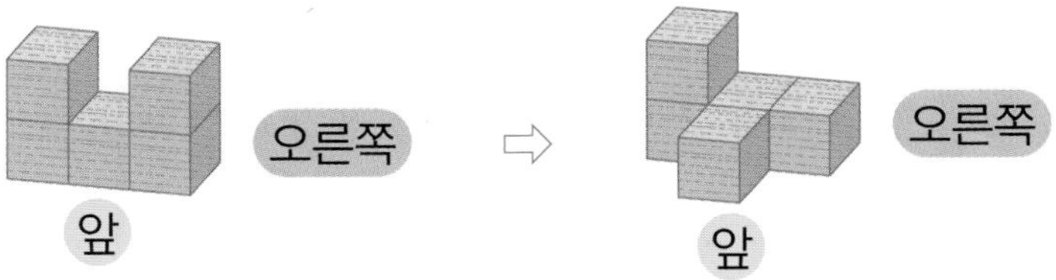

개념4 칠교판으로 모양을 만들어 볼까요

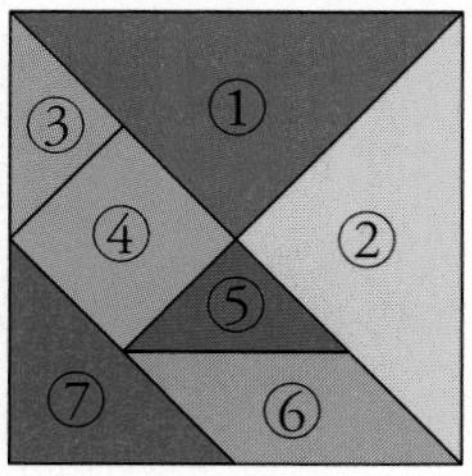

삼각형	①, ②, ③, ⑤, ☐
사각형	④, ☐

[1~4] 칠교판을 보고 물음에 답하시오.

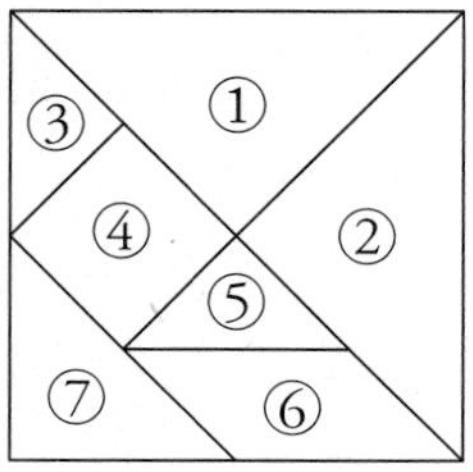

1 칠교 조각은 모두 몇 개입니까?

( )

익힘책 유형

2 칠교 조각이 삼각형이면 빨간색, 사각형이면 노란색으로 색칠하시오.

3 설명이 옳으면 ○표, 틀리면 ×표 하시오.

삼각형 조각은 6개입니다. — ☐

4 세 조각 ③, ⑤, ⑦을 모두 이용하여 사각형을 만드시오.

개념5 쌓은 모양을 알아볼까요

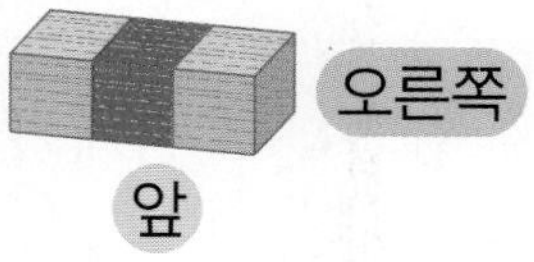

빨간색 쌓기나무의 오른쪽과 ☐쪽에 쌓기나무가 1개씩 있습니다.

5 설명에 맞게 똑같이 쌓은 것에 ○표 하시오.

빨간색 쌓기나무 1개가 있고 그 오른쪽에 쌓기나무가 1개 있습니다. 그리고 오른쪽 쌓기나무 위에 쌓기나무가 1개 있습니다.

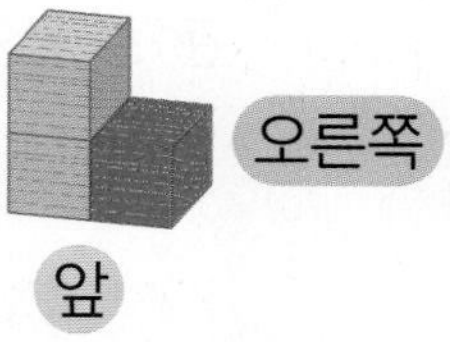

( )

( )

6 쌓기나무로 쌓은 모양에 대한 설명입니다. 보기 에서 알맞은 말을 골라 □ 안에 써넣으시오.

보기

위, 앞, 뒤

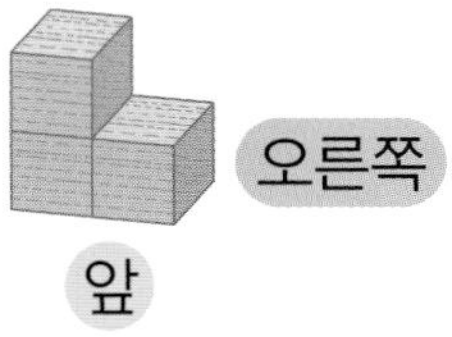

쌓기나무 2개가 옆으로 나란히 있고, 왼쪽 쌓기나무 □에 쌓기나무 1개가 있습니다.

7 쌓기나무에 알맞게 색칠하시오.

빨간색 쌓기나무 위에 노란색 쌓기나무, 빨간색 쌓기나무 오른쪽에 파란색 쌓기나무가 있습니다.

개념6 여러 가지 모양으로 쌓아 볼까요

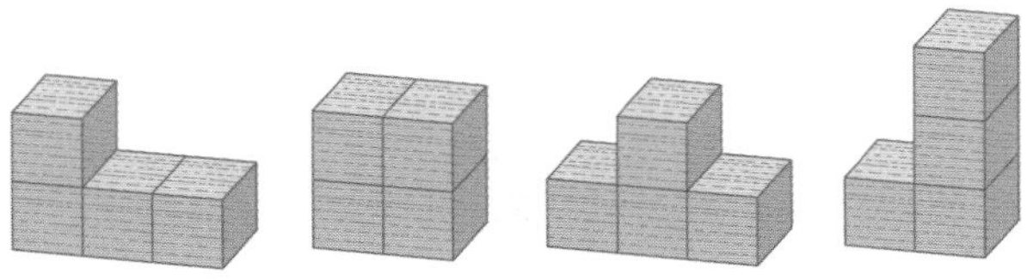

쌓기나무 □개로 만든 모양

익힘책 유형

8 설명대로 쌓은 모양을 찾아 선으로 이어 보시오.

1층에 3개가 있고, 가운데 쌓기나무 위에 1개가 있습니다.

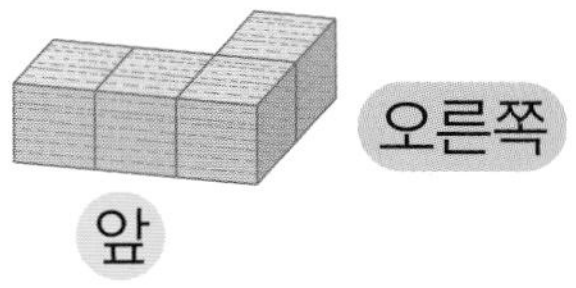

3개가 옆으로 나란히 있고, 맨 오른쪽 쌓기나무 뒤에 1개가 있습니다.

익힘책 유형

9 쌓기나무 4개로 쌓은 모양을 설명한 것입니다. 틀린 부분을 찾아 바르게 고쳐 보시오.

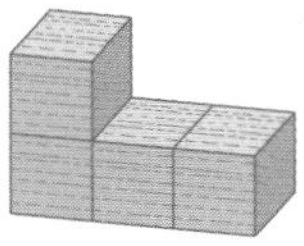

1층에 쌓기나무 3개를 옆으로 나란히 놓고, 맨 오른쪽 쌓기나무 위에 1개가 있습니다.

2 여러 가지 도형

단원 마무리 평가

2. 여러 가지 도형

점수

1 도형의 이름을 쓰시오.

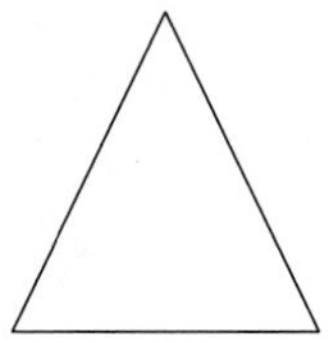

(　　　　　　　　　　)

2 변에 모두 △표 하시오.

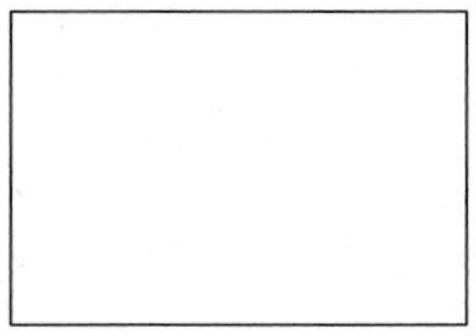

3 꼭짓점에 모두 ○표 하시오.

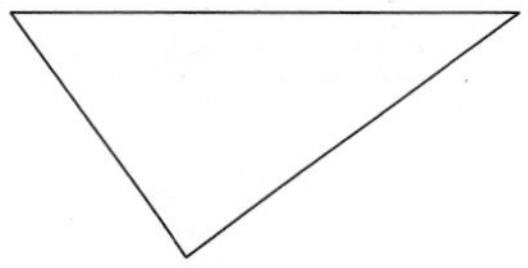

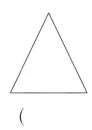

4 똑같은 모양으로 쌓으려면 쌓기나무가 몇 개 필요합니까?

(　　　　　　　　　　)

5 원을 모두 찾아 색칠하시오.

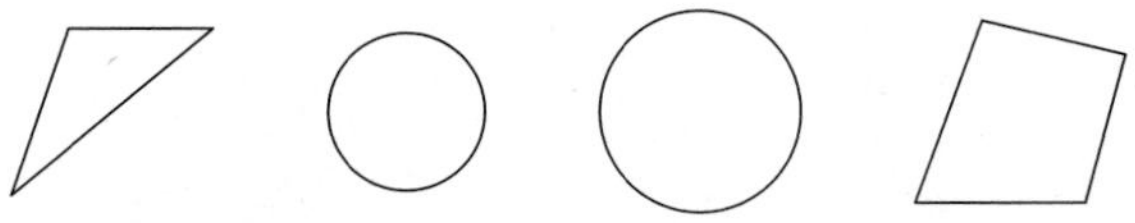

6 □ 안에 알맞은 수를 써넣으시오.

사각형은 변이 □개, 꼭짓점이 □개 입니다.

7 칠교판 조각을 이용하여 만든 것입니다. 삼각형 조각은 몇 개 사용했습니까?

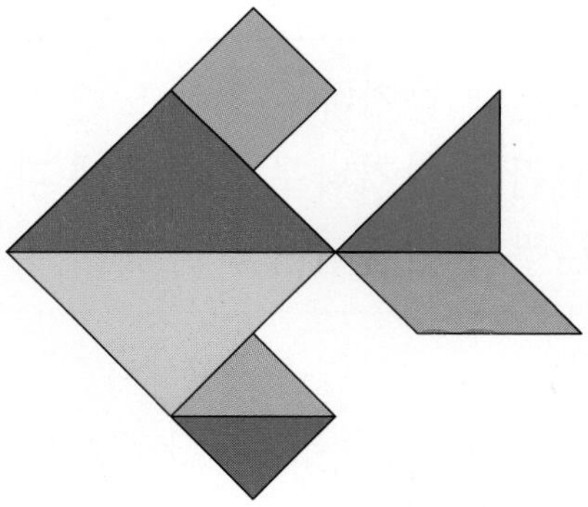

(　　　　　　　　　　)

8 설명이 옳으면 ○표, 틀리면 ×표 하시오.

삼각형은 변이 2개입니다. — □

9 사각형을 그려 보시오.

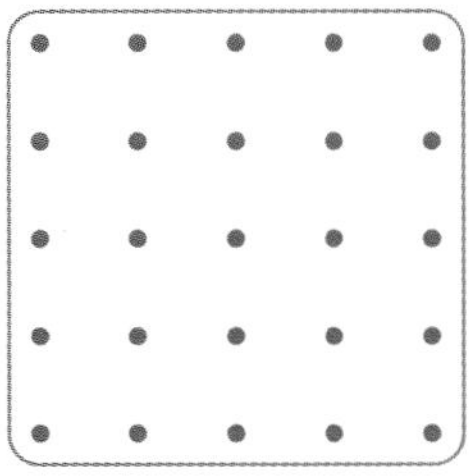

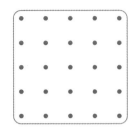

10 태극기에서 찾을 수 있는 도형의 이름에 모두 ○표 하시오.

원,　　삼각형,　　사각형

유사문제

11 설명하는 쌓기나무를 찾아 ○표 하시오.

빨간색 쌓기나무의 왼쪽에 있는 쌓기나무

유사문제

12 쌓기나무 5개로 만든 모양을 모두 찾아 ⬭로 묶어 보시오.

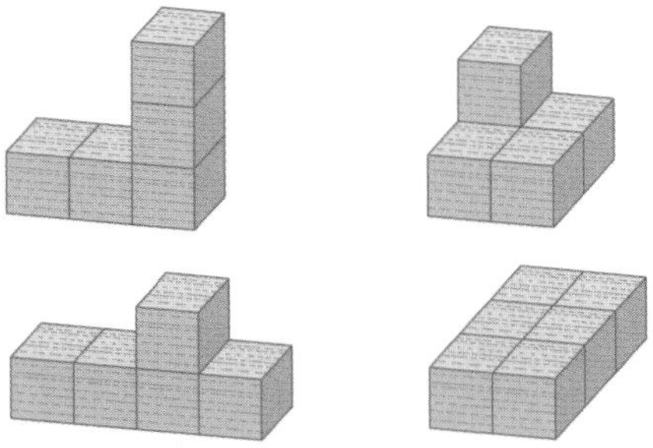

[13~15] 칠교판을 보고 물음에 답하시오.

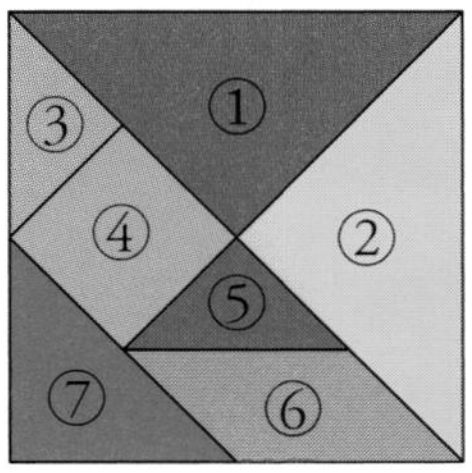

13 두 조각을 이용하여 삼각형을 만든 것에 ○표 하시오.

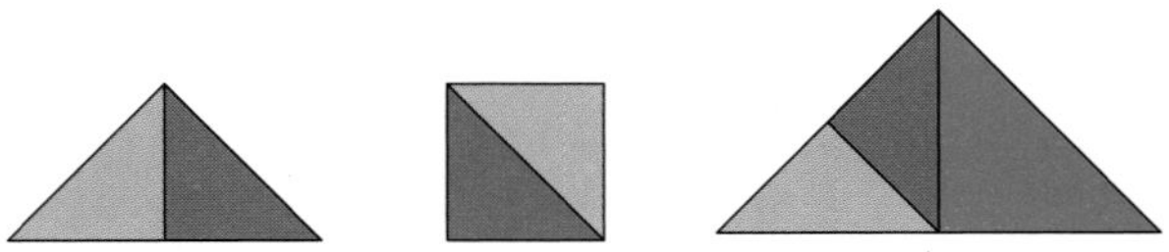

(　　　) (　　　) (　　　)

14 조각 ①이 사각형이 아닌 까닭을 쓰려고 합니다. □ 안에 알맞은 수를 써넣으시오.

까닭 사각형은 변과 꼭짓점이 □개여야 하는데 조각 ①은 변과 꼭짓점이 □개밖에 없기 때문입니다.

유사문제

15 세 조각 ③, ⑤, ⑥을 모두 이용하여 사각형을 만드시오.

16 1층에 3개가 있고 양쪽 끝 쌓기나무 위에 1개씩 더 쌓아 2층으로 만든 모양을 찾아 ○표 하시오.

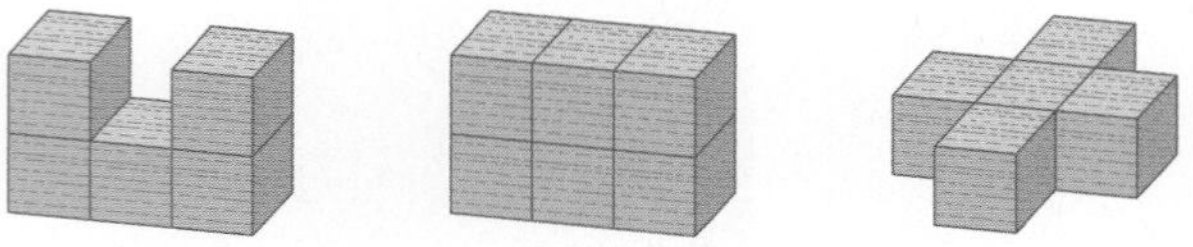

유사문제

17 색종이를 점선을 따라 자르면 어떤 도형이 몇 개 생깁니까?

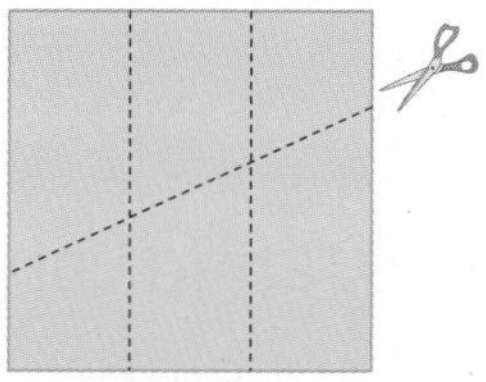

도형 (　　　　　　　　　　)

개수 (　　　　　　　　　　)

18 원에 대해 알게 된 점을 1가지만 쓰시오.

____

____

19 왼쪽 모양에서 쌓기나무 1개만 움직여 오른쪽과 똑같은 모양을 만들었습니다. 움직인 쌓기나무는 어느 것인지 기호를 쓰시오.

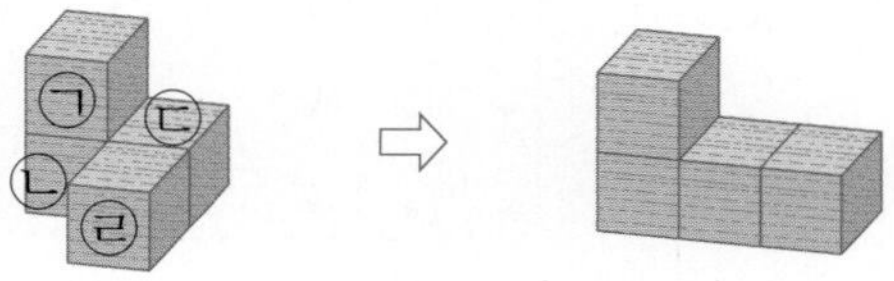

(　　　　　　　　　　)

20 도형을 찾아 정해진 색으로 색칠하시오.

원 : 빨간색
삼각형: 노란색
사각형: 파란색

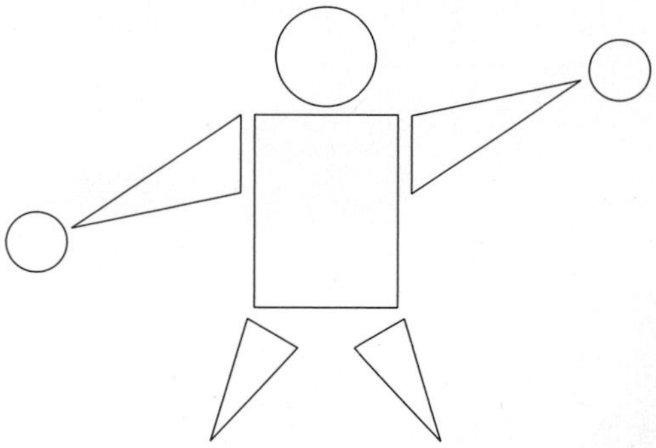

QR 코드를 찍어 게임을 해 보고 이번 단원을 확실히 익혀 보세요!

마무리 개념완성

정답은 10쪽

생각의 방향

1

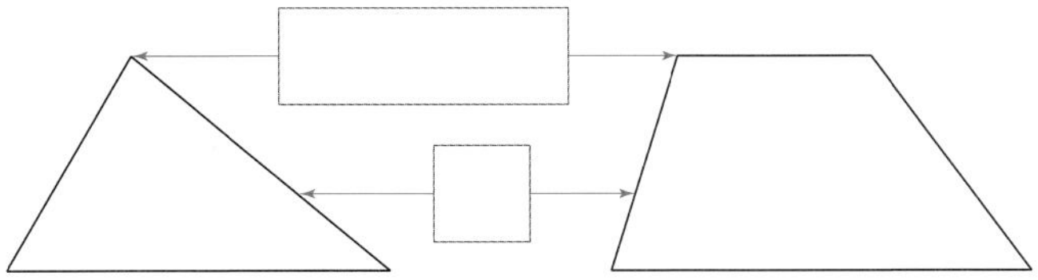

2 사각형은 변이 4개, 꼭짓점이 ☐개입니다.

3 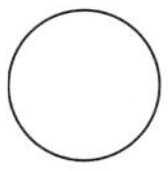 모양의 도형을 ☐이라고 합니다.

길쭉하거나 찌그러진 곳 없이 완전히 동그란 모양을 원이라고 합니다.

4

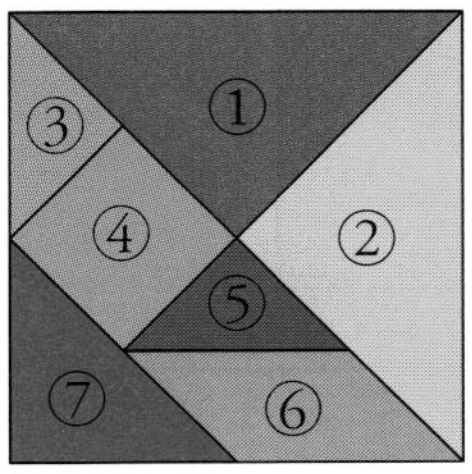

칠교판의 조각 ③, ④를 모두 이용하여 삼각형을 만들 수 있습니다. (○ , ×)

5

빨간색 쌓기나무의 위에 초록색 쌓기나무가 있습니다. (○ , ×)

내가 보고 있는 쪽이 앞쪽이고 오른손이 있는 쪽이 오른쪽입니다.

2 여러 가지 도형

3 덧셈과 뺄셈

제3화 배고픈 걸 참지 못하는 왕 달래기

이전에 배운 내용

[1-2 덧셈과 뺄셈]
- 받아올림/받아내림이 없는
  (두 자리 수)+(한/두 자리 수)
  (두 자리 수)−(한/두 자리 수)
- (몇)+(몇)=(십몇)
- (십몇)−(몇)=(몇)

이번에 배울 내용

- (두 자리 수)+(한/두 자리 수)
- (두 자리 수)−(한/두 자리 수)
- 덧셈과 뺄셈의 관계
- 덧셈식, 뺄셈식에서 □ 구하기
- 세 수의 계산

앞으로 배울 내용

[3-1 덧셈과 뺄셈]
- 여러 가지 방법으로 덧셈하기
- (세 자리 수)+(세 자리 수)
- 여러 가지 방법으로 뺄셈하기
- (세 자리 수)−(세 자리 수)

STEP 1 개념 파헤치기

개념 1 (두 자리 수)+(한 자리 수)를 여러 가지 방법으로 알아볼까요

개념 동영상

• 18+4를 여러 가지 방법으로 계산하기

방법 1 이어 세어 구하기

18 다음 4개의 수를 이어 셉니다.

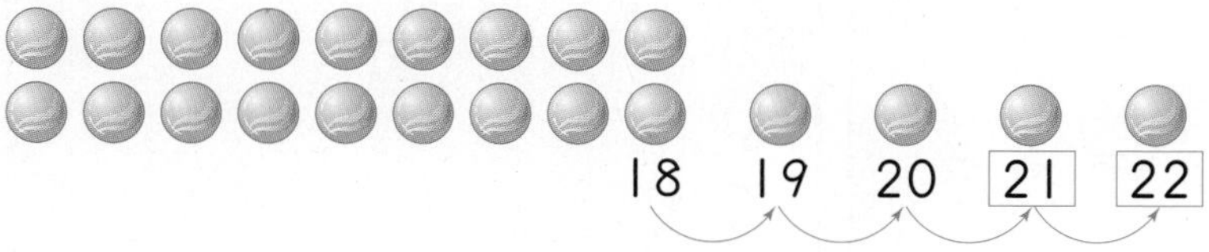

➔ 18+4=22

방법 2 몇십을 만들어 더하기

4를 2와 2로 나누어 △를 그려 넣습니다.

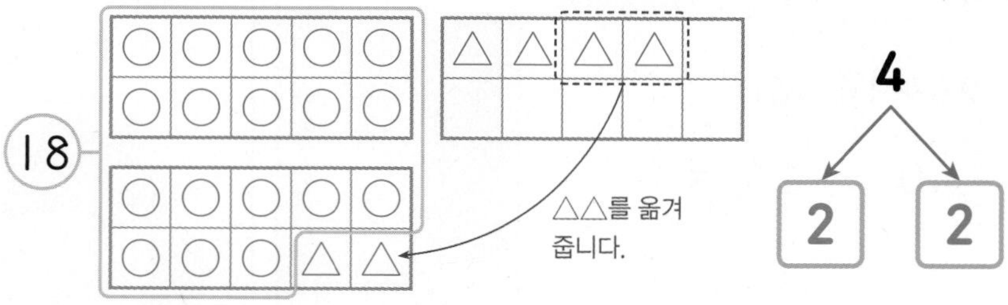

➔ 18+2+2
=20+2=22

방법 3 수 모형을 이용하기

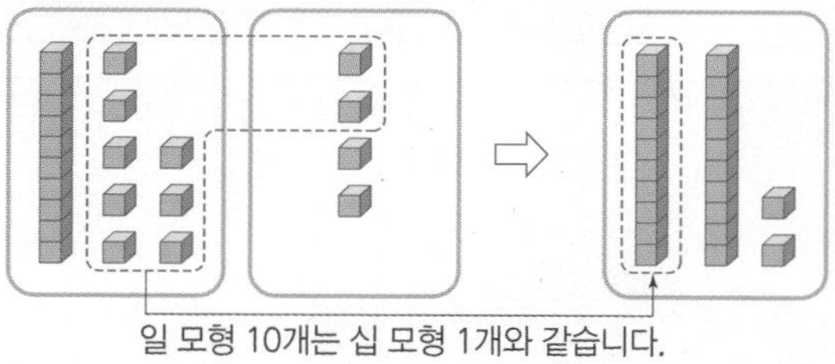

• 일 모형: 8+4=12
• 십 모형: 1+1=2 (일 모형 10개는 십 모형 1개로 셉니다.)

➔ 18+4=22

• 18+4를 세로셈으로 계산하기

$$\begin{array}{r} ^{1}\ \ \\ 1\,8 \\ +\ \ 4 \\ \hline \end{array} \rightarrow \begin{array}{r} ^{1}\ \ \\ 1\,8 \\ +\ \ 4 \\ \hline 2 \end{array} \rightarrow \begin{array}{r} ^{1}\ \ \\ 1\,8 \\ +\ \ 4 \\ \hline 2\,2 \end{array}$$

8+4=12 10은 십의 자리 위에 1로 씁니다.	받아올림하고 남은 수는 일의 자리에 씁니다.	1+1=2 받아올림한 수와 더합니다.

1 그림을 보고 □ 안에 알맞은 수를 써넣으시오.

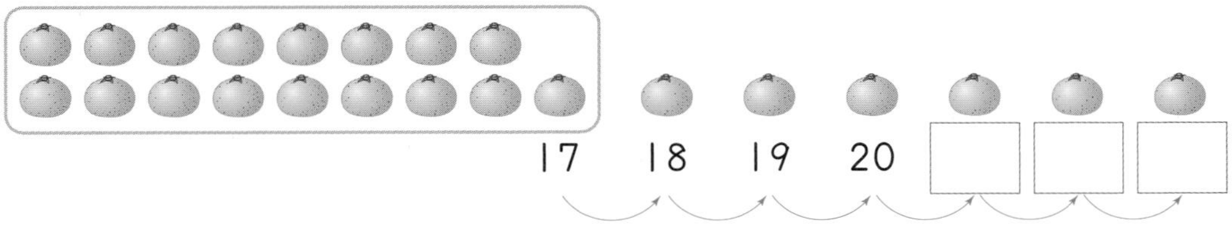

17+6=□

2 수 모형을 보고 □ 안에 알맞은 수를 써넣으시오.

(1)

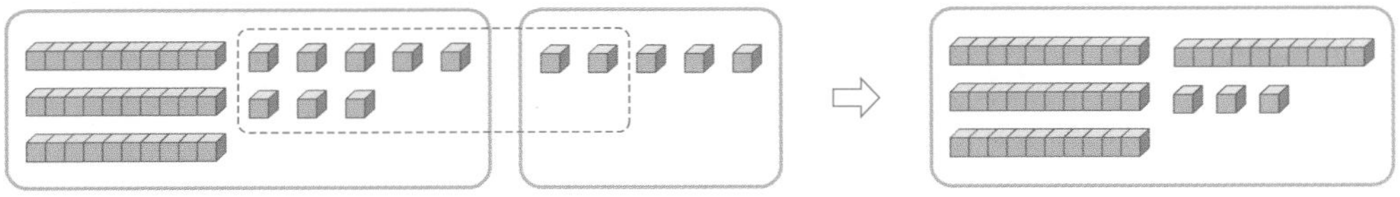

38+5=□

(2)

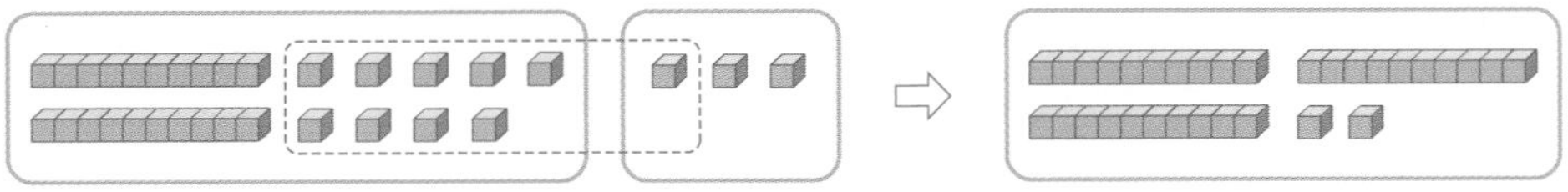

29+3=□

3 덧셈을 하시오.

(1) 67+4

(2) 45+7

4 빈칸에 알맞은 수를 써넣으시오.

(1)

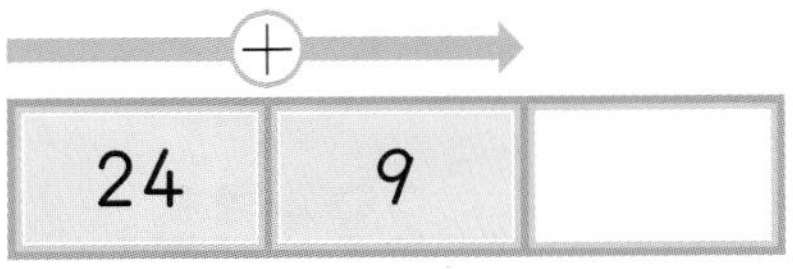

(2)

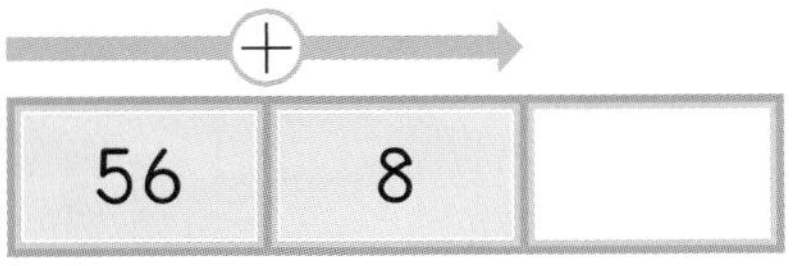

개념 2 (두 자리 수)+(두 자리 수)를 여러 가지 방법으로 알아볼까요(1)

개념 동영상

• 29+15를 여러 가지 방법으로 계산하기

방법 1 15를 가르기하여 더하기

29+15 → 10, 5

29+10+5
=39+5

29에 10을 더하고 5를 더합니다.

➔ 29+15=44

21	22	23	24	25	26	27	28	29	30
31	32	33	34	35	36	37	38	39	40
41	42	43	44	45	46	47	48	49	50

↓ 10씩 커져요.
➔ 1씩 커져요.

방법 2 29를 몇십으로 바꾸어 더하기

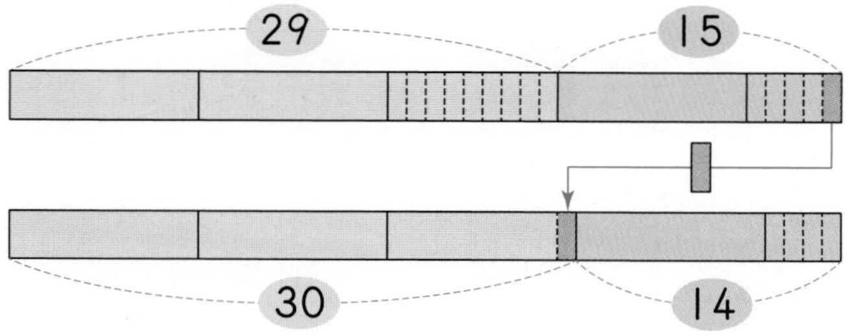

15에서 1을 옮겨 29를 30으로 만들어 구합니다.

➔ 29+15=30+14
=44

방법 3 29와 15를 가르기하여 더하기

29 → 20, 9

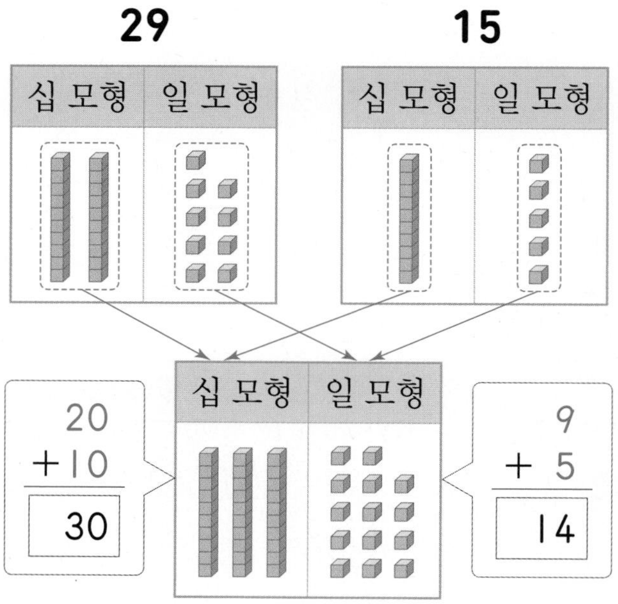

15 → 10, 5

➔ 29+15=44

1 18을 20으로 바꾸어 18+15를 계산하시오.

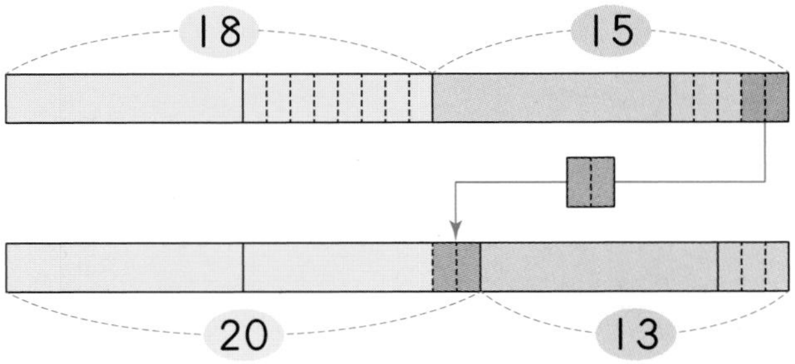

$18+15=18+2+13$

$=20+\square$

$=33$

2 27+35를 두 가지 방법으로 계산했습니다. □ 안에 알맞은 수를 써넣으시오.

(1) **방법 1**

$27+35=20+30+\square+5$

$=\square+12$

$=\square$

⇨ 27을 20과 □로 가르기하고, 35를 30과 □로 가르기하여 더하는 방법입니다.

(2) **방법 2**

$27+35=27+30+\square$

$=57+\square$

$=\square$

⇨ 35를 30과 □로 가르기하여 더하는 방법입니다.

3 진우가 말한 방법으로 덧셈을 하시오.

진우: 몇십은 몇십끼리, 몇은 몇끼리 더합니다.

(1) 42+49

(2) 36+58

개념 3 (두 자리 수)+(두 자리 수)를 여러 가지 방법으로 알아볼까요(2)

개념 동영상

• 24+19를 여러 가지 방법으로 계산하기

방법 4 수 모형을 이용하기

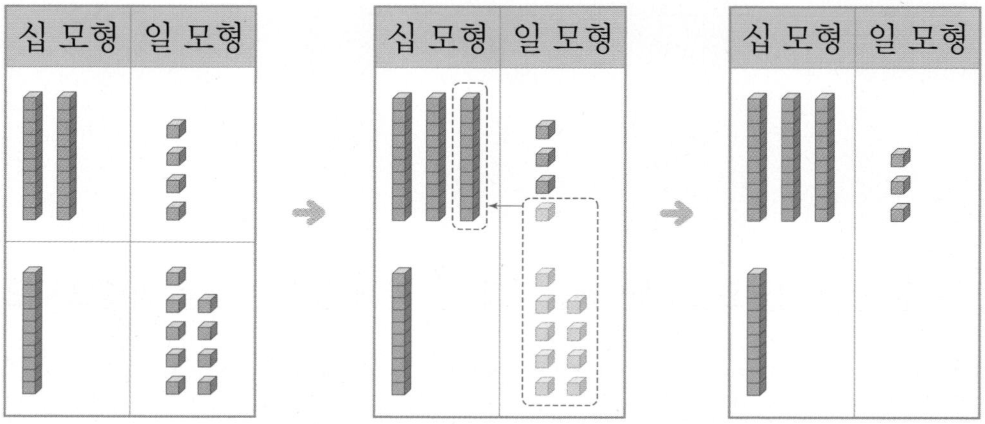

$$\begin{array}{rr} & 2\ 4 \\ + & 1\ 9 \\ \hline & \square \end{array} \rightarrow \begin{array}{rr} & {}^{1} \\ & 2\ 4 \\ + & 1\ 9 \\ \hline & 3 \end{array} \rightarrow \begin{array}{rr} & {}^{1} \\ & 2\ 4 \\ + & 1\ 9 \\ \hline & 4\ 3 \end{array}$$

같은 자리끼리 자리를 맞추어 수를 씁니다.	4+9=13 10은 십의 자리로 받아올림합니다.	1+2+1=4 받아올림한 수와 계산합니다.

일의 자리 수끼리 더해서 10과 같거나 10보다 크면 **10을 십의 자리로 받아올림**합니다.

받아올림한 수는 십의 자리 위에 작게 1로 쓰고 십의 자리 수와 더합니다.

개념 받아쓰기

✎ 빈칸에 글자나 수를 따라 쓰세요.

• 16+18의 계산

$$\begin{array}{rr} & 1\ 6 \\ + & 1\ 8 \\ \hline & \end{array} \rightarrow \begin{array}{rr} & \boxed{1} \\ & 1\ 6 \\ + & 1\ 8 \\ \hline & \boxed{4} \end{array} \rightarrow \begin{array}{rr} & {}^{1} \\ & 1\ 6 \\ + & 1\ 8 \\ \hline & \boxed{3}\ 4 \end{array}$$

정답은 11쪽

기본 문제

1 수 모형을 보고 27+14를 구하시오.

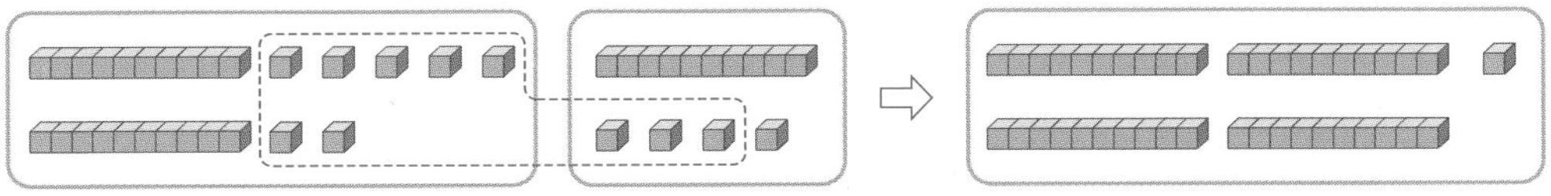

27+14=□

2 □ 안에 알맞은 수를 써넣으시오.

```
  6 4          □           □
+ 2 6   ⇨     6 4    ⇨     6 4
             + 2 6       + 2 6
                 □         □ □
```

3 □ 안에 알맞은 수를 써넣으시오.

(1)
```
  □
  7 6
+ 1 4
  □ □
```

(2)
```
  □
  4 9
+ 2 5
  □ □
```

(3)
```
  □
  4 5
+ 3 6
  □ □
```

3 덧셈과 뺄셈

개념 받아쓰기 문제

빈칸에 알맞은 글자나 수를 써 보세요.

```
                □           1
  2 7           2 7         2 7
+ 3 8   ➔     + 3 8   ➔   + 3 8
                  □         □ □
```

STEP 2 개념 확인하기

개념 1 (두 자리 수)+(한 자리 수)를 여러 가지 방법으로 알아볼까요

• 43+9의 계산

$$\begin{array}{r} 43 \\ +\ \ 9 \\ \hline \end{array} \rightarrow \begin{array}{r} \overset{1}{4}3 \\ +\ \ 9 \\ \hline 2 \end{array} \rightarrow \begin{array}{r} \overset{1}{4}\ 3 \\ +\ \ \ \ 9 \\ \hline \square\ 2 \end{array}$$

1 더하는 수만큼 △를 그리고 □ 안에 알맞은 수를 써넣으시오.

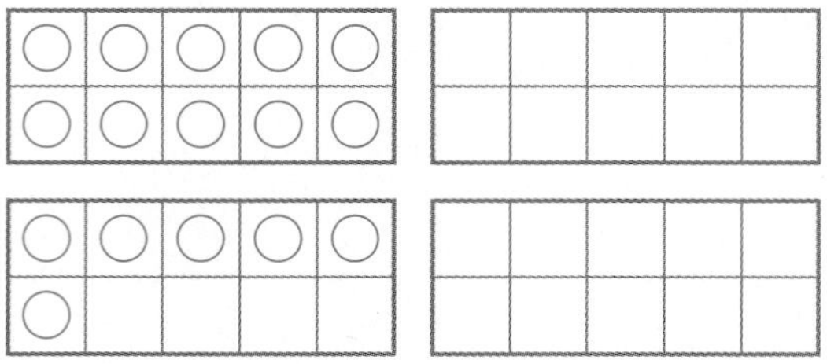

16+9=□

교과서 유형

2 수 모형을 보고 29+3을 구하시오.

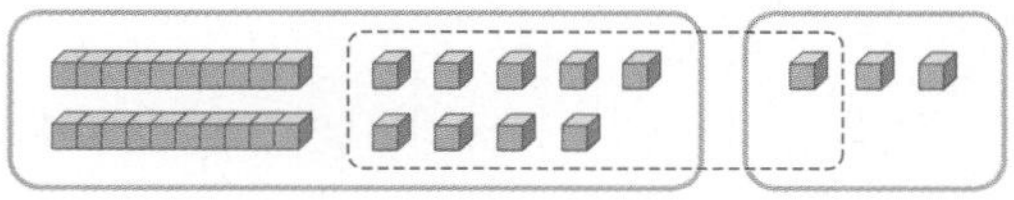

⇨ 29+3=□

3 두 수의 합을 빈칸에 써넣으시오.

73	7

익힘책 유형

4 준희는 동화책을 22권 읽었고, 만화책을 9권 읽었습니다. 준희가 읽은 책은 모두 몇 권입니까?

(　　　　　　　)

개념 2 (두 자리 수)+(두 자리 수)를 여러 가지 방법으로 알아볼까요 (1)

• 44+26을 여러 가지 방법으로 계산하기

① 26을 20과 □으로 가르는 방법

② 44를 40과 □로 가르는 방법

③ 44는 40과 4로, 26은 20과 6으로 가르는 방법

5 49+36을 계산한 방법입니다. □ 안에 알맞은 수를 써넣으시오.

49+36=49+6+30
=55+30=85

방법 36을 6과 □으로 가르기하여 49에 □을 더하고 □을 더합니다.

6 58+14를 다음과 같은 방법으로 계산하려고 합니다. □ 안에 알맞은 수를 써넣으시오.

> 14를 2와 12로 가르기하여 58에 2를 더하고 12를 더합니다.

58+14=58+□+12

=□+12=□

개념 3 (두 자리 수)+(두 자리 수)를 여러 가지 방법으로 알아볼까요(2)

• 44+26의 계산

$$\begin{array}{r} 44 \\ +\ 26 \\ \hline \end{array} \rightarrow \begin{array}{r} {}^{1}\ \ \\ 44 \\ +\ 26 \\ \hline 0 \end{array} \rightarrow \begin{array}{r} {}^{1}\ \ \\ 44 \\ +\ 26 \\ \hline \square 0 \end{array}$$

7 수 모형을 보고 35+18을 구하시오.

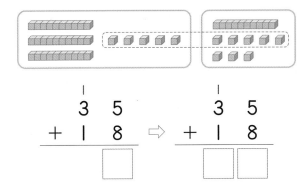

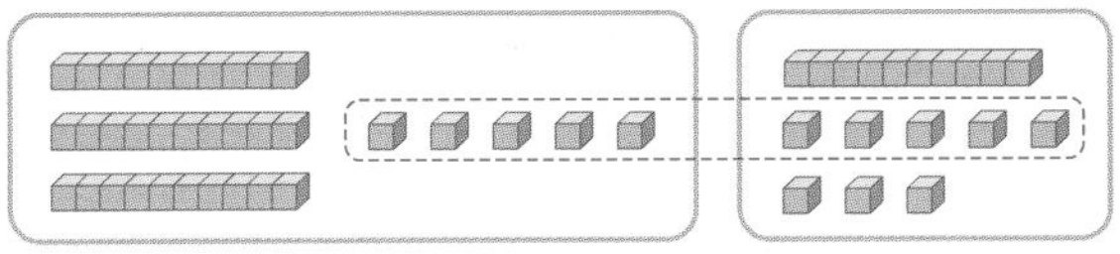

$$\begin{array}{r} {}^{1}\ \ \\ 35 \\ +\ 18 \\ \hline \square \end{array} \Rightarrow \begin{array}{r} {}^{1}\ \ \\ 35 \\ +\ 18 \\ \hline \square\square \end{array}$$

8 덧셈을 하시오.

(1) $\begin{array}{r} 33 \\ +\ 37 \\ \hline \end{array}$ (2) $\begin{array}{r} 66 \\ +\ 18 \\ \hline \end{array}$

9 계산 결과가 같은 것끼리 이으시오.

35+19 •	• 17+33
21+29 •	• 28+26

10 농촌 체험을 하면서 사과를 유리는 24개, 우진이는 47개 땄습니다. 유리와 우진이가 딴 사과는 모두 몇 개입니까?

( )

STEP 1 개념 파헤치기

개념 4 덧셈을 해 볼까요(1)

개념 동영상

- 십의 자리끼리 더해서 10과 같거나 10보다 크면 백의 자리로 받아올림합니다.

 예 53+53을 계산하기

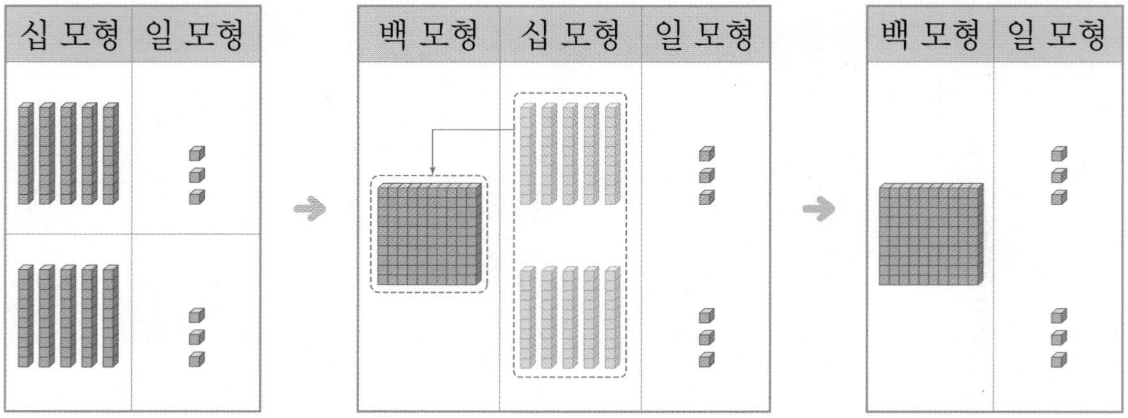

$$\begin{array}{rrr} & 5 & 3 \\ + & 5 & 3 \\ \hline & & 6 \end{array} \rightarrow \begin{array}{rrr} & {}^{1}5 & 3 \\ + & 5 & 3 \\ \hline & 0 & 6 \end{array} \rightarrow \begin{array}{rrr} {}^{1} & 5 & 3 \\ + & 5 & 3 \\ \hline 1 & 0 & 6 \end{array}$$

3+3=6 일의 자리끼리 더합니다.	5+5=10 **10**은 백의 자리로 **받아올림**합니다.	**받아올림**한 1을 백의 자리에 내려 씁니다.

십의 자리 수끼리 더해서 10과 같거나 10보다 크면 **10을 백의 자리로 받아올림**합니다.
받아올림한 수는 백의 자리 위에 작게 1로 쓰고 백의 자리에 그대로 내려 씁니다.

개념 받아쓰기

✎ 빈칸에 글자나 수를 따라 쓰세요.

- 68+41의 계산

$$\begin{array}{rrr} & 6 & 8 \\ + & 4 & 1 \\ \hline & & \boxed{9} \end{array} \rightarrow \begin{array}{rrr} & {}^{\boxed{1}}6 & 8 \\ + & 4 & 1 \\ \hline & \boxed{0} & 9 \end{array} \rightarrow \begin{array}{rrr} {}^{1} & 6 & 8 \\ + & 4 & 1 \\ \hline \boxed{1} & 0 & 9 \end{array}$$

1 수 모형을 보고 54+71을 구하시오.

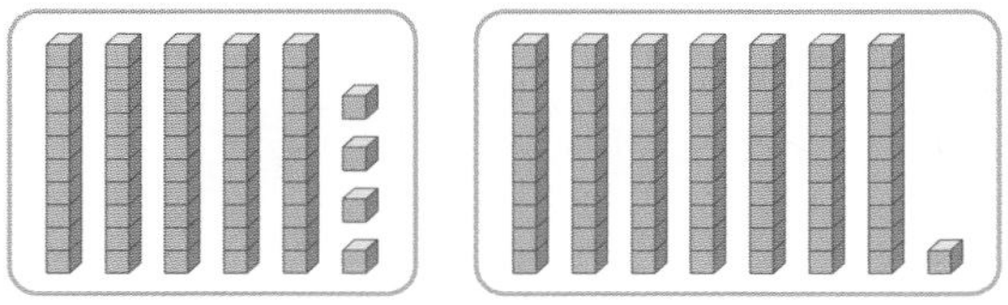

$$\begin{array}{r} 5\ 4 \\ +\ 7\ 1 \\ \hline \square \end{array} \Rightarrow \begin{array}{r} \square \\ 5\ 4 \\ +\ 7\ 1 \\ \hline \square\square\square \end{array}$$

2 □ 안에 알맞은 수를 써넣으시오.

(1)
$$\begin{array}{r} \square \\ 3\ 2 \\ +\ 8\ 7 \\ \hline \square\square\square \end{array}$$

(2)
$$\begin{array}{r} \square \\ 1\ 9 \\ +\ 9\ 0 \\ \hline \square\square\square \end{array}$$

(3)
$$\begin{array}{r} \square \\ 9\ 5 \\ +\ 4\ 3 \\ \hline \square\square\square \end{array}$$

3 덧셈을 하시오.

(1) 85+41

(2) 94+45

3 덧셈과 뺄셈

개념 받아쓰기 문제

✎ 빈칸에 알맞은 글자나 수를 써 보세요.

$$\begin{array}{r} 3\ 6 \\ +\ 9\ 1 \\ \hline \square \end{array} \rightarrow \begin{array}{r} \square \\ 3\ 6 \\ +\ 9\ 1 \\ \hline \square\ 7 \end{array} \rightarrow \begin{array}{r} 1 \\ 3\ 6 \\ +\ 9\ 1 \\ \hline \square\square\square \end{array}$$

개념 5 덧셈을 해 볼까요(2)

개념 동영상

• 같은 자리끼리 더해서 10과 같거나 10보다 크면 바로 위의 자리로 받아올림 합니다.

예 56+68을 수 모형으로 알아보기

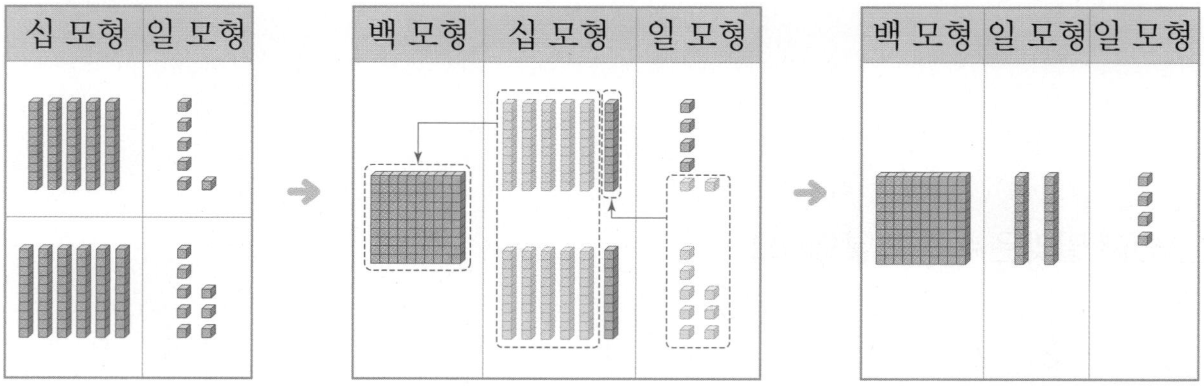


```
   1
   5 6
 + 6 8
 -----
     4
```

6+8=14
10은 십의 자리로 받아올림합니다.

→

```
 1 1
   5 6
 + 6 8
 -----
   2 4
```

1+5+6=12
10은 백의 자리로 받아올림합니다.

→

```
 1 1
   5 6
 + 6 8
 -----
 1 2 4
```

받아올림한 1을 백의 자리에 내려 씁니다.

같은 자리 수끼리 더해서 10과 같거나 10보다 크면 **바로 위의 자리로 받아올림**합니다.

개념 받아쓰기

• 69+45의 계산

```
 [1]
   6 9
 + 4 5
 -----
    [4]
```

→

```
 [1] 1
   6 9
 + 4 5
 -----
 [1] 4
```

→

```
 1 1
   6 9
 + 4 5
 -----
 [1] 1 4
```

정답은 13쪽

기본 문제

1 수 모형을 보고 69+63을 구하시오.

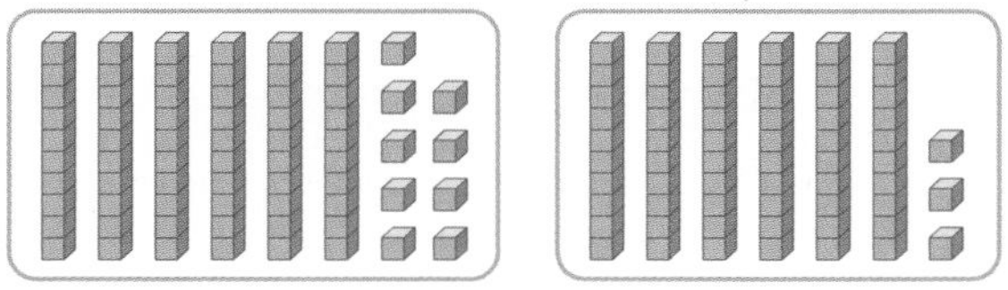

$$\begin{array}{rrr} & \square & \\ & 6 & 9 \\ + & 6 & 3 \\ \hline & & \square \end{array} \Rightarrow \begin{array}{rrr} \square & \square & \\ & 6 & 9 \\ + & 6 & 3 \\ \hline \square & \square & \square \end{array}$$

2 □ 안에 알맞은 수를 써넣으시오.

(1) $\begin{array}{rrr} \square & \square & \\ & 4 & 7 \\ + & 7 & 3 \\ \hline \square & \square & \square \end{array}$

(2) $\begin{array}{rrr} \square & \square & \\ & 8 & 6 \\ + & 3 & 5 \\ \hline \square & \square & \square \end{array}$

(3) $\begin{array}{rrr} \square & \square & \\ & 8 & 2 \\ + & 8 & 8 \\ \hline \square & \square & \square \end{array}$

3 덧셈을 하시오.

(1) 66+55

(2) 78+46

개념 받아쓰기 문제

$$\begin{array}{rr} & 1 \\ 4 & 1 \\ +\,8 & 9 \\ \hline \end{array} \rightarrow \begin{array}{rrr} & \square & 1 \\ & 4 & 1 \\ + & 8 & 9 \\ \hline & \square & 0 \end{array} \rightarrow \begin{array}{rrr} 1 & 1 & \\ & 4 & 1 \\ + & 8 & 9 \\ \hline \square & \square & \square \end{array}$$

2 STEP 개념 확인하기

개념 4 덧셈을 해 볼까요(1)

• 81+64의 계산

$$\begin{array}{r} 81 \\ +\ 64 \\ \hline \end{array} \rightarrow \begin{array}{r} 81 \\ +\ 64 \\ \hline 5 \end{array} \rightarrow \begin{array}{r} \overset{1}{8}\ 1 \\ +\ 6\ 4 \\ \hline 1\ \square\ 5 \end{array}$$

1 수 모형을 보고 64+63을 구하시오.

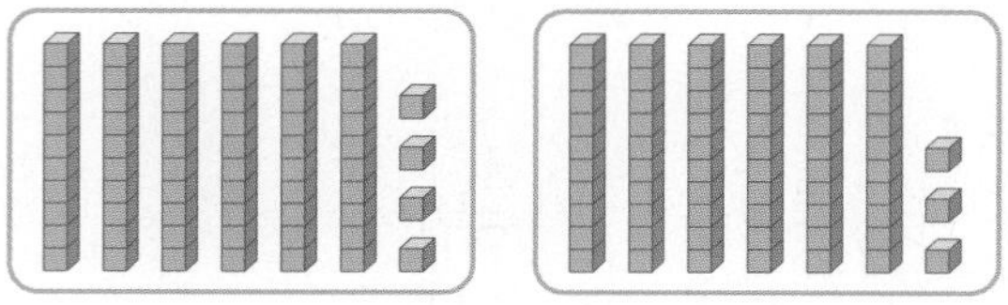

⇨ 64+63= □

교과서 유형

2 덧셈을 하시오.

(1) $\begin{array}{r} 78 \\ +\ 50 \\ \hline \end{array}$ (2) $\begin{array}{r} 86 \\ +\ 33 \\ \hline \end{array}$

3 두 수의 합을 구하시오.

52 64

(   )

4 다음이 나타내는 수를 구하시오.

72보다 96 큰 수

(   )

5 계산 결과를 비교하여 ○ 안에 >, =, < 를 알맞게 써넣으시오.

84+53 ○ 76+63

6 다혜는 어제 훌라후프를 62번 했습니다. 오늘 다혜는 훌라후프를 몇 번 하려고 합니까?

오늘은 어제보다 66번 더 많이 해야지!
다혜

(   )

개념 5 덧셈을 해 볼까요(2)

• 68+45의 계산

$$\begin{array}{r} 68 \\ +\ 45 \\ \hline \end{array} \rightarrow \begin{array}{r} ^{1}\ \ \\ 68 \\ +\ 45 \\ \hline 3 \end{array} \rightarrow \begin{array}{r} ^{1}\ ^{1}\ \ \\ 68 \\ +\ 45 \\ \hline 1\square 3 \end{array}$$

7 덧셈을 하시오.

(1) $\begin{array}{r} 56 \\ +\ 84 \\ \hline \end{array}$ (2) $\begin{array}{r} 97 \\ +\ 96 \\ \hline \end{array}$

8 두 수의 합을 구하시오.

74	79

( )

9 그림을 보고 □ 안에 알맞은 수를 써넣으시오.

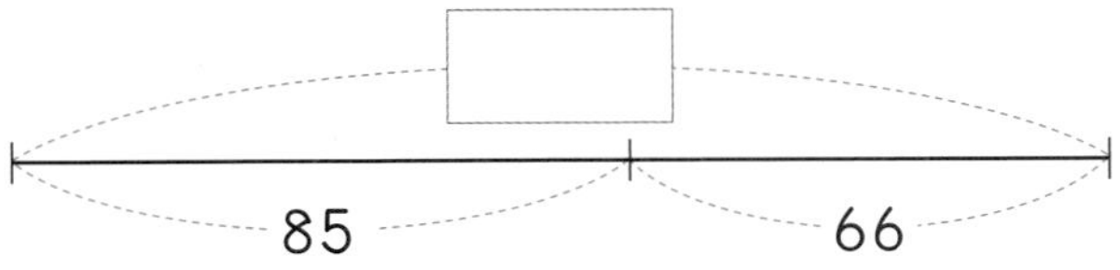

10 계산에서 잘못된 곳을 찾아 바르게 고치시오.

$$\begin{array}{r} 95 \\ +\ 27 \\ \hline 112 \end{array} \Rightarrow \begin{array}{r} 95 \\ +\ 27 \\ \hline \end{array}$$

11 계산 결과를 비교하여 ○ 안에 >, =, < 를 알맞게 써넣으시오.

57+54 ○ 68+42

익힘책 유형

12 수 카드 중에서 2장을 골라 주어진 계산 결과가 나오도록 완성하시오.

4 5 7

$$\begin{array}{r} 5\square \\ +\ \square 4 \\ \hline 101 \end{array}$$

3 덧셈과 뺄셈

개념 6 (두 자리 수)−(한 자리 수)를 여러 가지 방법으로 알아볼까요

개념 동영상

• 22−7을 여러 가지 방법으로 계산하기

방법 1 거꾸로 세어 구하기

22를 먼저 세었다고 생각하고 7을 거꾸로 셉니다.

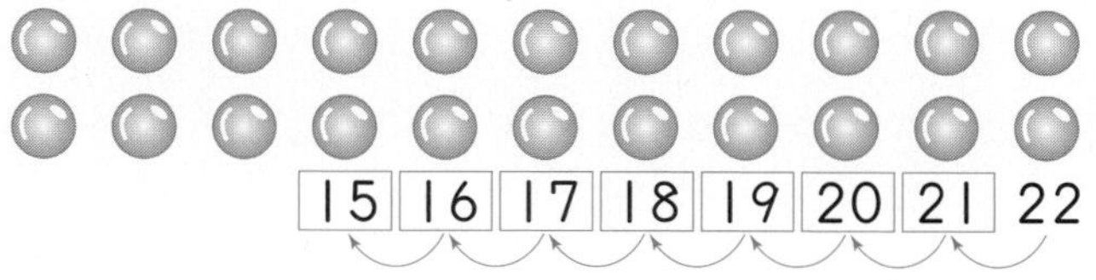

➔ **22−7=15**

방법 2 몇십을 만든 다음 빼기

22가 20이 되도록 2를 먼저 뺀 후 5를 더 뺍니다.

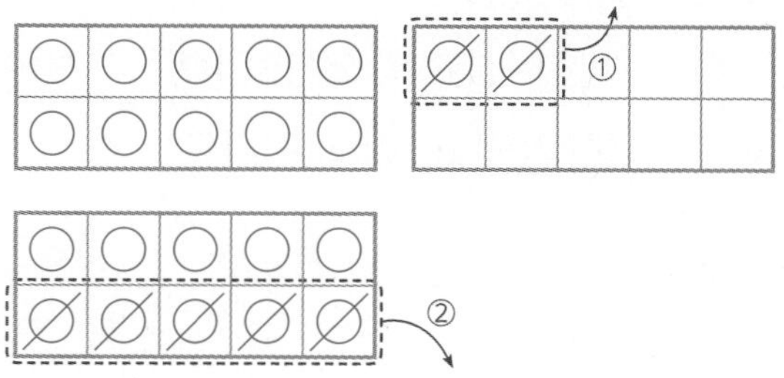

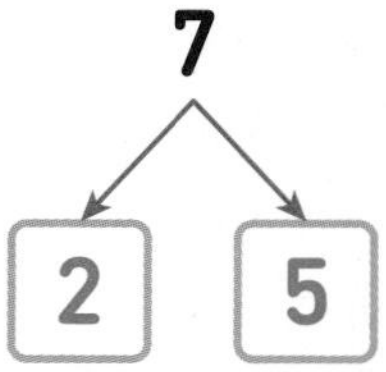

➔ **22−2−5**
=20−5=15

방법 3 수 모형을 이용하기

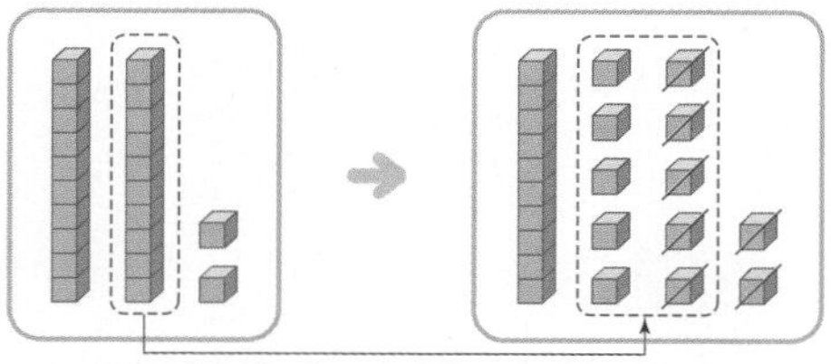

십 모형 1개는 일 모형 10개와 같습니다.

• 일 모형: 12−7=5
• 십 모형: 2−1=1
➔ **22−7=15**

• 22−7을 세로셈으로 계산하기

$\begin{array}{r} 22 \\ -\ \ 7 \\ \hline \end{array}$ ➔ $\begin{array}{r} {\scriptstyle 1\ 10} \\ \not{2}\,2 \\ -\ \ 7 \\ \hline \end{array}$ ➔ $\begin{array}{r} {\scriptstyle 1\ 10} \\ \not{2}\,2 \\ -\ \ 7 \\ \hline 5 \end{array}$ ➔ $\begin{array}{r} {\scriptstyle 1\ 10} \\ \not{2}\,2 \\ -\ \ 7 \\ \hline 15 \end{array}$

일의 자리끼리 계산할 수 없습니다.	10개씩 묶음 1개를 일의 자리 위에 씁니다.	10+2−7=5 일의 자리끼리 계산합니다.	받아내림하고 남은 수를 내려 씁니다.

✿ 정답은 14쪽

1 그림을 보고 □ 안에 알맞은 수를 써넣으시오.

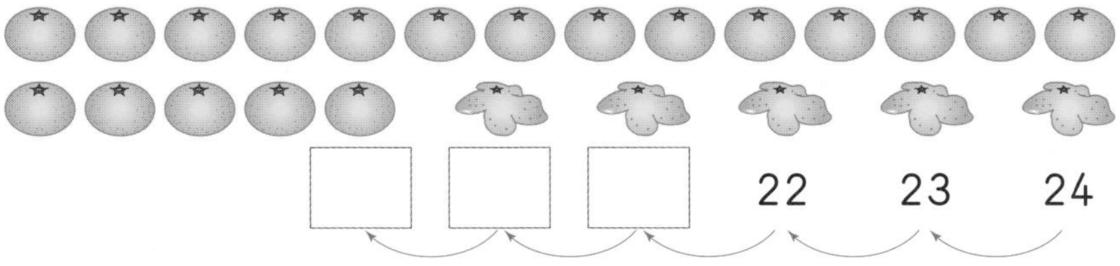

24－5＝□

2 수 모형을 보고 □ 안에 알맞은 수를 써넣으시오.

(1)

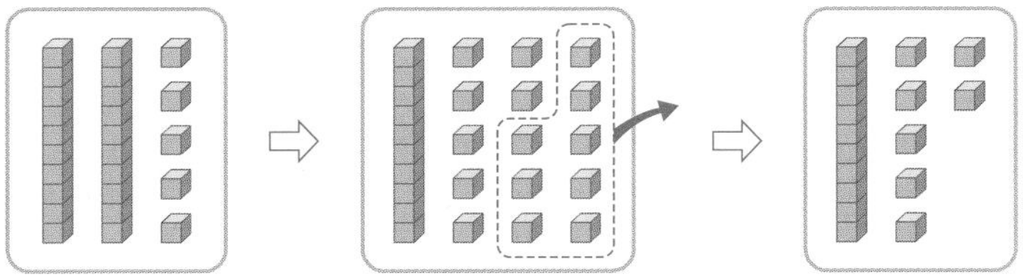

25－8＝□

(2)

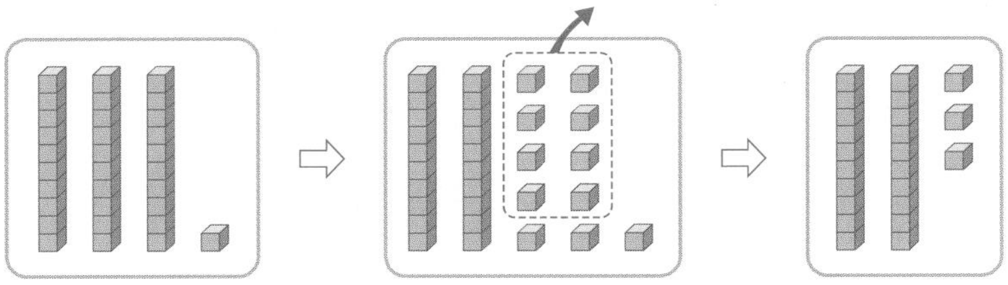

31－8＝□

3 뺄셈을 하시오.

(1) 64－8　　　(2) 90－4

4 빈칸에 알맞은 수를 써넣으시오.

(1) ㊀ →

35	9	

(2) ㊀ →

41	5	

개념 7 (두 자리 수)−(두 자리 수)를 여러 가지 방법으로 알아볼까요(1)

개념 동영상

• 30−18을 여러 가지 방법으로 계산하기

방법 1 18을 가르기하여 빼기

30−18 → 10, 8

30−10−8
=20−8

30에서 10을 먼저 빼고 8을 뺍니다.

➔ 30−18=12

1	2	3	4	5	6	7	8	9	10
11	12	13	14	15	16	17	18	19	20
21	22	23	24	25	26	27	28	29	30

↑ 10씩 작아져요.
← 1씩 작아져요.

방법 2 30을 32로, 18을 20으로 바꾸어 빼기

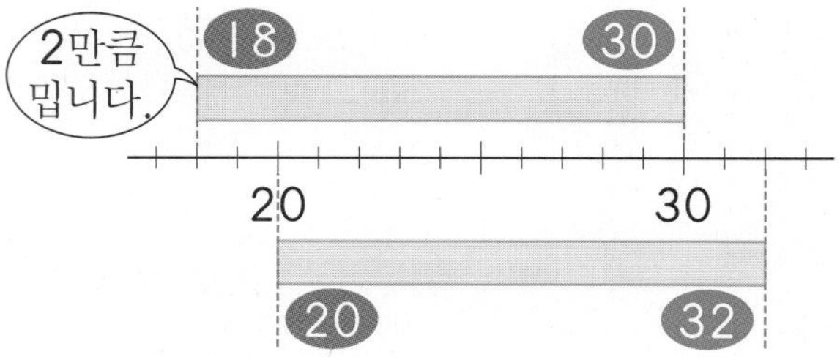

30과 18을 2만큼씩 옮겨서 32와 20으로 만들어 뺍니다.

➔ 30−18=32−20
=12

방법 3 30과 18을 가르기하여 빼기

30 → 20, 10

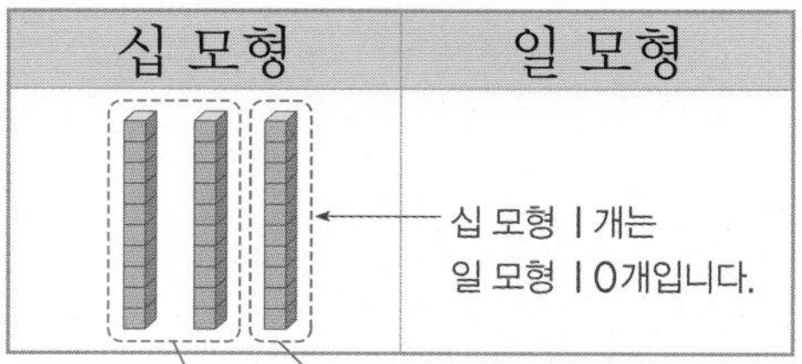

18 → 10, 8

$$\begin{array}{r} 20 \\ -10 \\ \hline 10 \end{array}$$

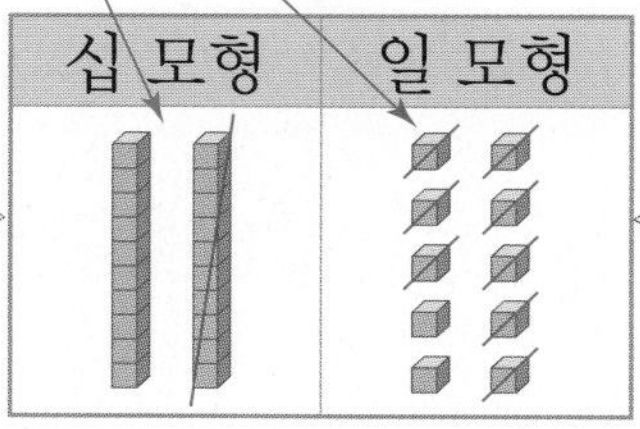

$$\begin{array}{r} 10 \\ -\ 8 \\ \hline 2 \end{array}$$

➔ 30−18=12

1 수를 다르게 나타내 90－79를 계산하려고 합니다. □ 안에 알맞은 수를 써넣으시오.

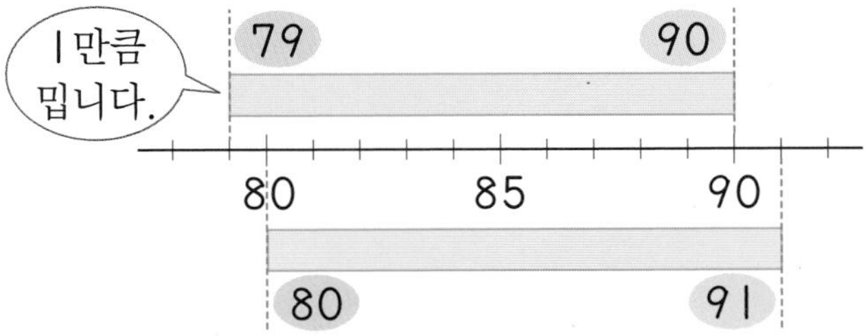

$90-79=91-\square$

$=\square$

2 60－37을 두 가지 방법으로 계산했습니다. □ 안에 알맞은 수를 써넣으시오.

(1) **방법 1**

$60-37=60-30-\square$

$=\square-7$

$=\square$

⇨ 37을 30과 □로 가르기하여 60에서 30을 빼고 7을 빼는 방법입니다.

(2) **방법 2**

$60-37=60-40+\square$

$=20+\square$

$=\square$

⇨ 37을 40－□으로 생각하여 60에서 40을 빼고 3을 더하는 방법입니다.

3 민지가 말한 방법으로 뺄셈을 하시오.

민지  빼는 수를 몇십과 몇으로 가르기하여 계산합니다.

(1) 40－12

(2) 70－55

개념 8 (두 자리 수)−(두 자리 수)를 여러 가지 방법으로 알아볼까요(2)

개념 동영상

• 30−12를 여러 가지 방법으로 계산하기

방법 4 수 모형을 이용하기

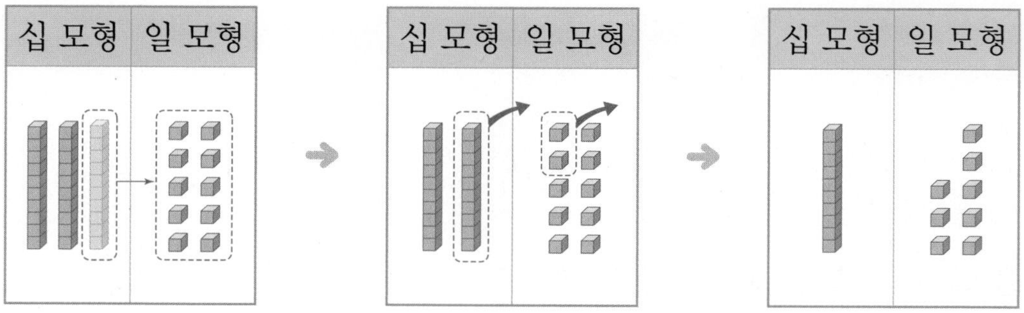

	2	10	
	~~3~~	0	
−	1	2	
	□		

→

	2	10	
	~~3~~	0	
−	1	2	
		8	

→

	2	10	
	~~3~~	0	
−	1	2	
	1	8	

일의 자리끼리 뺄 수 없으므로 **10**을 받아내림합니다.

10−2=8 일의 자리끼리 계산합니다.

2−1=1 받아내림하고 남은 수와 계산합니다.

일의 자리끼리 뺄 수 없으면 십의 자리에서 **10을 일의 자리로 받아내림**합니다.
이 때 십의 자리 수는 /로 지우고 1 작은 수를 십의 자리 위에 작게 씁니다.
받아내림한 수는 일의 자리 위에 작게 10으로 씁니다.
받아내림하고 남은 수와 십의 자리 수를 계산합니다.

개념 받아쓰기

✎ 빈칸에 글자나 수를 따라 쓰세요.

• 70−23의 계산

	[6]	10
	~~7~~	0
−	2	3

→

	[6]	10
	~~7~~	0
−	2	3
		[7]

→

	[6]	10
	~~7~~	0
−	2	3
	[4]	7

1 그림을 보고 30－13을 구하시오.

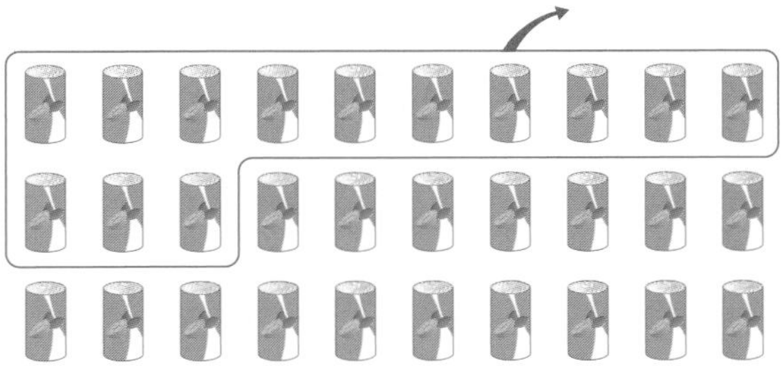

```
  □ □          □ □
  3̸  0         3̸  0
－ 1  3   ⇨  － 1  3
─────────    ─────────
     □          □ □
```

2 □ 안에 알맞은 수를 써넣으시오.

(1)
```
  □ □
  9̸  0
－ 2  7
─────────
  □ □
```

(2)
```
  □ □
  6  0
－ 5  2
─────────
     □
```

(3)
```
  □ □
  7  0
－ 4  6
─────────
  □ □
```

3 빈칸에 알맞은 수를 써넣으시오.

(1) 80 →(－64)→ □

(2) 30 →(－15)→ □

개념 받아쓰기 문제

빈칸에 알맞은 글자나 수를 써 보세요.

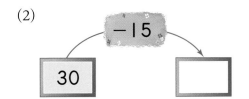

```
  □ 10          □ 10          □ 10
  4̸  0          4̸  0          4̸  0
－ 1  1   →   － 1  1   →   － 1  1
─────────     ─────────     ─────────
                   □           □ □
```

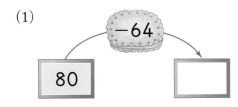

STEP 2 개념 확인하기

개념6 (두 자리 수)−(한 자리 수)를 여러 가지 방법으로 알아볼까요

• 42−3의 계산

$$\begin{array}{r} 42 \\ -\ \ 3 \\ \hline \end{array} \rightarrow \begin{array}{r} {\scriptstyle 3\ 10} \\ \not{4}2 \\ -\ \ 3 \\ \hline 9 \end{array} \rightarrow \begin{array}{r} {\scriptstyle 3\ 10} \\ \not{4}\ 2 \\ -\ \ \ 3 \\ \hline \square\ 9 \end{array}$$

1 빼는 수만큼 /으로 지우고 □ 안에 알맞은 수를 써넣으시오.

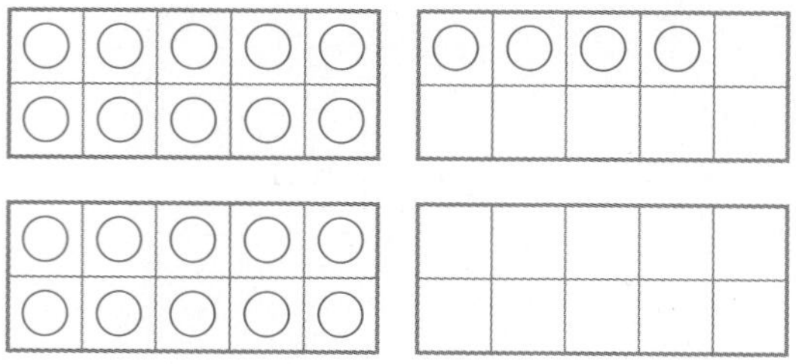

24−6=□

2 수 모형을 보고 31−8을 구하시오.

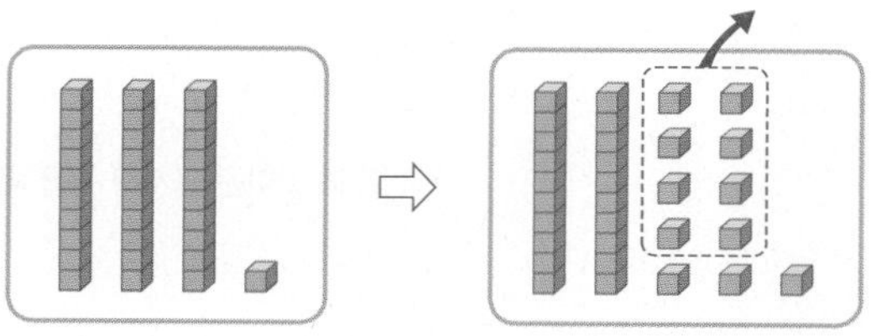

⇨ 31−8=□

3 계산 결과를 찾아 선으로 이으시오.

56−7 •		• 44
53−9 •		• 49

개념7 (두 자리 수)−(두 자리 수)를 여러 가지 방법으로 알아볼까요(1)

• 30−15을 여러 가지 방법으로 계산하기

① 15를 10과 □로 가르는 방법

② 35−□으로 생각하는 방법

③ 30을 20과 10으로, 15를 10과 5로 가르는 방법

4 40−19를 계산한 방법입니다. □ 안에 알맞은 수를 써넣으시오.

40−19=40−10−9=30−9=21

방법 19를 10과 □로 가르기하여 40에서 10을 빼고 □를 뺍니다.

5 60－18을 계산하려고 합니다. 알맞게 설명한 사람은 누구인지 쓰시오.

> 지우: 60에서 20을 빼고 2를 뺍니다.
> 준서: 50에서 10을 뺀 수와 10에서 8을 뺀 수를 더합니다.

(　　　　　　　　)

6 80－23을 다음과 같은 방법으로 계산하려고 합니다. □ 안에 알맞은 수를 써넣으시오.

> 80을 83－3으로 생각하여 83에서 23을 빼고 3을 뺍니다.

80－23＝□－23－3
＝□－3
＝□

7 60－47을 다음과 같은 방법으로 계산하시오.

> 47을 50－3으로 생각하여 60에서 50을 빼고 3을 더합니다.

60－47＝＿＿＿＿＿＿＿＿

개념 8 (두 자리 수)－(두 자리 수)를 여러 가지 방법으로 알아볼까요(2)

• 30－15의 계산

$$\begin{array}{r} 3\ 0 \\ -\ 1\ 5 \\ \hline \end{array} \rightarrow \begin{array}{r} {\scriptstyle 2\ 10} \\ \not{3}\ 0 \\ -\ 1\ 5 \\ \hline 5 \end{array} \rightarrow \begin{array}{r} {\scriptstyle 2\ 10} \\ \not{3}\ 0 \\ -\ 1\ 5 \\ \hline \square\ 5 \end{array}$$

8 수 모형을 보고 40－13을 구하시오.

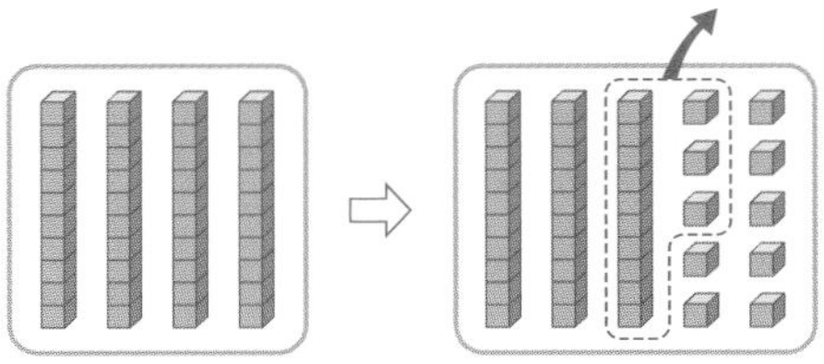

⇨ 40－13＝□

9 빈칸에 알맞은 수를 써넣으시오.

40		26
50	－14 →	
60		

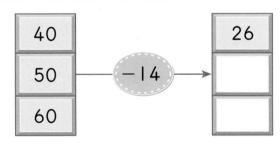

10 계산 결과를 비교하여 ○ 안에 ＞, ＝, ＜를 알맞게 써넣으시오.

70－54 ○ 80－65

3 덧셈과 뺄셈

개념 9 뺄셈을 해 볼까요

개념 동영상

• 일의 자리끼리 뺄 수 없으면 십의 자리에서 10을 일의 자리로 받아내림합니다.

예 32−16을 계산하기

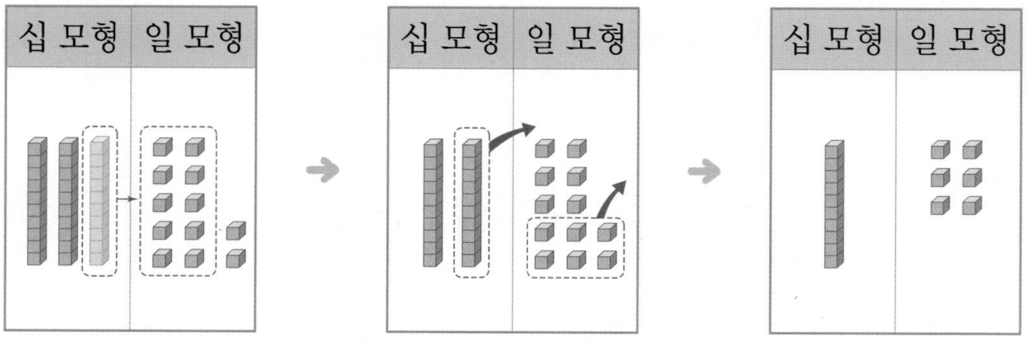

$\begin{array}{rr} {\scriptstyle 2} & {\scriptstyle 10} \\ \not{3} & 2 \\ - \ 1 & 6 \\ \hline & \square \end{array}$	일의 자리끼리 뺄 수 없으므로 10을 받아내림합니다.
$\begin{array}{rr} {\scriptstyle 2} & {\scriptstyle 10} \\ \not{3} & 2 \\ - \ 1 & 6 \\ \hline & 6 \end{array}$	10+2−6=6 일의 자리끼리 계산합니다.
$\begin{array}{rr} {\scriptstyle 2} & {\scriptstyle 10} \\ \not{3} & 2 \\ - \ 1 & 6 \\ \hline 1 & 6 \end{array}$	2−1=1 받아내림하고 남은 수와 계산합니다.

일의 자리끼리 뺄 수 없으면 십의 자리에서 **10을 일의 자리로 받아내림**합니다.
받아내림한 10을 더한 다음 일의 자리 수끼리 뺍니다.
남은 십의 자리 수끼리 빼어 십의 자리에 내려 씁니다.

개념 받아쓰기

✎ 빈칸에 글자나 수를 따라 쓰세요.

• 52−34의 계산

$\begin{array}{rr} \boxed{4} & {\scriptstyle 10} \\ \not{5} & 2 \\ - \ 3 & 4 \\ \hline & \end{array}$ → $\begin{array}{rr} \boxed{4} & {\scriptstyle 10} \\ \not{5} & 2 \\ - \ 3 & 4 \\ \hline & \boxed{8} \end{array}$ → $\begin{array}{rr} \boxed{4} & {\scriptstyle 10} \\ \not{5} & 2 \\ - \ 3 & 4 \\ \hline \boxed{1} & 8 \end{array}$

1 수 모형을 보고 44−28을 구하시오.

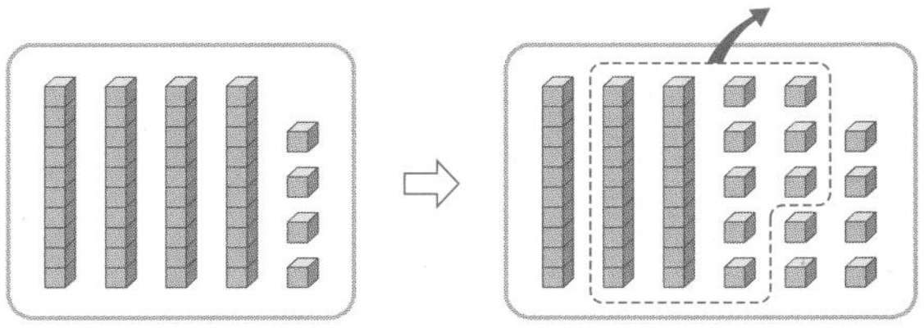

$$\begin{array}{rr} \square & \square \\ \not{4} & 4 \\ - \ 2 & 8 \\ \hline & \square \end{array} \Rightarrow \begin{array}{rr} \square & \square \\ \not{4} & 4 \\ - \ 2 & 8 \\ \hline \square & \square \end{array}$$

2 □ 안에 알맞은 수를 써넣으시오.

(1)
$$\begin{array}{rr} \square & \square \\ \not{7} & 8 \\ - \ 3 & 9 \\ \hline \square & \square \end{array}$$

(2)
$$\begin{array}{rr} \square & \square \\ \not{8} & 4 \\ - \ 2 & 7 \\ \hline \square & \square \end{array}$$

(3)
$$\begin{array}{rr} \square & \square \\ \not{5} & 5 \\ - \ 3 & 6 \\ \hline \square & \square \end{array}$$

3 뺄셈을 하시오.

(1) 33−15

(2) 75−27

개념 받아쓰기 문제

빈칸에 알맞은 글자나 수를 써 보세요.

$$\begin{array}{rr} \square & 10 \\ \not{7} & 2 \\ - \ 2 & 5 \\ \hline & \end{array} \rightarrow \begin{array}{rr} \square & 10 \\ \not{7} & 2 \\ - \ 2 & 5 \\ \hline & \square \end{array} \rightarrow \begin{array}{rr} \square & 10 \\ \not{7} & 2 \\ - \ 2 & 5 \\ \hline \square & \square \end{array}$$

개념 10 세 수의 계산을 해 볼까요

개념 동영상

• 세 수의 계산은 **앞의 두 수를 먼저** 계산한 수에 나머지 한 수를 계산합니다.

㉮ 27+16−15의 계산

27+16−15=28

① 27+16 → 43
② 43−15 → 28

```
①    1            ②  3 10
     2 7              4̸ 3
   + 1 6            − 1 5
   ─────            ─────
     4 3  ───→        2 8
```

㉮ 56−11−26의 계산

56−11−26=19

① 56−11 → 45
② 45−26 → 19

```
①                 ②  3 10
     5 6              4̸ 5
   − 1 1            − 2 6
   ─────            ─────
     4 5  ───→        1 9
```

• **덧셈만 있는 세 수의 계산**은 뒤의 두 수부터 계산하여도 결과는 같습니다.

15+19+18=52: 15+19 → 34, 34+18 → 52

15+19+18=52: 19+18 → 37, 15+37 → 52

주의 **빨셈**이 있는 세 수의 계산은 **반드시 앞에서부터 차례대로** 계산합니다.

23−15+17= 25 (○)
① 23−15 → 8
② 8+17 → 25

23−15+17= ☐ (×)
① 15+17 → 32
② 23−32 → 계산할 수 없습니다.

정답은 16쪽

기본 문제

1 □ 안에 알맞은 수를 써넣으시오.

(1) 21+15+44=□

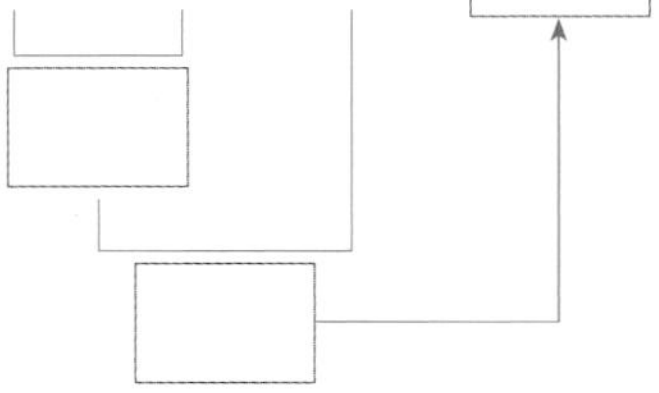

(2) 92−35−22=□

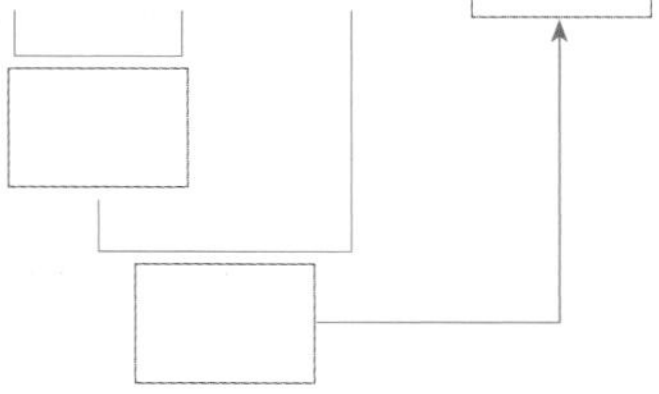

2 32−13+44를 계산하려고 합니다. □ 안에 알맞은 수를 써넣으시오.

```
  3 2          □
− 1 3        + 4 4
─────        ─────
  □            □
```

32−13+44=□+44

=□

3 계산을 하시오.

(1) 58+23−17

(2) 42−16+57

4 빈칸에 알맞은 수를 써넣으시오.

(1)

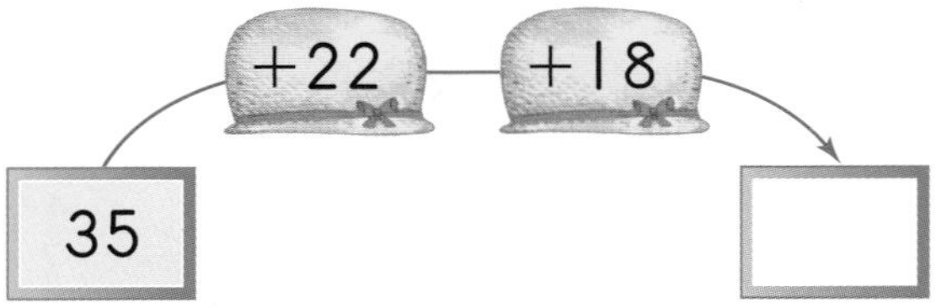

(2)

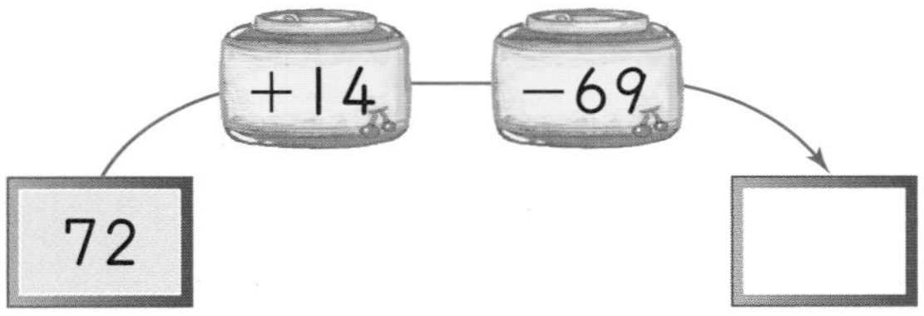

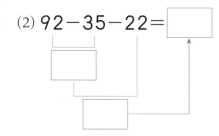

개념 9 뺄셈을 해 볼까요

• 52−39의 계산

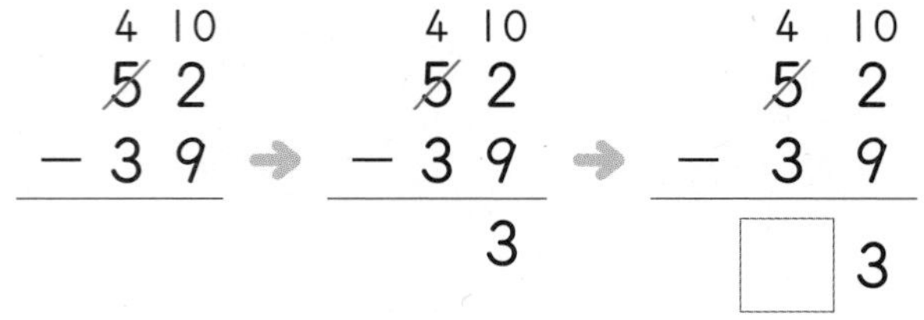

1 뺄셈을 하시오.

(1) $\begin{array}{r} 96 \\ -\,57 \\ \hline \end{array}$ (2) $\begin{array}{r} 75 \\ -\,48 \\ \hline \end{array}$

2 □ 안에 알맞은 수를 써넣으시오.

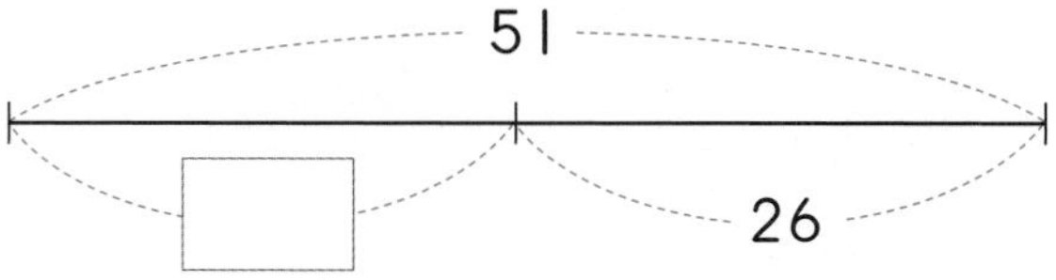

3 빈칸에 알맞은 수를 써넣으시오.

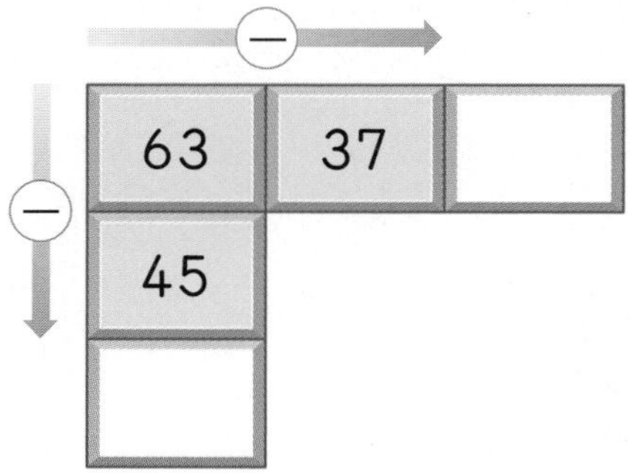

4 운동장에 남학생이 73명, 여학생이 56명 있습니다. 운동장에 남학생은 여학생보다 몇 명 더 많습니다까?

( )

5 말은 캥거루보다 몇 년 더 살 수 있습니까?

나는 27년까지 살 수 있어!
난 18년까지 살 수 있는데. 부럽다!
말
캥거루

( )

6 빈칸은 선으로 연결된 두 수의 차입니다. 빈칸에 알맞은 수를 써넣으시오.

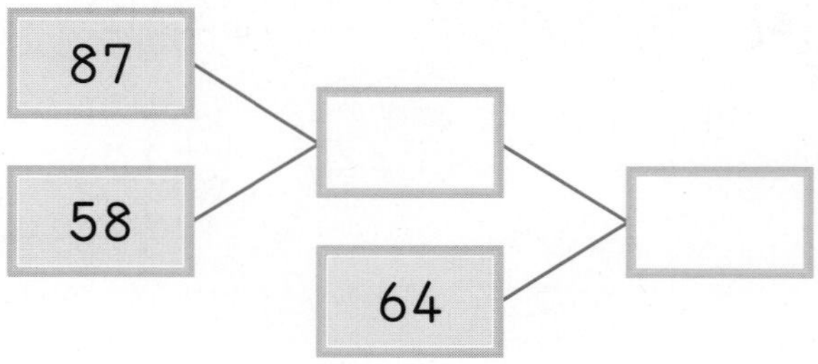

정답은 16쪽

개념10 세 수의 계산을 해 볼까요

세 수의 계산은 □에서부터 순서대로 합니다.

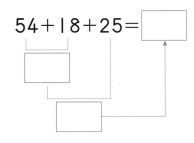

7 □ 안에 알맞은 수를 써넣으시오.

$$54+18+25=\square$$

54+18 → □
□+25 → □

8 계산을 하시오.

(1) $33+43+15$

(2) $36+44-63$

9 크기를 비교하여 ○ 안에 >, =, <를 알맞게 써넣으시오.

$$55+38-17 \bigcirc 75$$

10 □ 안에 알맞은 수를 써넣으시오.

$$\begin{array}{r} 7\ 2 \\ -\ 1\ 5 \\ \hline \square \end{array} \qquad \begin{array}{r} \square \\ +\ 2\ 1 \\ \hline \square \end{array}$$

11 계산 결과를 찾아 선으로 이으시오.

77−12−16 •	• 31
45−38+24 •	• 49

익힘책 유형

12 민우는 색종이 80장을 가지고 있었습니다. 수아에게 22장을 주고, 정연이에게 9장을 받았습니다. 민우에게 남아 있는 색종이는 몇 장입니까?

(   )

3
덧셈과 뺄셈

STEP 1 개념 파헤치기

개념 11 덧셈과 뺄셈의 관계를 식으로 나타내 볼까요(1)

개념 동영상

• 덧셈식을 보고 뺄셈식으로 나타내기

$5+7=12$

귤은 $12-5=7$(개)입니다.

사과는 $12-7=5$(개)입니다.

덧셈식 $5+7=12$는 뺄셈식 $12-5=7$과 $12-7=5$로 나타낼 수 있습니다.

$5+7=12$ → $12-5=7$, $12-7=5$

➔ **덧셈식**은 **뺄셈식** 2개로 바꾸어 나타낼 수 있습니다.

예 $9+6=15$를 뺄셈식으로 바꾸어 나타내기

$9+6=15$ → $15-9=6$, $15-6=9$

개념 받아쓰기

빈칸에 글자나 수를 따라 쓰세요.

• 덧셈식은 뺄셈식으로 나타낼 수 있습니다.

덧셈식 $6+8=14$ → $14-6=$ 8, $14-$ 8 $=6$ 뺄셈식

1 그림을 보고 덧셈식을 뺄셈식으로 나타내려고 합니다. □ 안에 알맞은 수를 써넣으시오.

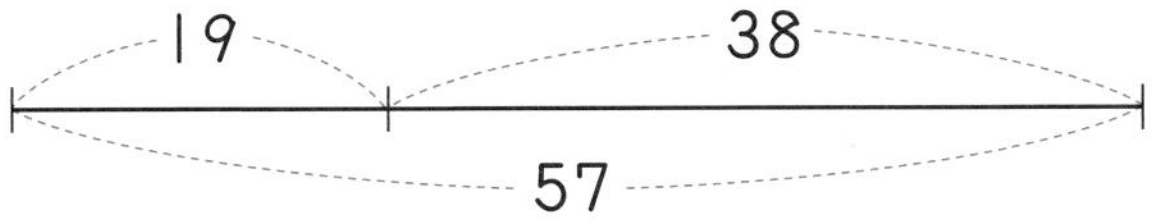
19
38
57

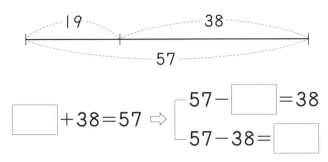

□ + 38 = 57 ⇨ 57 − □ = 38 / 57 − 38 = □

[2~3] 덧셈식을 보고 뺄셈식으로 나타낸 것입니다. □ 안에 알맞은 수를 써넣으시오.

2 16 + 7 = 23 ⇨ □ − 16 = □ / 23 − □ = □

3 35 + 28 = □ ⇨ 63 − □ = □ / 63 − □ = □

뺄셈식에서는
가장 큰 수가
맨 앞에 와요.

개념 받아쓰기 문제

✎ 빈칸에 알맞은 글자나 수를 써 보세요.

• 하나의 **덧셈식**을 두 개의 □□□ 으로 나타낼 수 있습니다.

3 + 7 = 10 → **10 − 3 =** □ / **10 −** □ **=** □

개념 12 덧셈과 뺄셈의 관계를 식으로 나타내 볼까요(2)

개념 동영상

• 뺄셈식을 보고 덧셈식으로 나타내기

12−5=7

귤과 사과는

7+5=12(개)입니다.

사과와 귤은

5+7=12(개)입니다.

뺄셈식 12−5=7은 덧셈식 7+5=12와 5+7=12로 나타낼 수 있습니다.

12−5=7 → 7+5=12
12−5=7 → 5+7=12

➔ **뺄셈식**은 **덧셈식** 2개로 바꾸어 나타낼 수 있습니다.

예 15−9=6을 덧셈식으로 바꾸어 나타내기

15−9=6 → 6+9=15
15−9=6 → 9+6=15

개념 받아쓰기

• 뺄셈식은 덧셈식으로 나타낼 수 있습니다.

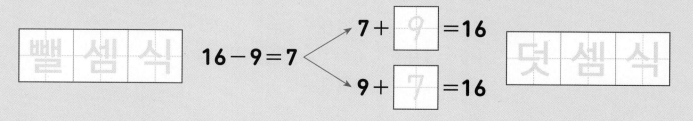

뺄셈식 16−9=7 → 7+9=16
16−9=7 → 9+7=16 덧셈식

1 그림을 보고 뺄셈식을 덧셈식으로 나타내려고 합니다. □ 안에 알맞은 수를 써넣으시오.

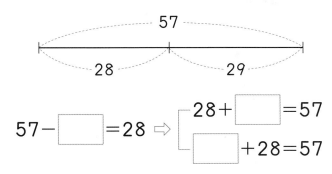

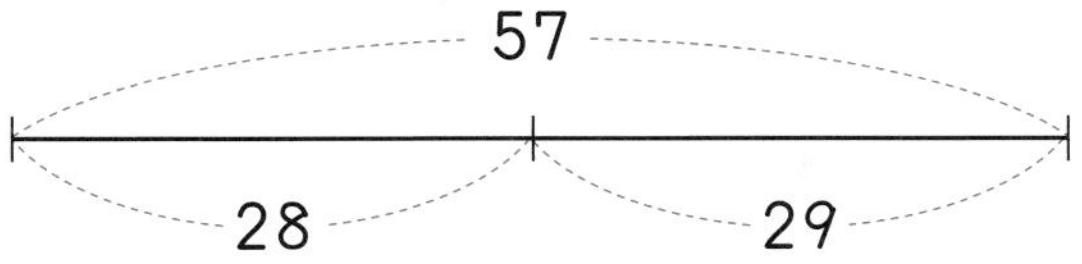
57
28
29

57－□＝28 ⇨ 28＋□＝57, □＋28＝57

[2~3] 뺄셈식을 보고 덧셈식으로 나타낸 것입니다. □ 안에 알맞은 수를 써넣으시오.

2 93－29＝64 ⇨ 64＋□＝□, 29＋□＝□

3 85－26＝□ ⇨ 59＋□＝□, □＋□＝85

덧셈식에서는
가장 큰 수가
맨 뒤에 와요.

개념 받아쓰기 문제

• 하나의 **뺄셈식**을 2개의 □□□□□□으로 나타낼 수 있습니다.

14－8＝6 → **6＋□＝14**, **8＋□＝14**

개념 13 □가 사용된 덧셈식을 만들고 □의 값을 구해 볼까요

개념 동영상

- □를 사용하여 덧셈식을 만들고 문제 해결하기
  ① 모르는 수는 □로 나타냅니다.
  ② 덧셈과 뺄셈의 관계를 이용하여 □의 값을 구합니다.

예 어항에 물고기 4마리가 있었는데 몇 마리를 더 가져와서 11마리가 되었습니다. 가져온 물고기는 몇 마리입니까?

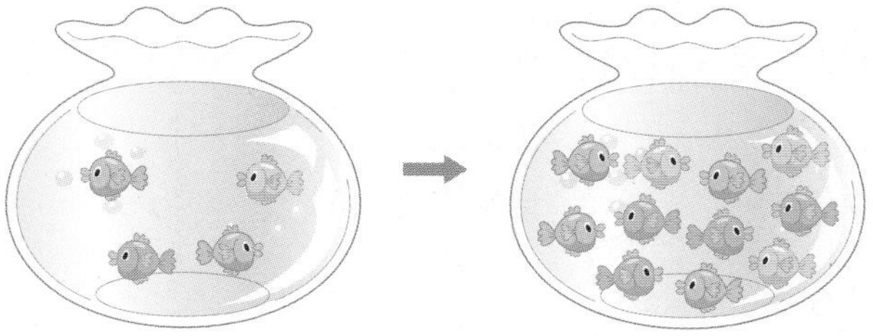

① **모르는 수**는 □로 나타냅니다.

물고기 4마리에 몇 마리를 가져와서 11마리가 되었습니다.

가져온 물고기 수를 □로 하여 덧셈식을 쓰면

4+□=11입니다.

② **덧셈과 뺄셈의 관계**를 이용하여 □의 값을 구합니다.

4+□=11 → 11−4=□, □=7

□=7이므로 가져온 물고기 수는 7마리입니다.

□가 계산 결과에 오도록 식을 바꾸어 나타내요.

개념 받아쓰기

- 8+■=14에서 ■의 값 구하기

덧셈과 뺄셈의 관계를 이용하여 식을 바꾸어 나타냅니다.

8+■=14 → 14−[8]=■, ■=[6]

[1~2] 책꽂이에 위인전이 19권 꽂혀 있습니다. 동화책 몇 권을 더 가져와서 책꽂이에 꽂았더니 책이 모두 26권입니다. 물음에 답하시오.

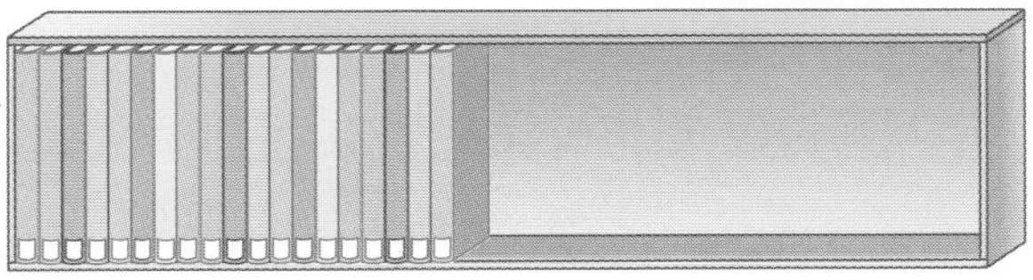

1 책꽂이에 꽂은 동화책 수를 □로 하여 알맞은 덧셈식을 만드시오.

식 ______________________

2 책꽂이에 꽂은 동화책은 몇 권입니까?

( )

3 □ 안에 알맞은 수를 써넣으시오.

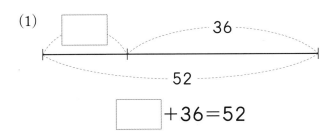

(1)

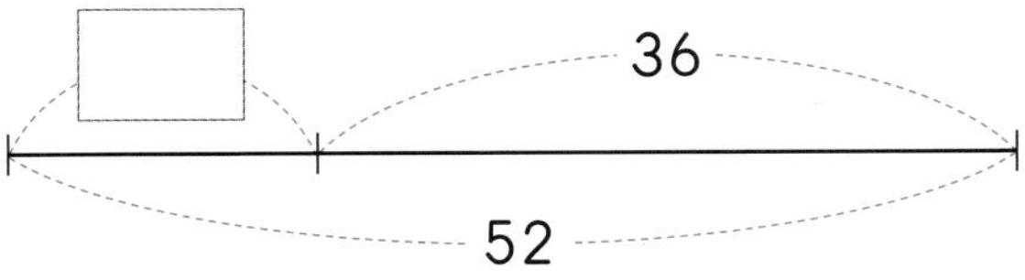

□+36=52

(2)

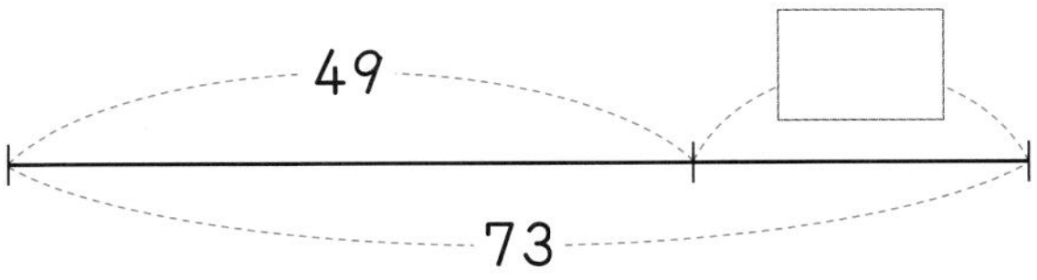

49+□=73

개념 받아쓰기 문제

• 3+■=12에서 ■의 값 구하기

덧셈과 뺄셈의 관계를 이용하여 식을 바꾸어 나타냅니다.

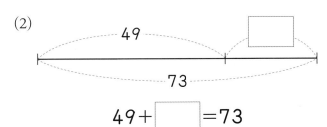

3+■=12 ➔ 12−□=■, ■=□

개념 14 □가 사용된 뺄셈식을 만들고 □의 값을 구해 볼까요

개념 동영상

- □를 사용하여 뺄셈식을 만들고 문제 해결하기
  ① 모르는 수는 □로 나타냅니다.
  ② 덧셈과 뺄셈의 관계를 이용하여 □의 값을 구합니다.

예 접시에 있던 사탕 13개 중에서 몇 개를 먹었더니 5개가 남았습니다. 먹은 사탕은 몇 개입니까?

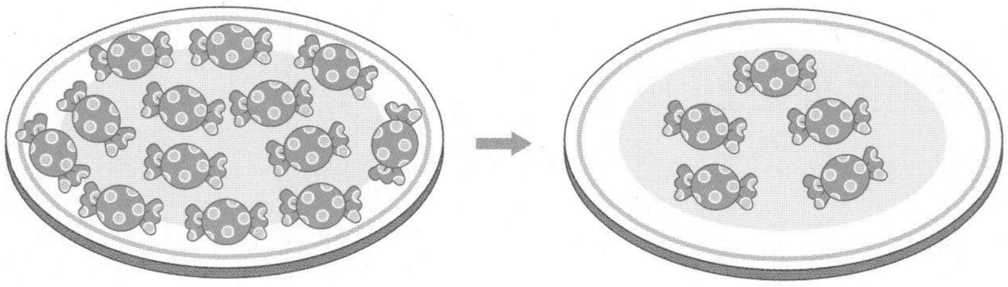

① 모르는 수는 □로 나타냅니다.
사탕 13개 중에서 몇 개를 먹어서 5개가 남았습니다.
먹은 사탕 수를 □로 하여 뺄셈식을 쓰면 **13−□=5**입니다.

□가 계산 결과에 오도록 식을 바꾸어 나타내요.

② **덧셈과 뺄셈의 관계**를 이용하여 □의 값을 구합니다.

13−□=5 → 13−5=□, □=8

□=8이므로 먹은 사탕 수는 8개입니다.

개념 받아쓰기

- 17−■=9에서 ■의 값 구하기
  덧셈과 뺄셈의 관계를 이용하여 식을 바꾸어 나타냅니다.

17−■=9 → 17−[9]**=■, ■=**[8]

✿ 정답은 17쪽

기본 문제

[1~2] 도넛 14개가 있었습니다. 그중 몇 개를 먹었더니 9개가 남았습니다. 물음에 답하시오.

1 먹은 도넛 수를 □로 하여 알맞은 뺄셈식을 만드시오.

식 ______________________

2 먹은 도넛은 몇 개입니까?

( )

3 □ 안에 알맞은 수를 써넣으시오.

(1)

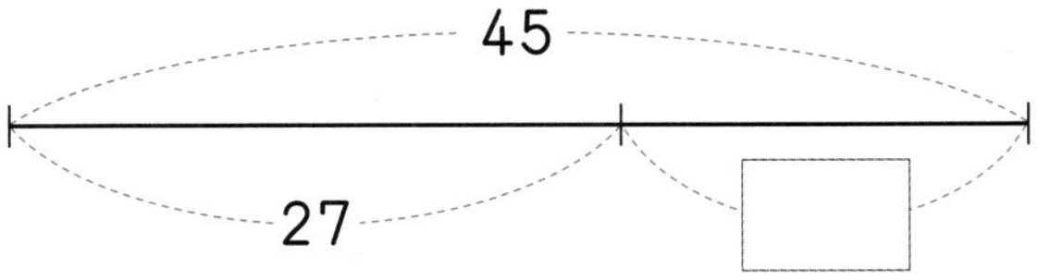

45−□=27

(2)

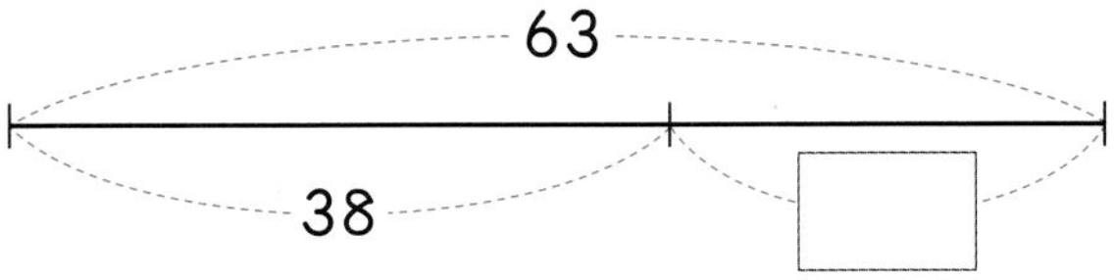

63−□=38

개념 받아쓰기 문제

• 16−■=9에서 ■의 값 구하기

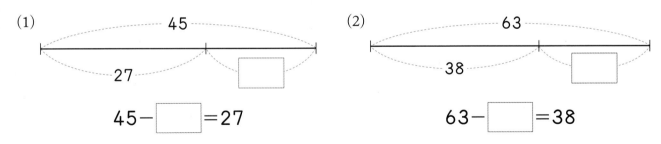

덧셈과 뺄셈의 관계를 이용하여 식을 바꾸어 나타냅니다.

16−■=9 → 16−□=■, ■=□

STEP 2 개념 확인하기

개념 11 덧셈과 뺄셈의 관계를 알아볼까요?(1)

43+39=82 → 82−43=□
43+39=82 → 82−□=43

개념 12 덧셈과 뺄셈의 관계를 알아볼까요?(2)

52−27=25 → 25+□=52
52−27=25 → □+25=52

1 덧셈식을 보고 뺄셈식으로 바르게 나타낸 것에 ○표 하시오.

29+42=71

42−29=71	71−29=42
(　　　)	(　　　)

교과서 유형

2 덧셈식을 보고 뺄셈식으로 나타낸 것입니다. □ 안에 알맞은 수를 써넣으시오.

18+38=56

⇨ □−□=□
　 □−□=□

3 □ 안에 알맞은 수를 써넣으시오.

□+17=54

⇔ 54−□=37

4 뺄셈식을 보고 덧셈식으로 나타낸 것입니다. □ 안에 알맞은 수를 써넣으시오.

91−63=28

⇨ 28+□=□
　 63+□=□

5 오른쪽 세 수를 이용하여 뺄셈식을 완성하고, 덧셈식으로 나타내어 보시오.

94　58　36

94−□=36

⇨ 36+□=□
　 □+□=□

익힘책 유형

6 □ 안에 알맞은 수를 써넣으시오.

72−□=35

⇔ 35+37=□

개념 13 □가 사용된 덧셈식을 만들고 □의 값을 구해 볼까요

① 모르는 수는 □로 나타냅니다.

② □셈과 뺄셈의 관계를 이용하여 □의 값을 구합니다.

익힘책 유형

7 빈칸에 알맞은 수만큼 ○를 그리고, □ 안에 알맞은 수를 써넣으시오.

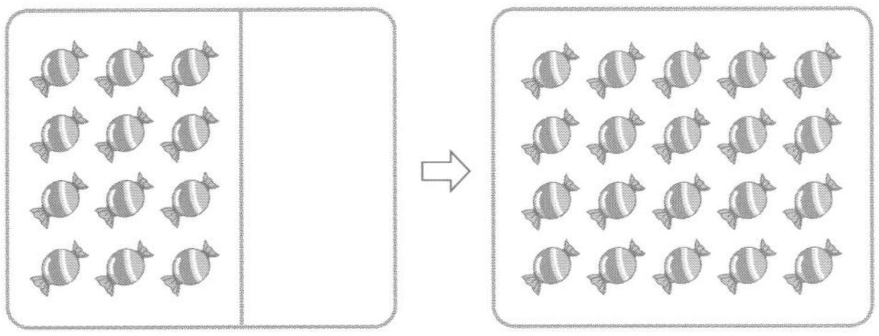

12+□=20

8 □ 안에 알맞은 수를 써넣으시오.

□+45=91

9 세영이가 윗몸 일으키기를 하고 있습니다. 앞으로 몇 번을 더 하겠습니까?

휴, 지금까지 47번 했어. 52번까지 해야지!

(　　　　　　　)

개념 14 □가 사용된 뺄셈식을 만들고 □의 값을 구해 볼까요

① 모르는 수는 □로 나타냅니다.

② 덧셈과 □셈의 관계를 이용하여 □의 값을 구합니다.

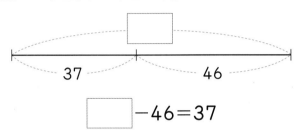

10 □ 안에 알맞은 수를 써넣으시오.

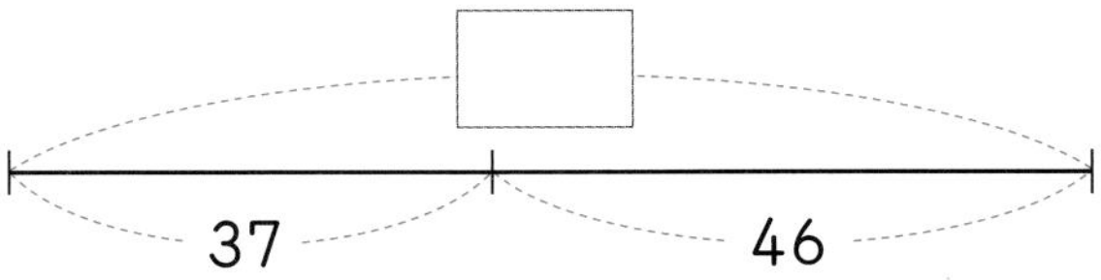

□−46=37

11 □ 안에 알맞은 수를 써넣으시오.

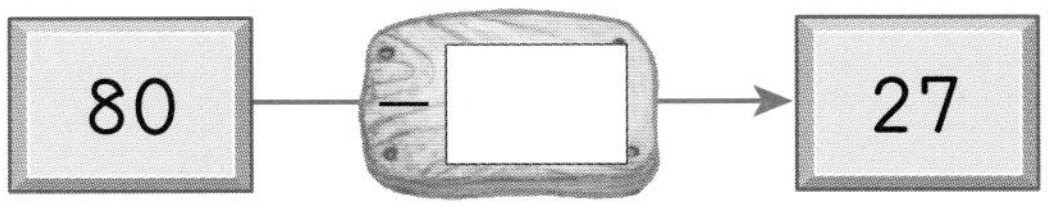

익힘책 유형

12 엄마의 나이에서 7살을 빼면 삼촌의 나이입니다. 삼촌의 나이는 33살입니다. 엄마의 나이를 □로 하여 뺄셈식을 만들고, □의 값을 구하시오.

식 ______________________

답 ______________________

3 덧셈과 뺄셈

STEP 3

단원 마무리 평가

3. 덧셈과 뺄셈

점수

1 그림을 보고 뺄셈을 하시오.

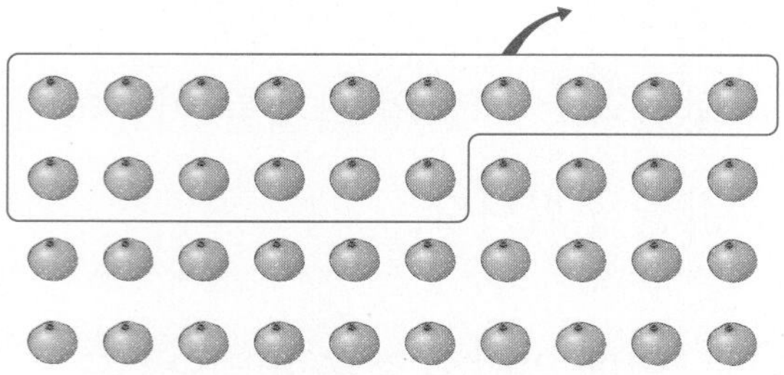

40−16=□

2 계산을 하시오.

(1)
$$\begin{array}{r} 47 \\ +\ \ 8 \\ \hline \end{array}$$

(2)
$$\begin{array}{r} 93 \\ -\ \ 4 \\ \hline \end{array}$$

3 덧셈식을 보고 뺄셈식으로 나타낸 것입니다. □ 안에 알맞은 수를 써넣으시오.

27+45=72

⇨ 72−27=□

72−□=□

4 뺄셈식을 보고 덧셈식으로 나타낸 것입니다. □ 안에 알맞은 수를 써넣으시오.

92−78=14

⇨ □+78=□

□+□=92

5 몇십은 몇십끼리, 몇은 몇끼리 계산하려고 합니다. □ 안에 알맞은 수를 써넣으시오.

39+15=30+10+9+□

=40+□=□

6 □ 안에 알맞은 수를 써넣으시오.

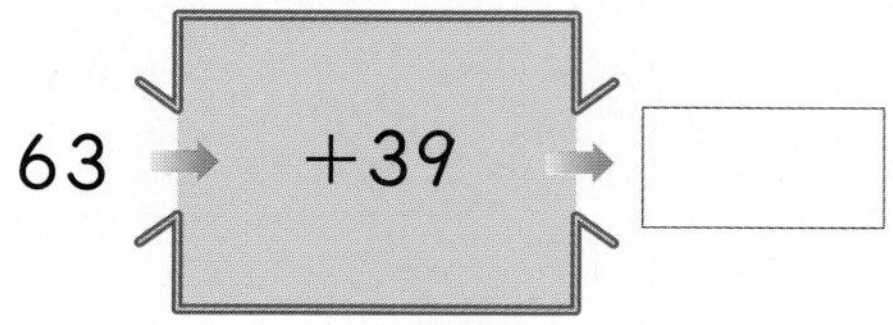

7 계산 결과를 찾아 선으로 이으시오.

18+25 •	• 43
91−38 •	• 53

정답은 **18쪽**

8 □ 안에 알맞은 수를 써넣으시오.

53－37＝53－□－4－30

＝□－4－30

＝□－30

＝□

9 계산 결과를 비교하여 ○ 안에 >, =, <를 알맞게 써넣으시오.

91－75 ○ 22－3

10 수 모형이 나타내는 수보다 35 큰 수를 구하시오.

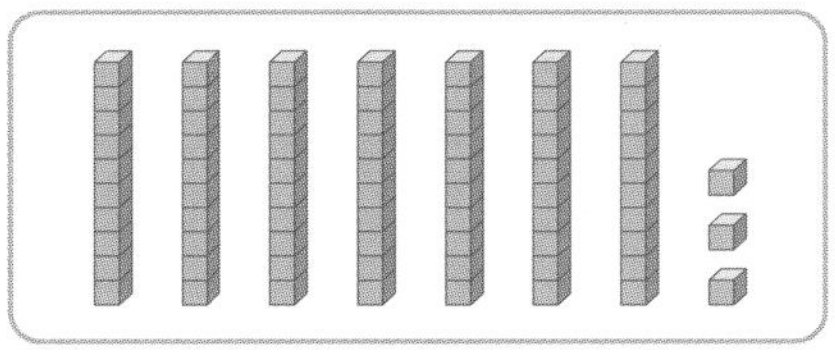

(　　　　　　)

11 빈칸에 알맞은 수를 써넣으시오.

12 소희네 반 학생들은 공차기 놀이를 하고 있습니다. 소희네 반 학생들이 모두 한 번씩 차려면 몇 명이 더 차야 하는지 뺄셈식을 쓰고 답을 구하시오.

식 ____________________

답 ____________________

유사문제

13 가장 큰 수에서 가장 작은 수를 빼고 나머지 수를 더한 값을 구하시오.

73	25	18

(　　　　　　)

유사문제

14 □ 안에 알맞은 수를 써넣으시오.

3 덧셈과 뺄셈

15 계산 결과가 가장 큰 것을 찾아 기호를 쓰시오.

㉠ $\begin{array}{r} 58 \\ +\ \ 4 \\ \hline \end{array}$ ㉡ $\begin{array}{r} 37 \\ +19 \\ \hline \end{array}$ ㉢ $\begin{array}{r} 60 \\ -24 \\ \hline \end{array}$

( )

16 다음 식을 계산하여 각각의 글자를 빈칸에 알맞게 써넣으시오.

16+4+11=□ — 래

54−12−8=□ — 가

24+15−3=□ — 떡

36	34	31

유사문제

17 □ 안에 들어갈 수 있는 가장 큰 수는 어느 것입니까? ··························· ( )

6□<81−15

81−15를 먼저 계산한 후 크기를 비교합니다.

① 4 ② 5 ③ 6 ④ 7 ⑤ 8

18 □ 안에 알맞은 수를 써넣으시오.

$\begin{array}{r} 7\ 1 \\ -\ \square\ 3 \\ \hline 5\ 8 \end{array}$

19 딸기 13개 중에서 몇 개를 먹었더니 5개가 남았습니다. 먹은 딸기는 몇 개인지 먹은 딸기의 수를 □로 하여 뺄셈식을 만들고 답을 구하시오.

식 ____________________

답 ____________________

유사문제

20 어떤 수에 24를 더했더니 62가 되었습니다. 어떤 수는 얼마입니까?

( )

QR 코드를 찍어 게임을 해 보고 이번 단원을 확실히 익혀 보세요!

마무리 개념완성

정답은 19쪽

1 38+15=40+15−2

=55−☐=☐

2 두 자리 수의 덧셈에서 일의 자리 수끼리의 합이 10과 같거나 크면 십의 자리로 받아올림합니다. (○ , ×)

3 43−19=43−13−☐

=30−☐=☐

4 두 자리 수의 뺄셈에서 일의 자리 수끼리 뺄 수 없을 때에는 십의 자리에서 받아내림합니다. (○ , ×)

5 세 수의 뺄셈은 앞에서부터 두 수씩 계산합니다. (○ , ×)

6 51−19=32 ⇨ 19+32=☐, 32+19=☐

생각의 방향

38을 40으로 생각하여 계산합니다.

일의 자리 수를 같게 하여 계산합니다.

덧셈과 뺄셈의 관계를 이용합니다.

개념 공부를 완성 했다!

3 덧셈과 뺄셈

4 길이 재기

제4화 왕자가 원하는 막대 사탕은?

이전에 배운 내용

[1-1 비교하기]
- 길이 비교하기
- 무게 비교하기
- 넓이 비교하기
- 담을 수 있는 양 비교하기

이번에 배울 내용

- 여러 가지 단위로 길이 재기
- 1 cm 알아보기
- 자로 길이 재기
- 길이 어림하기

앞으로 배울 내용

[2-2 길이 재기]
- 1 m 알아보기
- 길이의 합과 차

[3-1 시간과 길이]
- 1 mm / 1 km 알아보기

STEP 1 개념 파헤치기

개념 1 길이를 비교하는 방법을 알아볼까요

개념 동영상

한쪽 끝을 맞추어 맞대어 볼 때 다른 쪽 끝이 더 많이 나간 것이 깁니다.

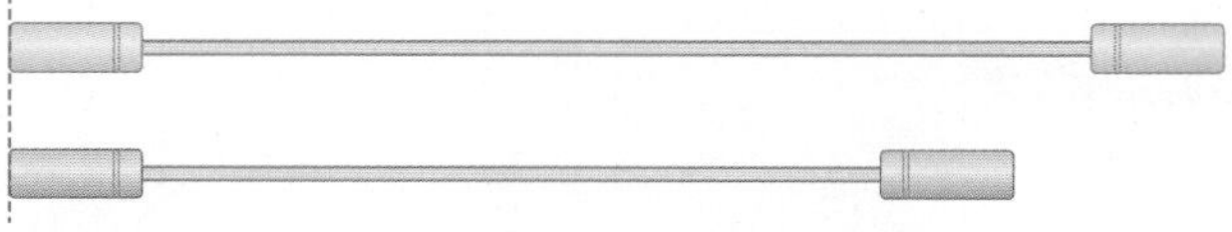

더 길다

더 짧다

- 직접 맞대어 길이를 비교할 수 없을 때는 종이띠나 털실 등을 이용합니다.

  ㉠ 액자의 길이 비교하기

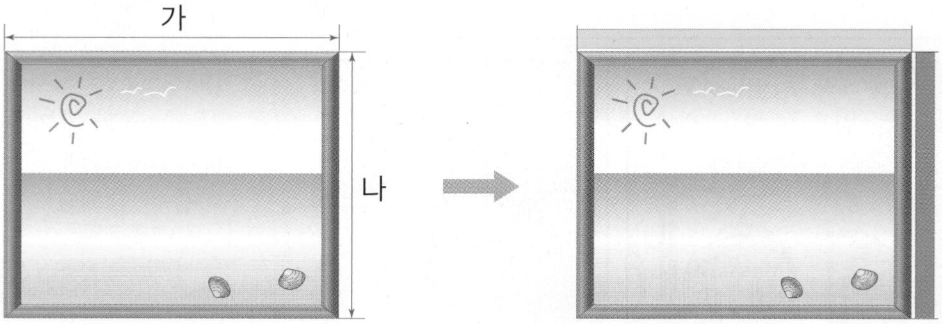

① 가와 나의 길이만큼 종이띠를 자릅니다.

② 자른 종이띠의 한쪽 끝을 맞춘 다음 길이를 비교합니다.

가의 길이가 나의 길이보다 더 깁니다.

직접 맞대어 길이를 비교할 수 **없을** 때는 종이띠, 털실 등으로 길이를 본뜬 다음 서로 맞대어 길이를 비교합니다.

개념 받아쓰기

✎ 빈칸에 글자나 수를 따라 쓰세요.

❶ 한쪽 끝을 맞추어 맞대어 보았을 때 다른 쪽 끝이 더 많이 나간 것이 더 깁니다.

❷ 직접 맞대어 비교할 수 **없는** 길이는 종이띠, 털실 등을 이용하여 길이를 비교합니다.

길이 재기

[1~2] ㉠과 ㉡의 길이를 비교하려고 합니다. 물음에 답하시오.

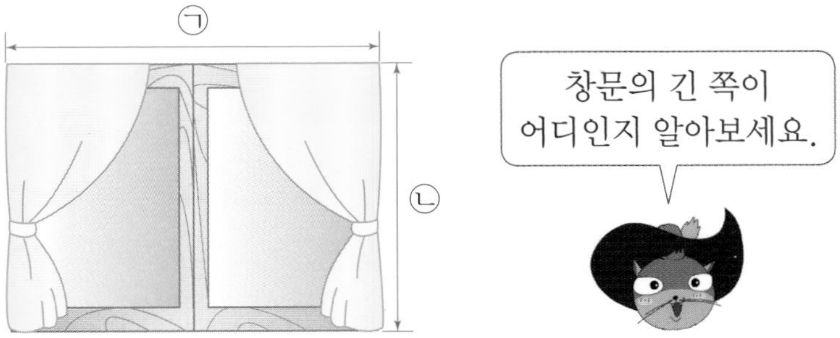

1 ㉠과 ㉡의 길이를 비교할 수 있는 방법을 찾아 색칠하시오.

맞대어서 비교하기	종이띠를 이용하여 비교하기

2 **1**에서 색칠한 방법을 이용하여 ㉠과 ㉡의 길이를 비교하시오.

㉠이 ㉡보다 더 (깁니다 , 짧습니다).

㉡이 ㉠보다 더 (깁니다 , 짧습니다).

3 가장 긴 것을 찾아 기호를 쓰시오.

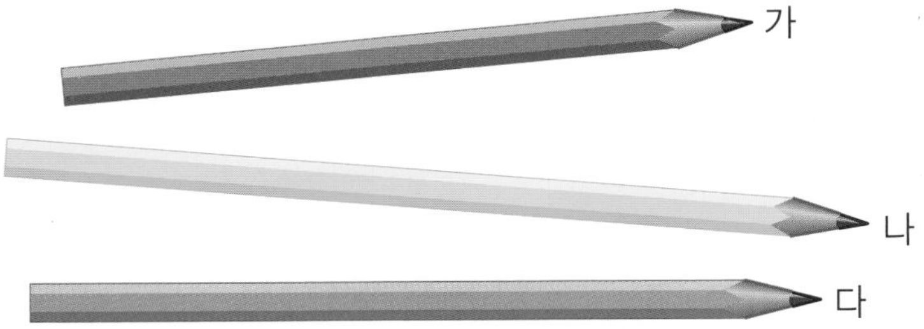

( )

개념 2 여러 가지 단위로 길이를 재어 볼까요

개념 동영상

• 길이를 잴 때 사용할 수 있는 단위는 여러 가지가 있습니다.

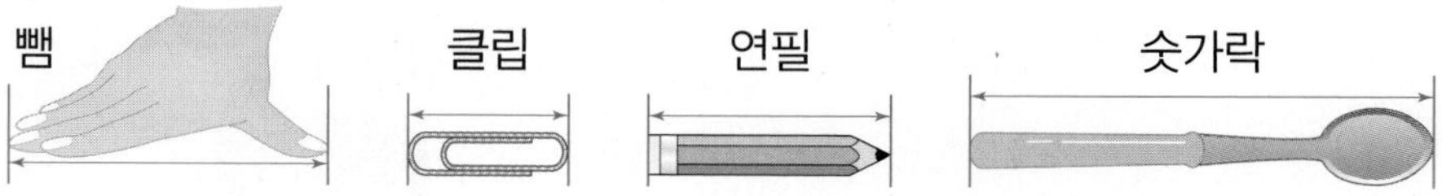

손을 이용하여 길이를 잴 때는 한 뼘, 두 뼘, 세 뼘, ...으로 잽니다.

• 같은 물건을 여러 가지 단위로 잴 수 있습니다.

예 여러 가지 단위로 연필의 길이 재기

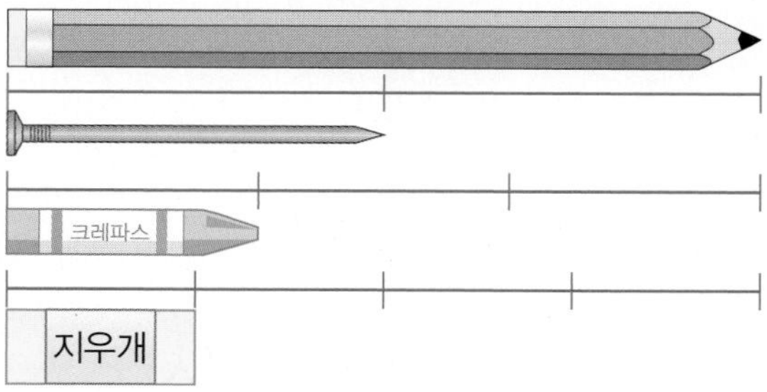

연필의 길이는

➔ 못으로 2번입니다.

➔ 크레파스로 3번입니다.

➔ 지우개로 4번입니다.

단위의 길이가 길수록 잰 횟수는 적습니다.
단위의 길이가 짧을수록 잰 횟수는 많습니다.

• 길이를 재기에 알맞은 단위를 선택합니다.

단위의 길이가 짧으면 여러 번 재어야 합니다.
➔ 긴 물건의 길이를 잴 때는 긴 단위를 사용하는 것이 편리합니다.

개념 받아쓰기

1 손을 이용하여 길이를 재는 경우 몇 **뼘**이라고 씁니다.

2 같은 길이를 잴 때 **단위**의 길이가 짧을수록 재는 횟수가 많아집니다.

뼘 단위

1 그림을 보고 □ 안에 알맞은 수를 써넣으시오.

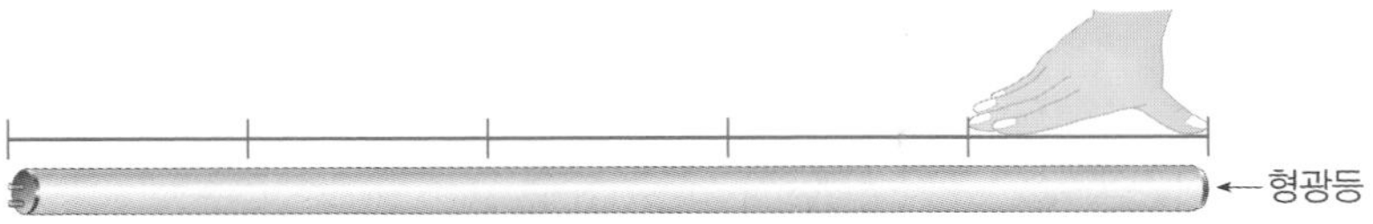
형광등

⇨ 형광등의 길이는 □ 뼘입니다.

2 텔레비전 긴 쪽의 길이를 재는 데 더 알맞은 단위에 ○표 하시오.

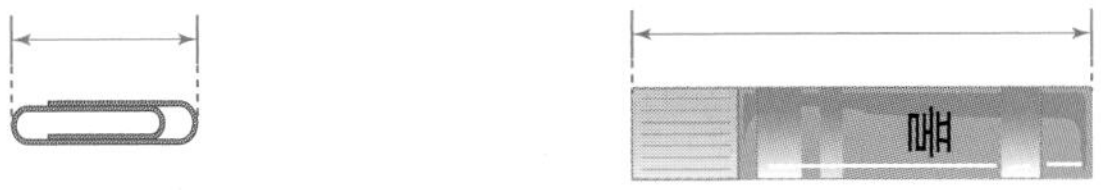
연필

(   )   (   )

3 더 긴 색 테이프를 가지고 있는 사람의 이름을 쓰시오.

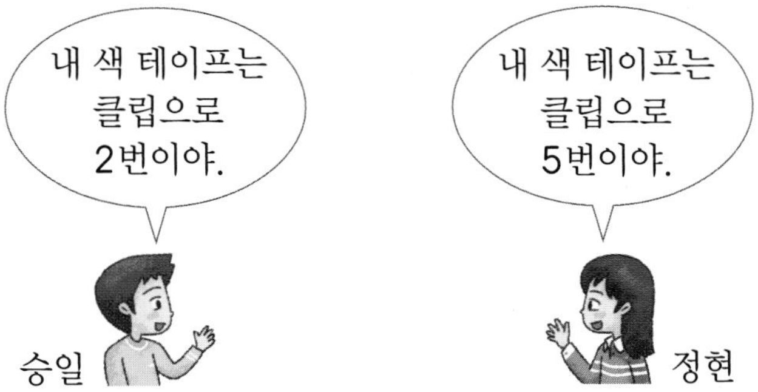
내 색 테이프는
클립으로
2번이야.
내 색 테이프는
클립으로
5번이야.
승일
정현

(   )

개념 받아쓰기 문제

빈칸에 알맞은 글자나 수를 써 보세요.

• 손을 이용하여 길이를 재는 경우 몇 □ 이라고 씁니다.

• 같은 길이를 잴 때 □ 의 길이가 짧을수록 재는 횟수가 많아집니다.

개념 3 Ⅰ cm를 알아볼까요

개념 동영상

• 길이를 재는 단위가 다르면 길이를 잰 횟수가 다르기 때문에 불편합니다.

예 뼘으로 길이를 잴 때 불편한 점

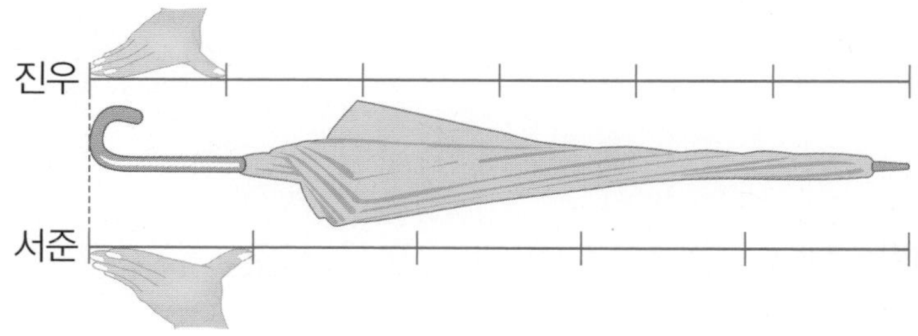

우산의 길이는

➔ **6뼘**입니다.

➔ **5뼘**입니다.

진우와 서준이의 뼘의 길이가 다르기 때문에 우산의 길이를 하나로 나타낼 수 없습니다.

• 누가 재어도 길이를 똑같이 말할 수 있는 단위를 정합니다.

Ⅰ cm 약속하기

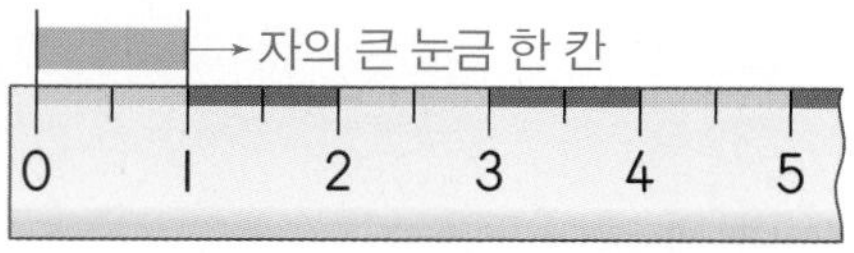

▬의 길이를 **Ⅰ cm** 라고 쓰고

1 센티미터라고 읽습니다.

• Ⅰ cm가 ■번이면 ■ cm입니다.

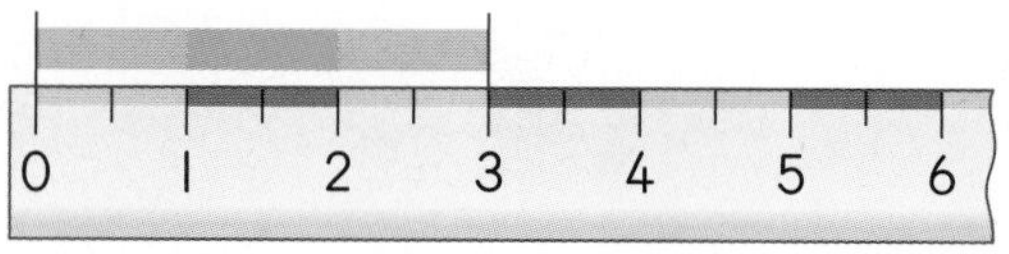

Ⅰ cm가 **3번**입니다.

3 cm(**3 센티미터**)입니다.

개념 받아쓰기

❶ 자에 있는 큰 눈금 한 칸의 길이를 Ⅰ cm라고 쓰고 Ⅰ **센티미터**라고 읽습니다.

❷ Ⅰ cm가 **2번**이면 **2** cm이고 Ⅰ cm가 **3번**이면 **3** cm입니다.

c m 센 티 미 터

기본 문제

1 그림을 보고 □ 안에 알맞은 수를 써넣으시오.

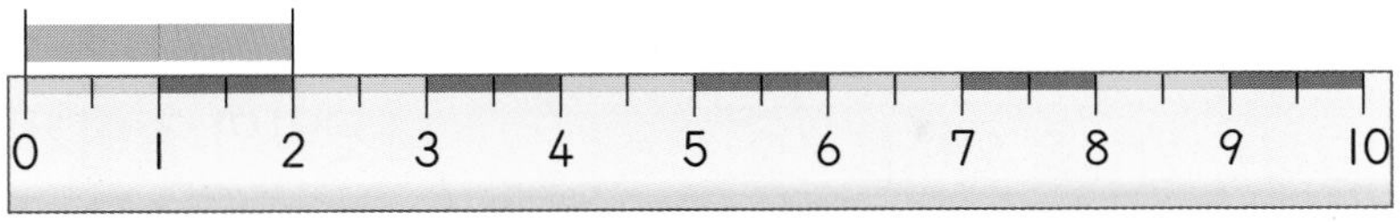

⇨ 1 cm가 2번이면 □ cm입니다.

2 길이에 맞게 색칠하시오.

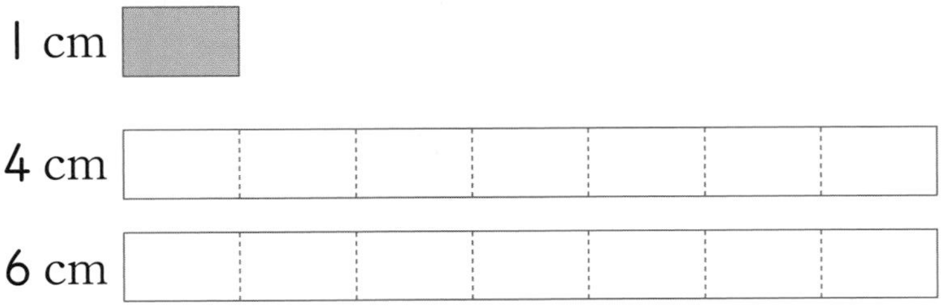

3 □ 안에 알맞은 수를 써넣으시오.

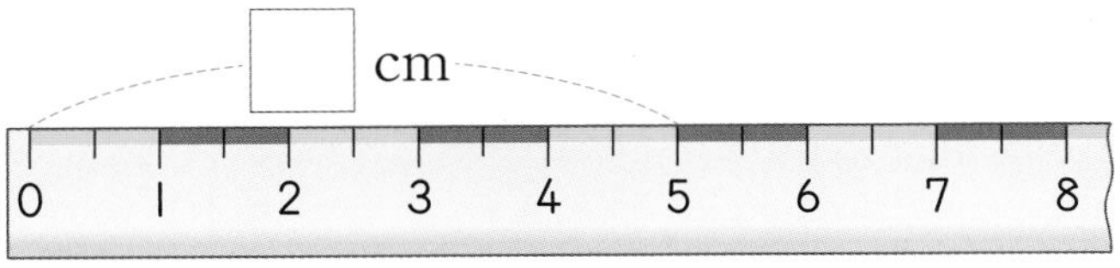

개념 받아쓰기 문제

- **자**에 있는 큰 눈금 **한 칸**의 길이를 □□ □□□□ 라고 씁니다.
- 1 cm는 □□ □□□□□□□□ 라고 읽습니다.

개념 1 길이를 비교하는 방법을 알아볼까요

- 직접 맞대기 어려운 길이 비교하기
  ① 길이만큼 종이띠를 자릅니다.
  ② 자른 종이띠끼리 맞대어 □를 비교합니다.

[1~2] 책상의 길이를 비교하려고 합니다. 물음에 답하시오.

1 지수가 ㉠과 ㉡의 길이를 비교하는 방법을 설명했습니다. 설명이 맞으면 ○표, 틀리면 ×표 하시오.

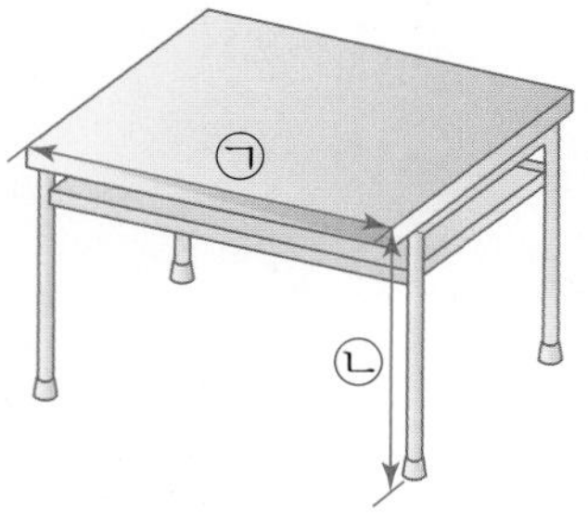

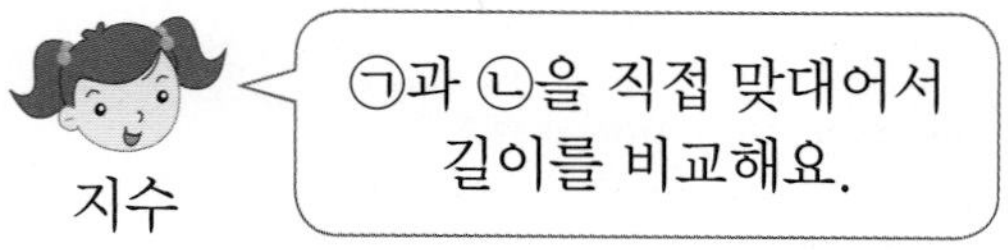

지수
㉠과 ㉡을 직접 맞대어서 길이를 비교해요.

( )

익힘책 유형

2 종이띠를 이용하여 ㉠과 ㉡의 길이를 재어 비교했습니다. □ 안에 알맞은 기호를 쓰시오.

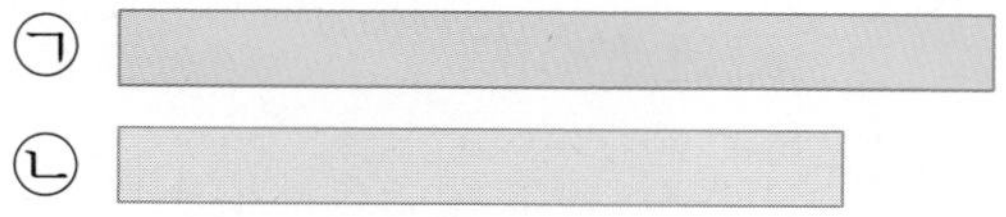

□의 길이가 더 깁니다.

3 나뭇잎의 길이가 짧은 것부터 순서대로 기호를 쓰시오.

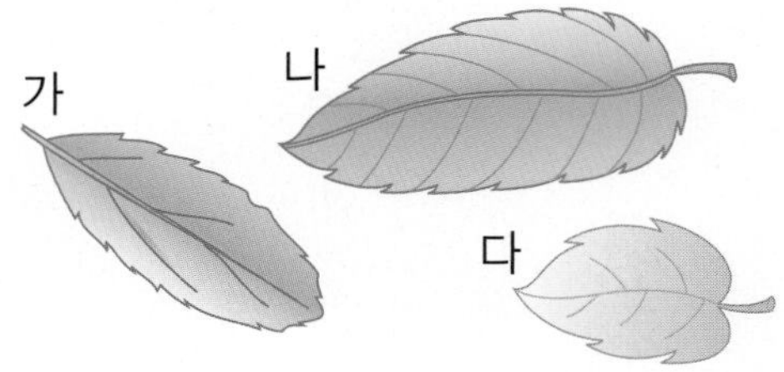

( )

개념 2 여러 가지 단위로 길이를 재어 볼까요

단위의 길이가 짧을수록 잰 횟수는 (많습니다 , 적습니다).

4 막대의 길이는 몇 뼘입니까?

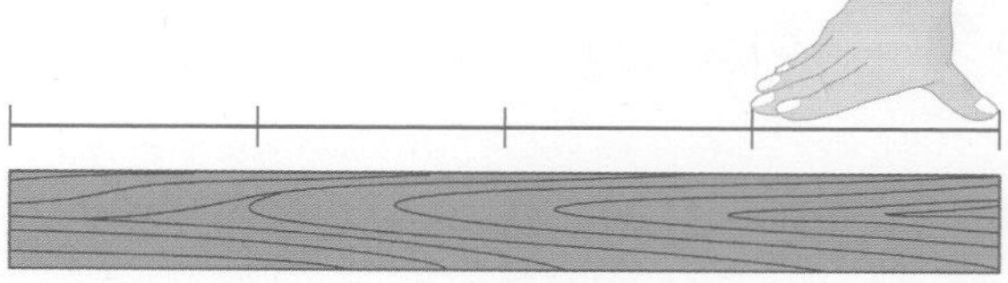

( )

5 연필은 클립으로 4번입니다. 볼펜은 클립으로 몇 번입니까?

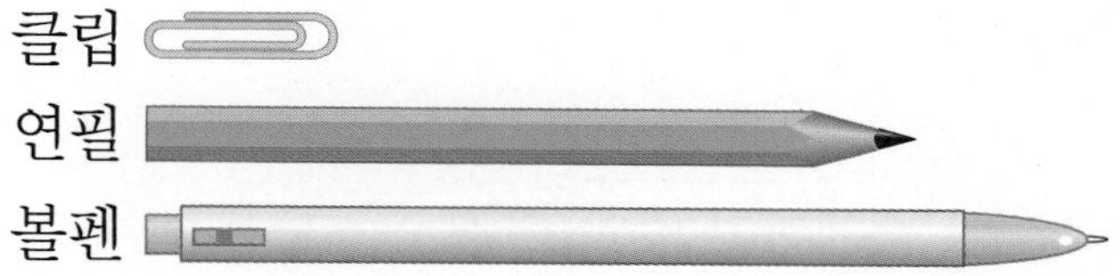

( )

게임 학습
게임으로 학습을 즐겁게 할 수 있어요.
QR 코드를 찍어 보세요.

정답은 21쪽

6 길이가 같은 클립을 이었습니다. 가장 길게 이은 것의 기호를 쓰시오.

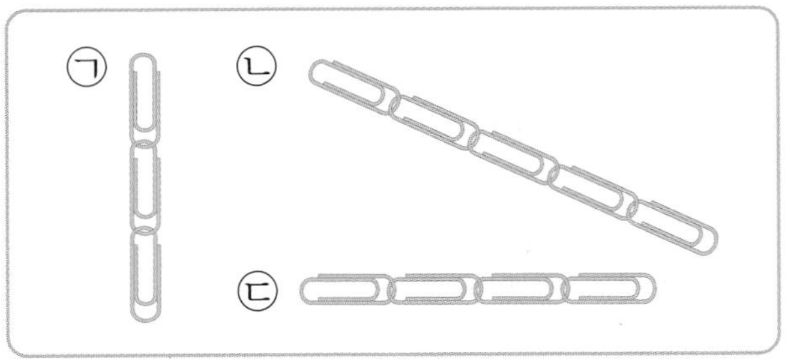

(　　　　　　　)

7 더 긴 우산을 가지고 있는 사람의 이름을 쓰시오.

민주	내 우산은 뼘으로 4번이야.
승기	내 우산은 수학익힘책의 긴 쪽으로 4번이야.

(　　　　　　　)

개념3 1 cm를 알아볼까요

1 cm는 1 [　　　　] 라고 읽습니다.

1 cm가 3번이면 [　] cm입니다.

교과서 유형

8 자에서 ▬의 길이를 쓰고 읽어 보시오.

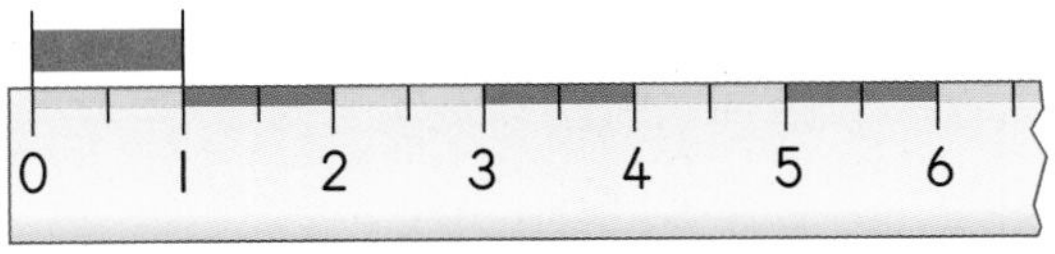

쓰기 (　　　　　　　)

읽기 (　　　　　　　)

9 2 센티미터를 바르게 쓴 것은 어느 것입니까? ··························· (　　　)

① 2 cm　② 2 cm　③ 2 cm　④ 2 cm　⑤ 2 Cm

10 관계있는 것끼리 선으로 이으시오.

1 cm가 9번 •	• 1 cm
1 cm가 3번 •	• 3 cm
	• 9 cm

11 왼쪽 쌓기나무 4개로 침대 모양을 생각하며 오른쪽과 같이 쌓은 것입니다. □ 안에 알맞은 수를 써넣으시오.

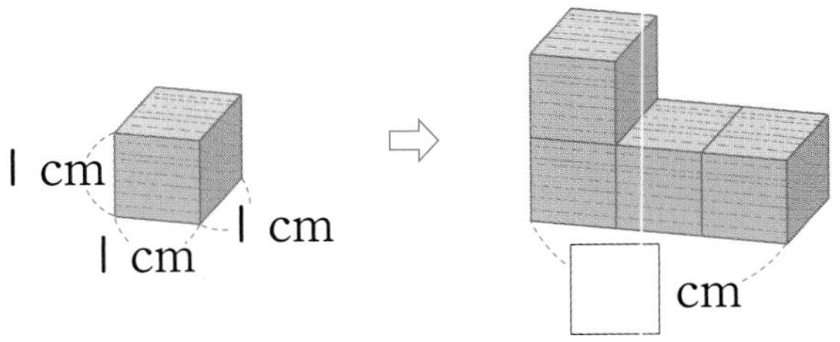

4 길이 재기

STEP 1 개념 파헤치기

개념 4 자로 길이를 재는 방법을 알아볼까요

개념 동영상

• 물건의 한쪽 끝부터 다른 쪽 끝까지 **1 cm가 몇 번 들어가는지** 셉니다.

예 지우개의 길이 재기

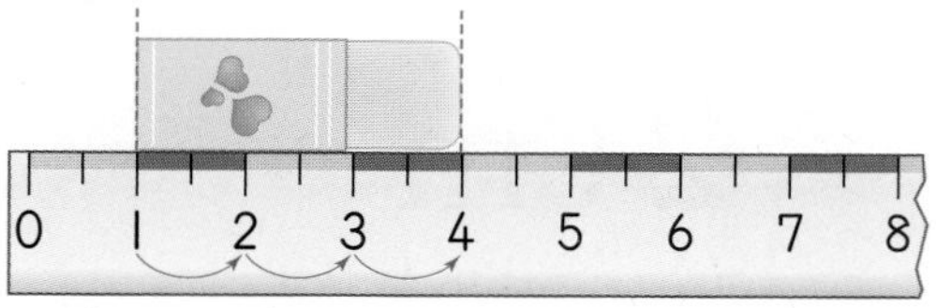

1부터 4까지 1 cm가 **3번**입니다.
지우개의 길이는 **3 cm**입니다.

예 크레파스의 길이 재기

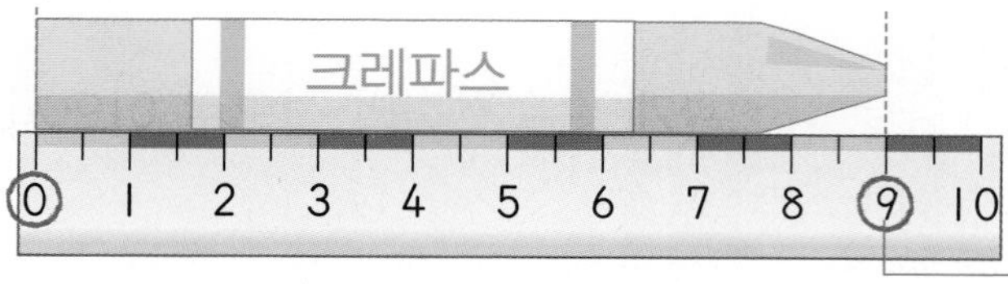

0부터 9까지 1 cm가 **9번**입니다.
크레파스의 길이는 **9** cm입니다.

• **자를 사용하여 길이를 재는 방법**

물건의 한쪽 끝을 **0에 맞추면** 1 cm가 몇 번 들어가는지 세지 않아도 됩니다.

➜ 자로 길이를 잴 때는 물건의 한쪽 끝을 **0**에 맞추고 **다른 쪽에 있는 눈금**을 읽습니다.

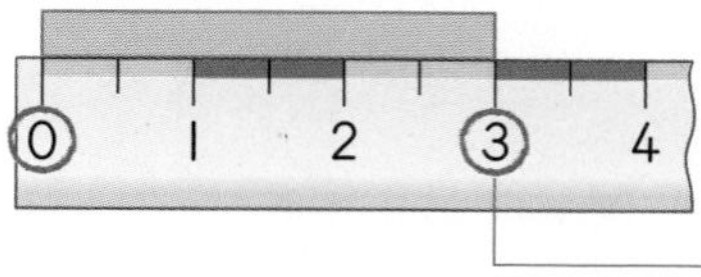

➜ **3** cm

개념 받아쓰기

✎ 빈칸에 글자나 수를 따라 쓰세요.

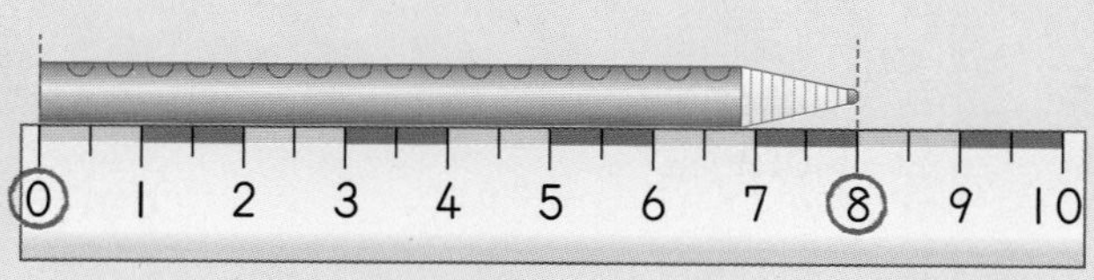

색연필의 한쪽 끝을 **눈금 0**에 맞추었으므로
색연필의 길이는 8 cm입니다.

눈	금

c	m

✿ 정답은 **21**쪽

기본 문제

1 그림을 보고 맞으면 ○표, 틀리면 ×표 하시오.

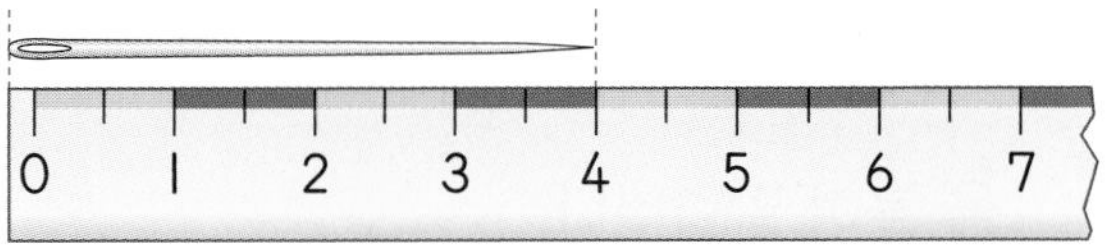

⇨ 바늘의 길이는 4 cm입니다.

(　　　　　　　　)

2 물건의 길이는 몇 cm입니까?

(1)

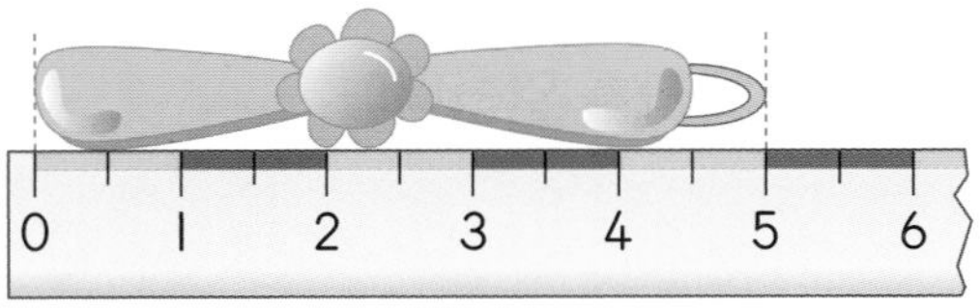

(　　　　　　　　)

(2)

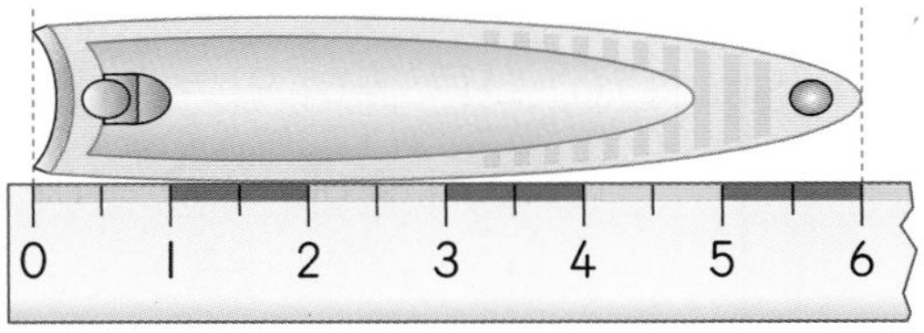

(　　　　　　　　)

3 □ 안에 알맞은 수를 써넣으시오.

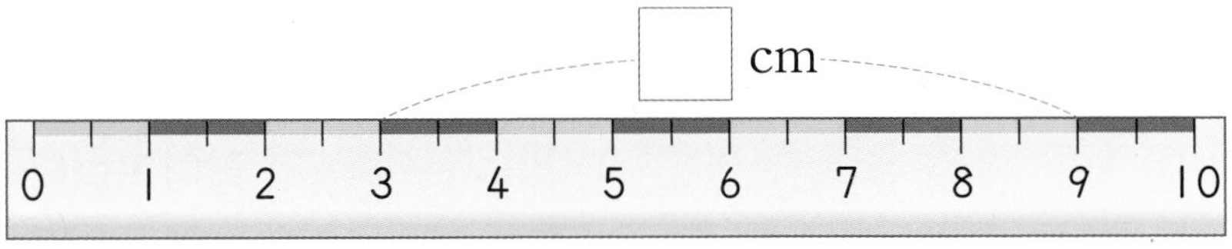

개념 받아쓰기 문제

✎ 빈칸에 알맞은 글자나 수를 써 보세요.

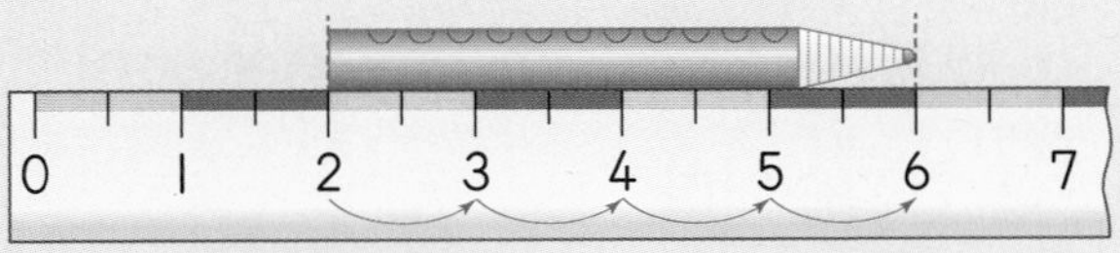

- 색연필이 자의 눈금 2부터 6까지 놓여 있습니다.
- 1 cm가 4번 들어가므로 색연필의 길이는 [　　] [　　　　]입니다.

STEP 1 개념 파헤치기

개념 5 자로 길이를 재어 볼까요

개념 동영상

• 몇 cm에 가까운지 말할 때는 숫자 앞에 **약**을 붙여 말합니다.

예 색연필의 길이 재기

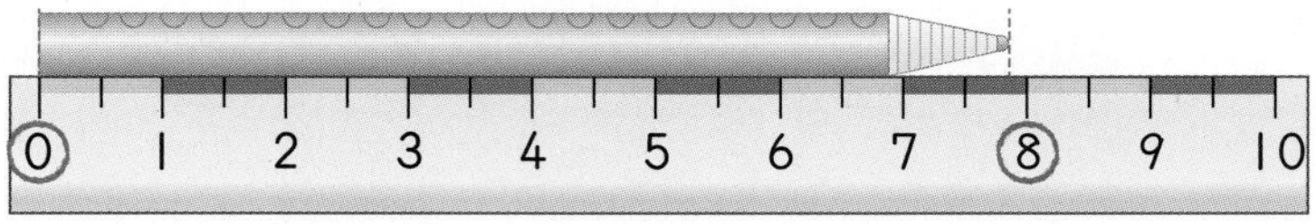

색연필의 길이는 8 cm에 가깝습니다. ➔ **약** 8 cm입니다.

물건의 한쪽 끝이 눈금 0에 있을 때
① 다른 끝이 있는 눈금과 **가까운** 쪽에 있는 숫자를 읽습니다.
② 숫자 앞에 **약**을 붙여 말합니다.

예 연필의 길이 재기

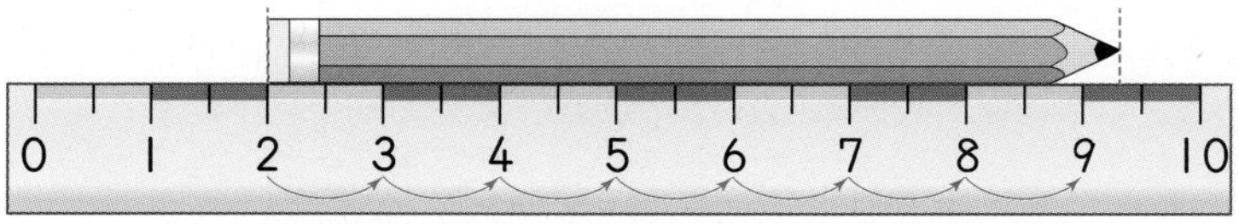

2부터 9까지 1 cm가 7번이므로 연필의 길이는 7 cm에 가깝습니다.
➔ **약** 7 cm입니다.

물건의 한쪽 끝이 0에 있지 않을 때
① **1 cm가 몇 번인 길이에 가까운지** 알아봅니다.
② 숫자 앞에 **약**을 붙여 말합니다.

개념 받아쓰기

막대사탕의 한쪽 끝이 눈금 0에 놓여 있고 다른 쪽 끝은 6에 가깝습니다.
막대 사탕의 길이는 **약** 6 cm입니다.

약 cm

정답은 22쪽

1 열쇠의 길이는 약 몇 cm인지 □ 안에 알맞은 수를 써넣으시오.

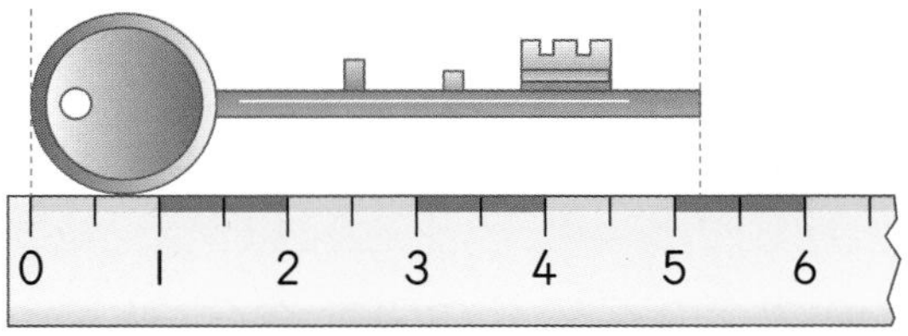

⇨ □ cm에 가깝기 때문에

약 □ cm입니다.

2 나뭇잎의 길이를 알아보시오.

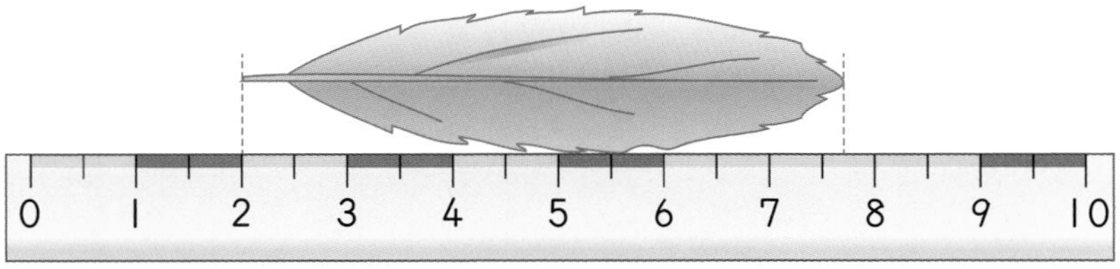

(1) 나뭇잎의 길이는 1 cm가 □ 번인 길이에 가깝습니다.

(2) 나뭇잎의 길이는 약 □ cm입니다.

3 막대의 길이는 약 몇 cm입니까?

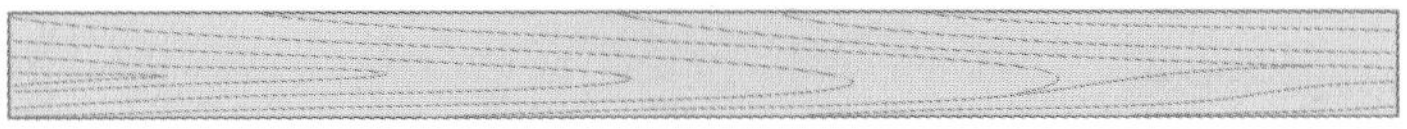

(　　　　　　　)

개념 받아쓰기 문제

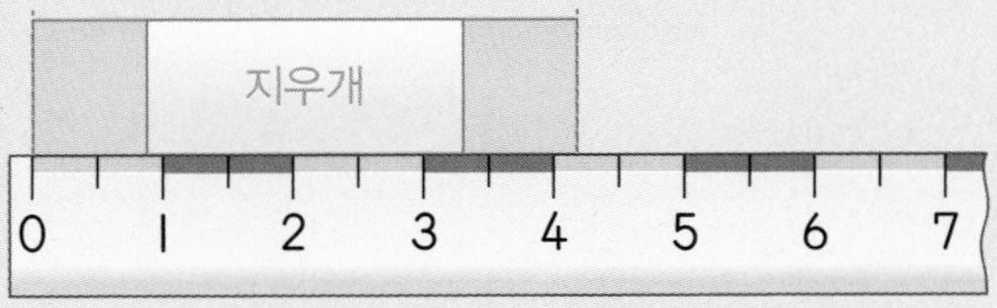

지우개의 한쪽 끝이 눈금 0에 놓여 있고 다른 쪽 끝은 4에 가깝습니다.

지우개의 길이는 □□ □□□ 에 가깝습니다. ➜ □□ 4 cm

개념 6 길이를 어림하고 어떻게 어림했는지 말해볼까요

개념 동영상

• 어림은 대강 짐작으로 생각하는 것입니다.

> 자를 사용하지 않고 물건의 길이가 얼마쯤인지 어림할 수 있습니다.
> 어림한 길이를 말할 때는 **약**을 붙여서 말합니다.

예 막대사탕의 길이 어림하기

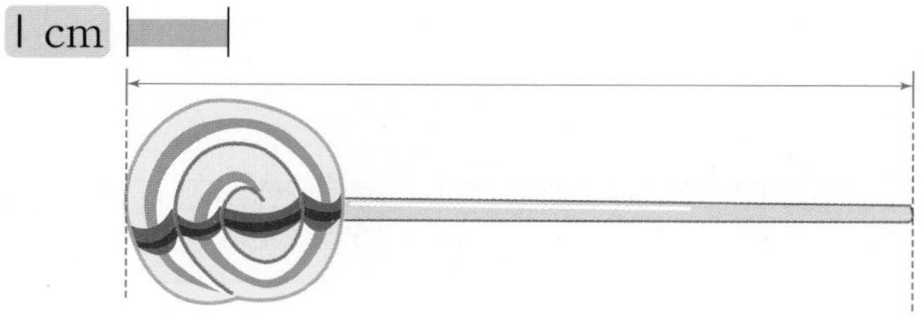

막대사탕은 1 cm가 8번 정도 들어갑니다. **약 8 cm**라고 어림할 수 있습니다.

• 실제 길이와 어림한 길이의 **차**가 **작을수록** 실제 길이에 **더 가깝게** 어림한 것입니다.

예 연필의 길이를 어림한 결과 비교하기

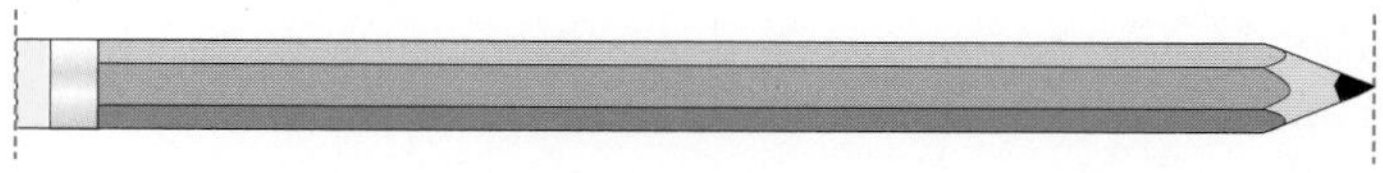

	어림한 길이	실제 길이		길이의 차
연우	약 7 cm	9 cm	➔	9−7=2 (cm)
상현	약 10 cm		➔	10−9=1 (cm)

실제 길이와 어림한 길이의 차를 비교하면 2 > 1 입니다.
실제 길이에 더 가깝게 어림한 사람은 상현입니다.

개념 받아쓰기

1 **어림**한 길이를 말할 때는 **약**을 붙여 말합니다.

2 실제 길이와 어림한 길이의 **차**가 **작을수록** 실제 길이에 **더 가깝게** 어림한 것입니다.

어림 약 차

1 크레파스의 길이를 어림하고 자로 재어 보시오.

어림한 길이 (　　　　　　　　), 자로 잰 길이 (　　　　　　　　)

2 진서와 은수는 약 6 cm를 어림하여 종이띠를 잘랐습니다. □ 안에 알맞은 수나 말을 써넣으시오.

(1) 종이띠의 길이를 자로 재어 보면 진서는 □ cm, 은수는 □ cm입니다.

(2) 종이띠를 6 cm에 더 가깝게 어림한 사람은 □입니다.

3 은서와 준호가 숟가락의 길이를 어림한 후 실제 길이와 어림한 길이의 차를 구한 것입니다. 더 가깝게 어림한 사람은 누구입니까?

	은서	준호
실제 길이와 어림한 길이의 차	3 cm	1 cm

(　　　　　　　　)

개념 받아쓰기 문제

• 어림한 길이를 말할 때에는 □을 붙여 말합니다.

• 실제 길이와 어림한 길이의 **차**가 **작을수록** 실제 길이에 **더 가깝게** □한 것입니다.

STEP 2 개념 확인하기

개념4 자로 길이를 재는 방법을 알아볼까요

물건의 한끝을 자의 눈금 [ ]에 맞추고 다른 끝에 있는 자의 눈금을 읽습니다.

1 색 테이프의 길이를 바르게 잰 것의 기호를 쓰시오.

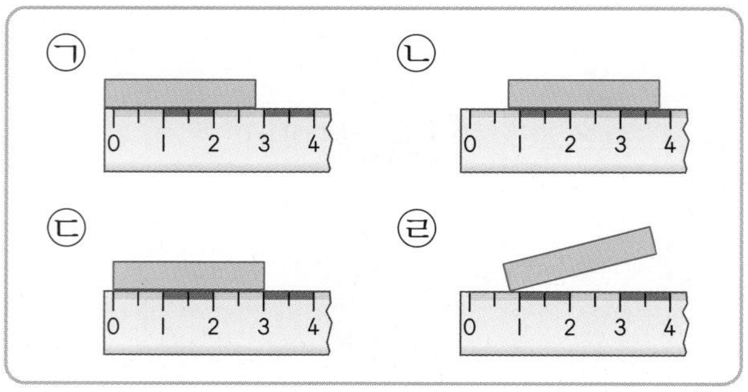

( )

2 숟가락의 길이는 몇 cm입니까?

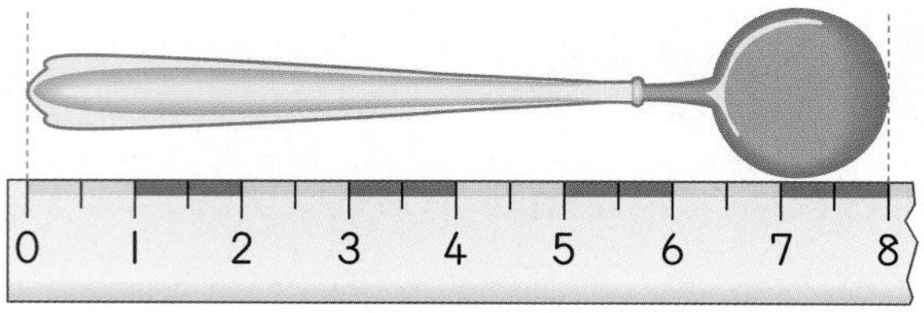

( )

3 가장 짧은 연필의 길이는 몇 cm인지 자로 재어 보시오.

( )

4 초콜릿의 길이는 몇 cm입니까?

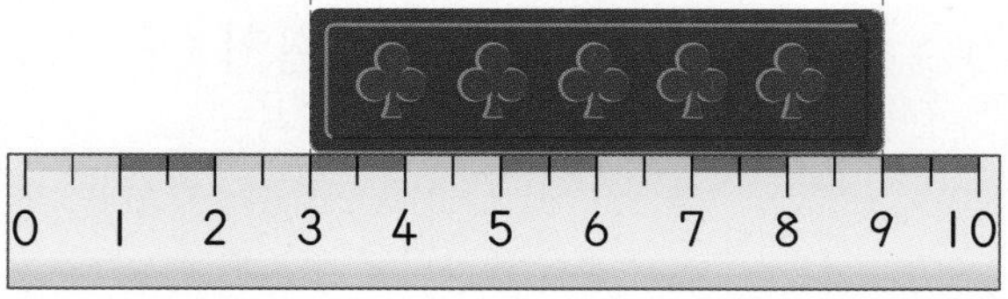

( )

5 자의 일부 눈금이 지워졌습니다. 못의 길이가 5 cm일 때 ㉠에 알맞은 수를 구하시오.

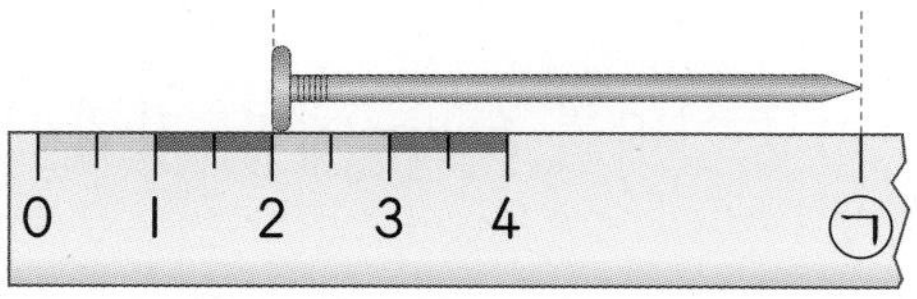

( )

개념5 자로 길이를 재어 볼까요

길이가 자의 눈금 사이에 있을 때는 눈금과 가까운 쪽에 있는 숫자를 읽으며 숫자 앞에 [ ]을 붙여 말합니다.

6 길이를 찾아 선으로 이으시오.

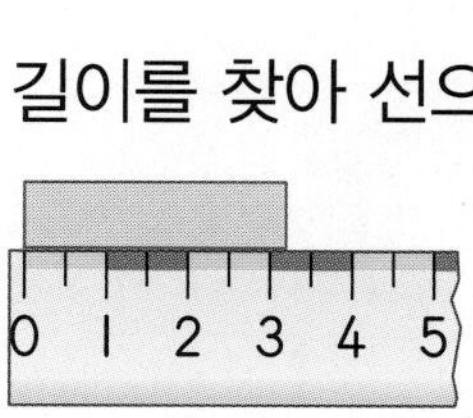 • • 약 3 cm

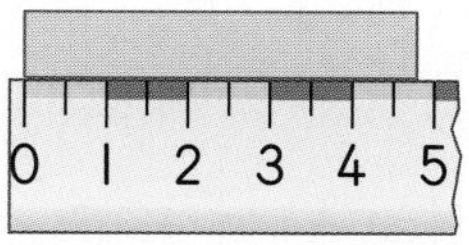 • • 약 5 cm

7 토끼와 거북 중에서 과자의 길이를 바르게 말한 동물에 ◯표 하시오.

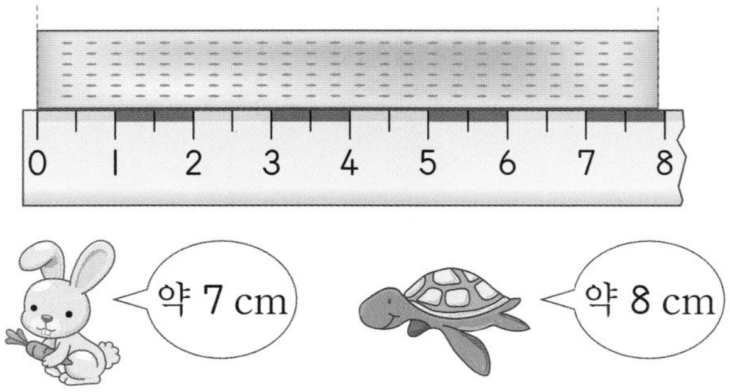

( )　　( )

8 막대 사탕의 길이를 자로 재어 보시오.

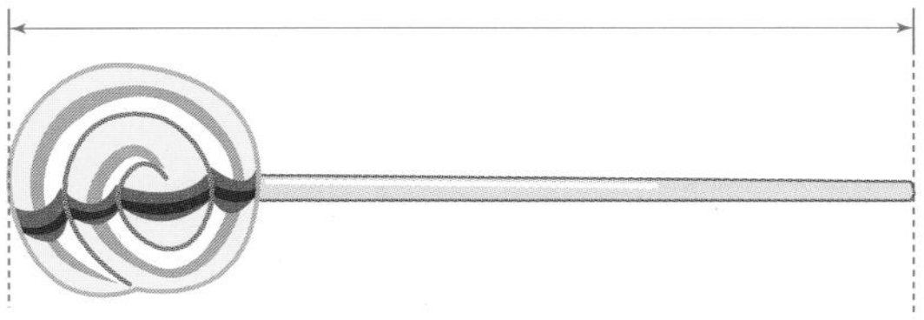

약 □ cm

9 나사의 길이는 약 몇 cm입니까?

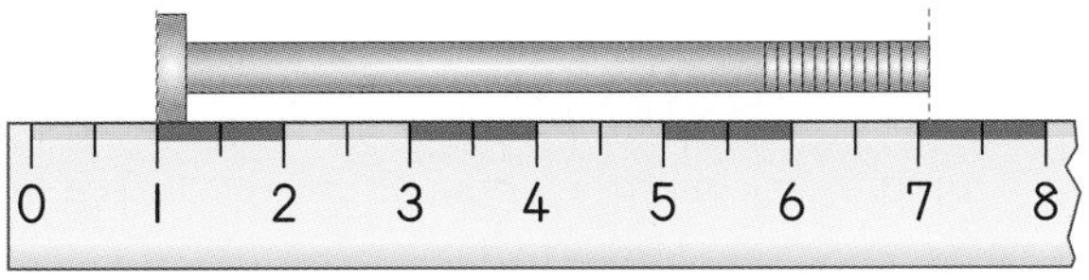

( )

개념 6 길이를 어림하고 어떻게 어림했는지 말해 볼까요

어림한 길이를 말할 때는 숫자 앞에 □을 붙여 말합니다.

10 막대의 길이를 어림하고 자로 재어 보시오.

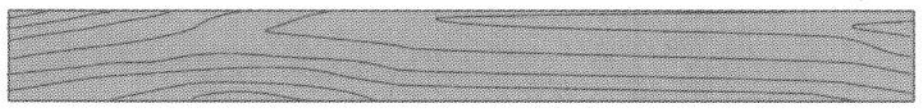

어림한 길이 ( )
자로 잰 길이 ( )

11 물건의 실제 길이에 가장 가까운 것을 찾아 선으로 이으시오.

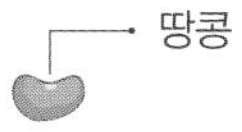

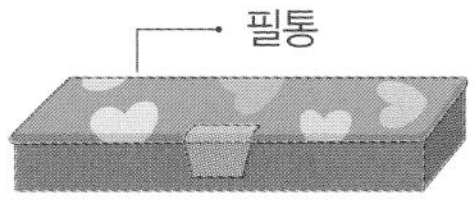

땅콩 •	• 20 cm
필통 •	• 6 cm
지우개 •	• 1 cm

12 실제 길이가 7 cm인 잠자리의 길이를 진희는 약 6 cm, 정수는 약 9 cm라고 어림하였습니다. 누가 더 가깝게 어림하였습니까?

( )

4
길이 재기

STEP 3 단원 마무리 평가

4. 길이 재기

점수

1 바르게 쓴 사람은 누구입니까?

6 cm	6 cm
형인	영은

(　　　　　　　　)

2 빨대의 길이는 몇 뼘입니까?

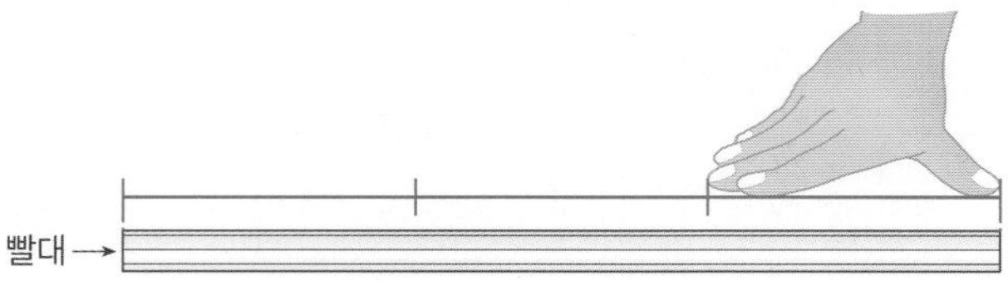

(　　　　　　　　)

3 클립의 길이를 재려고 합니다. 클립의 ㉠ 부분을 맞추어야 하는 곳의 번호를 쓰시오.

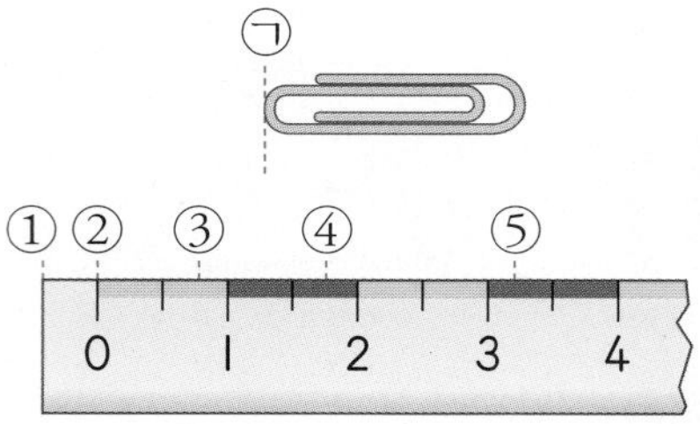

(　　　　　　　　)

4 •보기•에서 알맞은 길이를 골라 문장을 완성하시오.

•보기•
1 cm　　5 cm　　20 cm　　130 cm

초등학교 2학년인 재영이의 키는 [　　　　] 입니다.

5 곤충의 길이는 몇 cm입니까?

(　　　　　　　　)

6 나뭇잎의 길이를 바르게 잰 사람은 누구입니까?

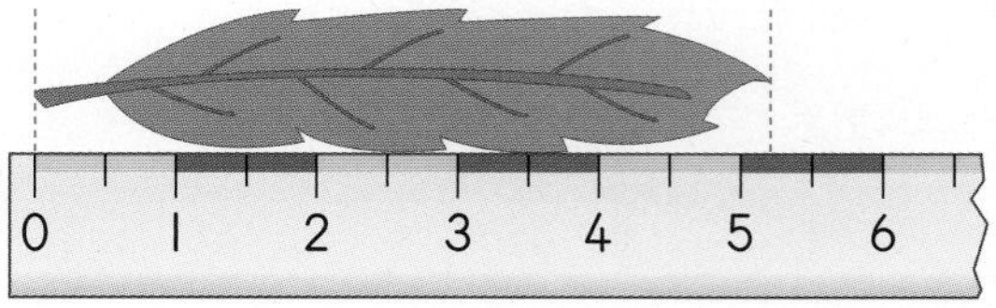

[창용] 나뭇잎의 길이는 약 5 cm야.
[정은] 나뭇잎의 길이는 약 9 cm야.

(　　　　　　　　)

7 필통의 길이는 크레파스로 3번입니다. 크레파스의 길이가 7 cm일 때, 필통의 길이는 몇 cm입니까?

(　　　　　　　　)

정답은 23쪽

8 지우개보다 길이가 짧은 것은 모두 몇 개입니까?

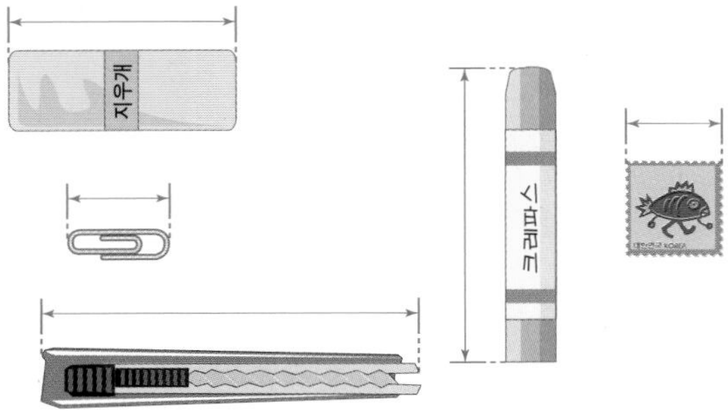

유사문제

(　　　　　　　　)

9 나타내는 것이 다른 하나의 기호를 쓰시오.

㉠ 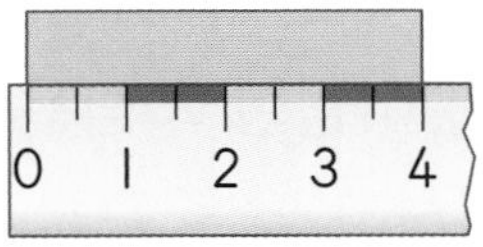

㉡ 1 cm가 4번
㉢ 3 cm

(　　　　　　　　)

10 자석의 길이를 어림하고 자로 재어 보시오.

어림한 길이 (　　　　　　　　)

자로 잰 길이 (　　　　　　　　)

11 삼각형의 변의 길이를 자로 재어 □ 안에 알맞은 수를 써넣으시오.

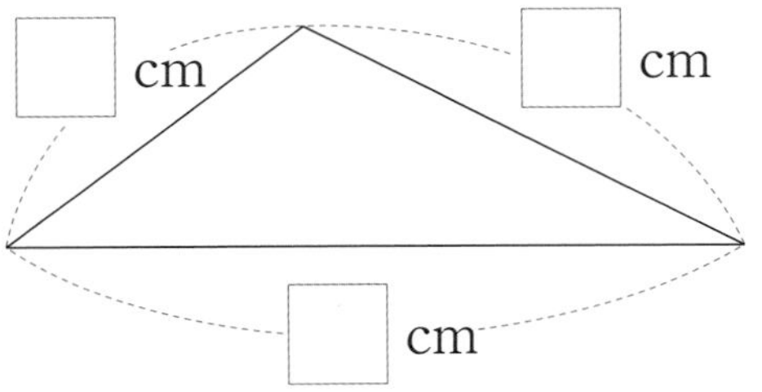

12 더 짧은 끈의 기호를 쓰시오.

- 끈 ㉠의 길이는 리코더로 5번입니다.
- 끈 ㉡의 길이는 리코더로 3번입니다.

(　　　　　　　　)

13 색연필의 길이를 자로 재어 같은 길이의 선을 그리시오.

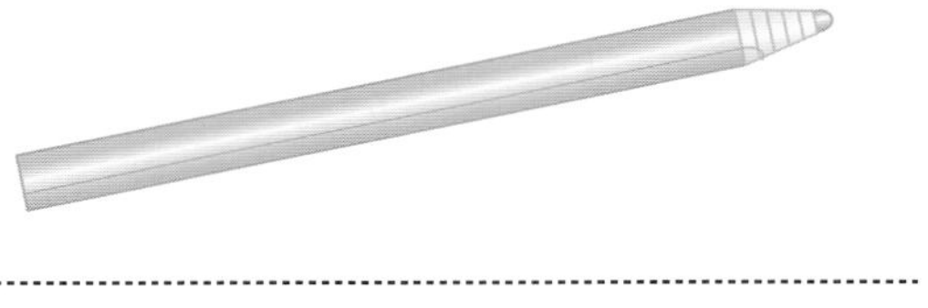

14 길이가 약 6 cm인 막대는 어느 것입니까? ·············· (　　　)

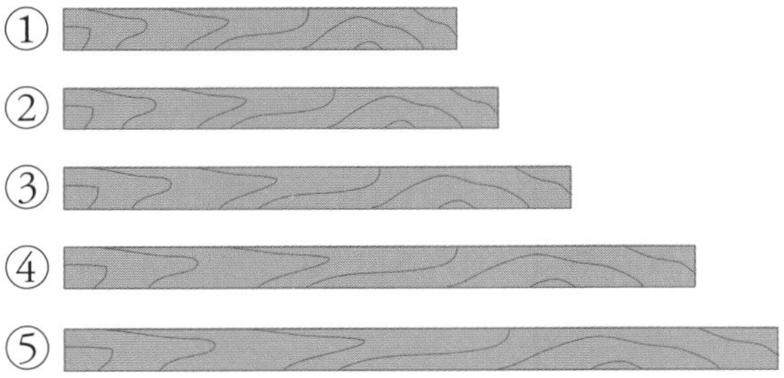

유사문제

15 그림과 같이 부러진 자를 한 번 사용하여 몇 cm인 물건의 길이까지 잴 수 있습니까?

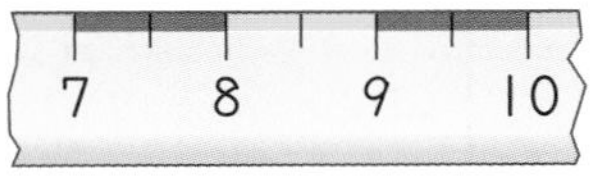

(　　　　　　　　)

정답은 23쪽

[16~17] 리본을 보고 물음에 답하시오.

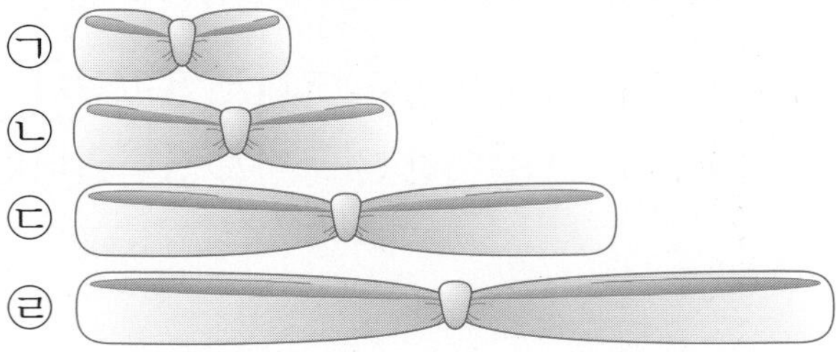

16 □ 안에 알맞은 기호나 수를 써넣으시오.

가장 짧은 리본은 □이고 □ cm입니다.

17 가장 긴 리본과 두 번째로 긴 리본의 길이의 차는 몇 cm인지 풀이 과정을 완성하고 답을 구하시오.

풀이 가장 긴 리본의 길이는 □ cm, 두 번째로 긴 리본의 길이는 □ cm입니다.
따라서 가장 긴 리본과 두 번째로 긴 리본의 길이의 차는 □ cm입니다.

답 □

유사문제

18 □ 안에 들어갈 수가 다른 하나의 기호를 쓰시오.

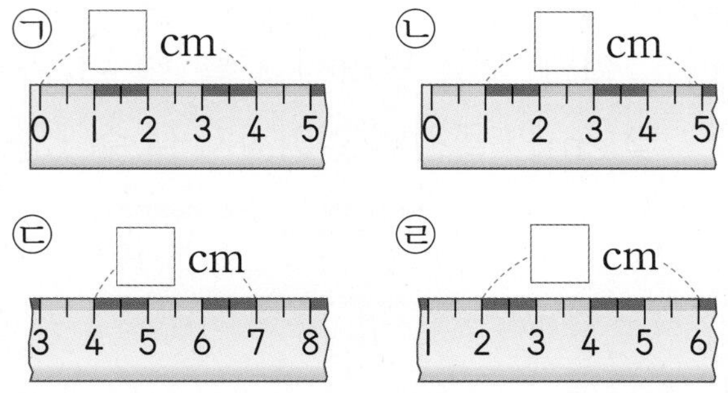

(　　　　　　)

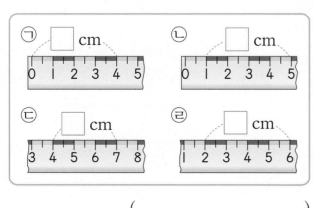

19 ㉠과 ㉡의 길이의 차는 몇 cm입니까?

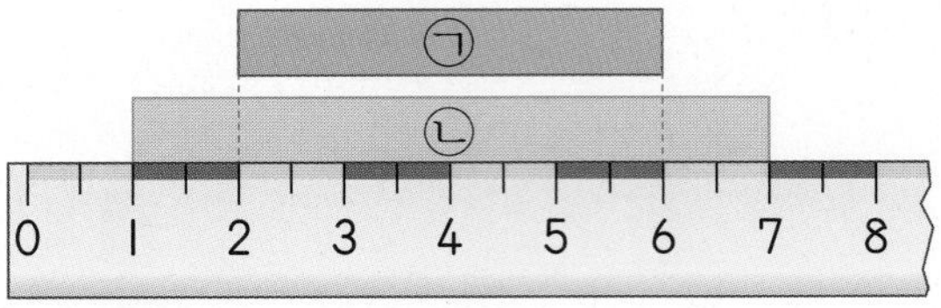

(　　　　　　)

유사문제

20 실제 길이가 30 cm인 실로폰 채의 길이를 경화와 민서가 어림한 것입니다. 실제 길이에 더 가깝게 어림한 사람은 누구인지 풀이 과정을 완성하고 답을 구하시오.

> [경화] 약 25 cm야!
> [민서] 약 31 cm야!

풀이 어림한 길이와 실제 길이의 차를 구해 보면
경화는 □ − □ = □ (cm),
민서는 □ − □ = □ (cm)입니다.
따라서 차가 더 작은 □가 더 가깝게 어림했습니다.

답 □

QR 코드를 찍어 게임을 해 보고
이번 단원을 확실히 익혀 보세요!

마무리 개념완성

정답은 24쪽

1 동화책의 긴 쪽의 길이를 잴 수 있는 단위로 지우개보다는 우산이 알맞습니다. (○ , ×)

생각의 방향

단위의 길이가 재려는 길이보다 더 길면 길이를 잴 수 없습니다.

2

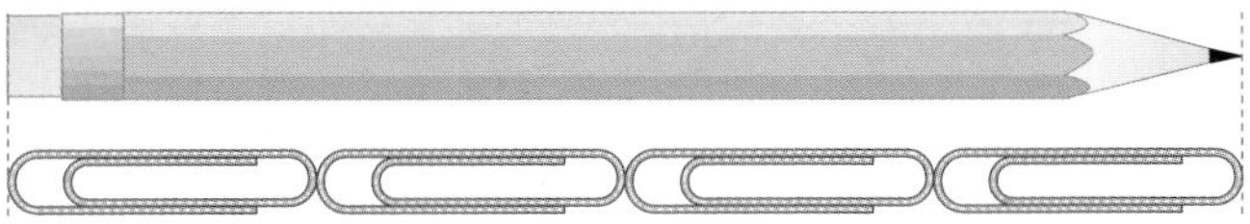

연필의 길이는 클립으로 ☐ 번입니다.

3  의 길이를 1 cm라 쓰고 1 센티미터라고 읽습니다. (○ , ×)

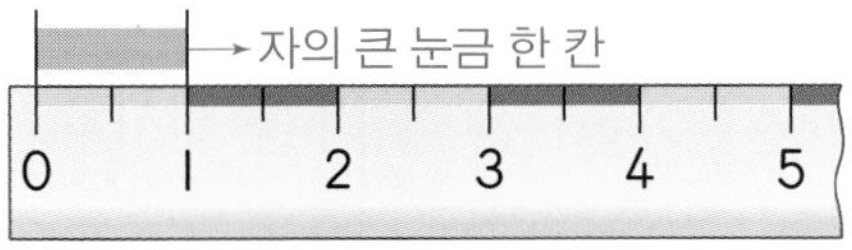

4 1 cm가 4번이면 4 cm라 쓰고 4 ☐ 라고 읽습니다.

5

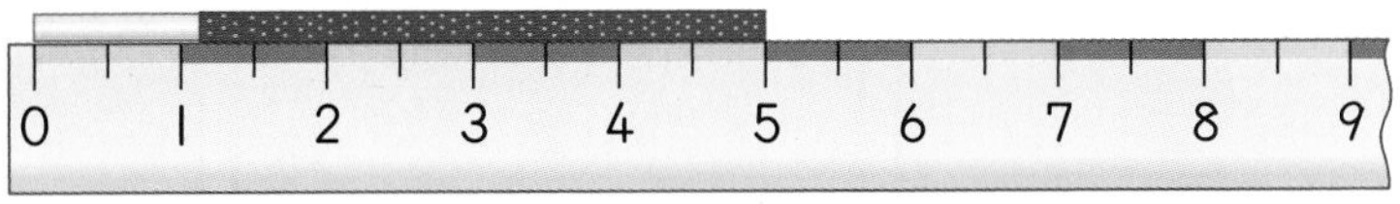

막대 과자의 길이는 ☐ cm입니다.

자를 이용하여 길이를 잴 때 물건의 한끝을 자의 눈금 0에 맞춥니다.

5 분류하기

제5화 알뜰한 왕의 남은 과일 처리 방법은?

이전에 배운 내용

[1-1 여러 가지 모양]

· [cube], [cylinder], [sphere] 모양 찾기

[1-2 여러 가지 모양]

· [square], [triangle], [circle] 모양 찾기

이번에 배울 내용

- 분류는 어떻게 할까요
- 기준에 따라 분류하기
- 분류한 결과를 세어 보기
- 분류한 결과를 말해 보기

앞으로 배울 내용

[2-2 표와 그래프]

· 자료를 보거나 조사하여 표로 나타내기

· 그래프로 나타내기

· 표와 그래프의 내용 알기

STEP 1 개념 파헤치기

개념 1 분류는 어떻게 할까요

- **분류**는 기준에 따라 나누는 것입니다. 누가 분류하더라도 같은 결과가 나와야 합니다.

㉮ 옷을 기준에 따라 분류하기

①

기준	예쁜 옷과 예쁘지 않은 옷

예쁜 옷	예쁘지 않은 옷

→ **잘못된 기준**
예쁜 옷과 예쁘지 않은 옷은 사람마다 다르게 분류할 수 있습니다.

②

기준	윗옷과 아래옷

윗옷	아래옷

→ **올바른 기준**
윗옷과 아래옷은 어느 누가 분류하더라도 결과가 같습니다.

개념 동영상

개념 받아쓰기

✎ 빈칸에 글자나 수를 따라 쓰세요.

❶ **분류**는 **기준**에 따라 나누는 것입니다.

❷ 어느 누가 분류해도 **같은** 결과가 나오는 **기준**을 정해야 합니다.

분류 기준

1 신발을 분류하려고 합니다. 분류 기준으로 알맞은 것을 찾아 ○표 하시오.

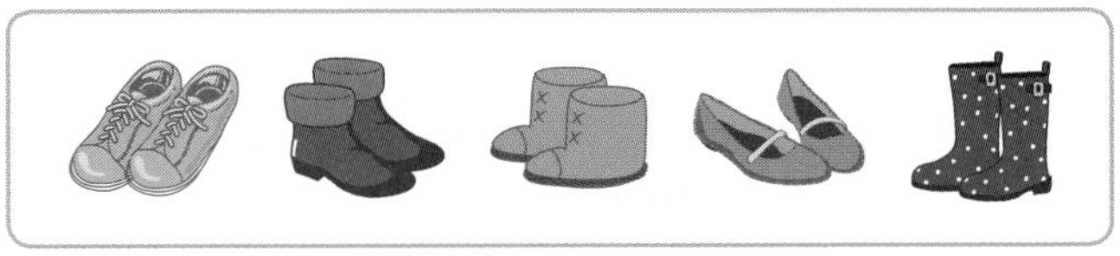

예쁜 것 (　　　　)
색깔 (　　　　)
좋아하는 것 (　　　　)

2 모양을 기준으로 분류할 수 있는 것을 찾아 ○표 하시오.

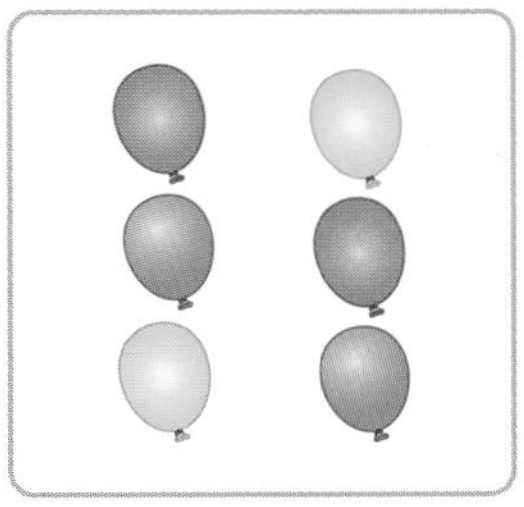

(　　　　)

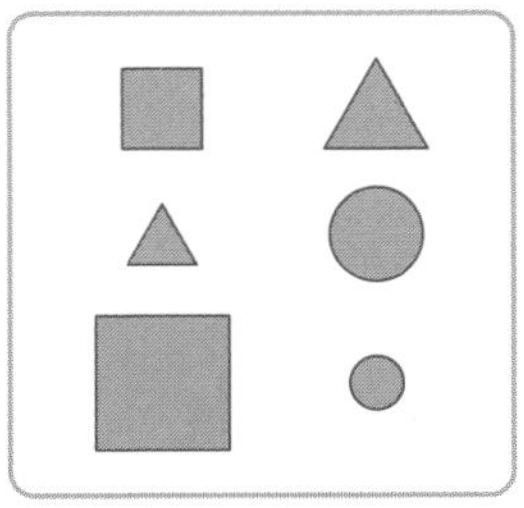

(　　　　)

(　　　　)

3 여러 옷을 분류하려고 합니다. 분류 기준으로 알맞은 것을 찾아 ○표 하시오.

(모양 , 색깔)

개념 받아쓰기 문제

✎ 빈칸에 알맞은 글자나 수를 써 보세요.

• 어느 누가 분류해도 **같은** 결과가 나오는 [　　　　] 을 정해야 합니다.

분류의 기준이 분명하지 않으면 분류한 결과가 사람마다 다르게 나올 수 있습니다.

개념 2 정해진 기준에 따라 분류해 볼까요

개념 동영상

• 정해진 **기준**에 따라 빠뜨리는 것이 없이 모두 분류합니다.

㉮ 도형을 기준에 따라 분류하기

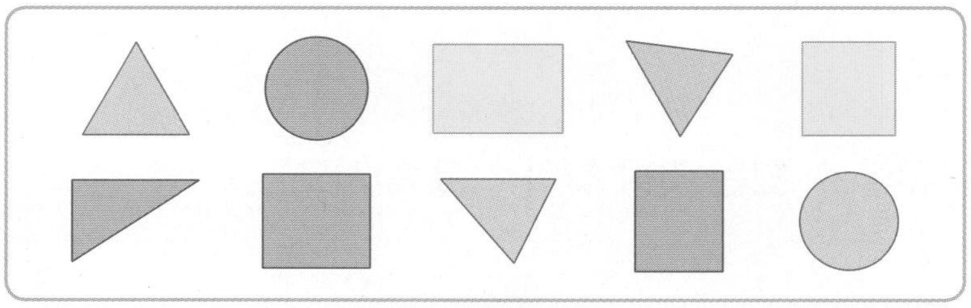

① **모양**에 따라 분류하기 ➔ 색깔은 생각하지 않고 **모양**만 생각합니다.

분류기준 모양

삼각형	원	사각형
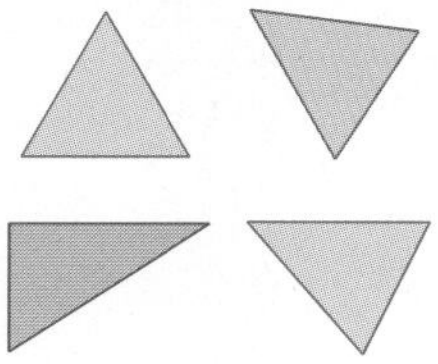	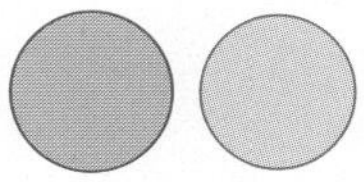	

② **색깔**에 따라 분류하기 ➔ 모양은 생각하지 않고 **색깔**만 생각합니다.

분류기준 색깔

파란색	빨간색	노란색	초록색
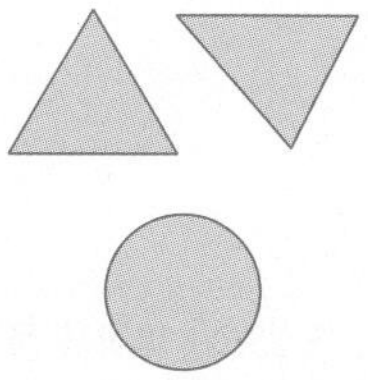		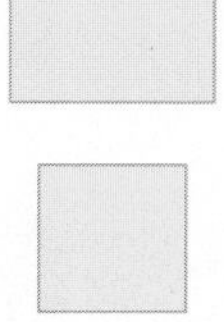	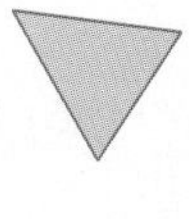

다른 기준은 생각하지 않고 주어진 기준에 맞게 분류합니다.

정답은 25쪽

1 다리의 수에 따라 분류하시오.

오리 개 돼지 닭 사자 독수리 타조 하마

다리의 수	동물
2개	오리,
4개	개,

[2~3] 물건을 보고 물음에 답하시오.

사전 통조림 테니스공 필통 구슬 케이크 가방

2 모양에 따라 분류하시오.

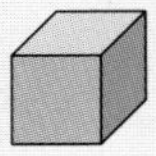		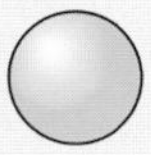
사전,	통조림,	테니스공,

3 색깔에 따라 분류하시오.

빨간색	노란색	초록색

STEP 1 개념 파헤치기

개념 3 자신이 정한 기준에 따라 분류해 볼까요

개념 동영상

• 올바른 기준을 정하고 분류합니다.

서로 무엇이 다른지 살펴봅니다. → 어떤 **특징**에 따라 분류할지 정합니다. → **누가 분류하더라도** 분류한 결과가 같은지 확인합니다.

예 기준을 정하여 신발 분류하기

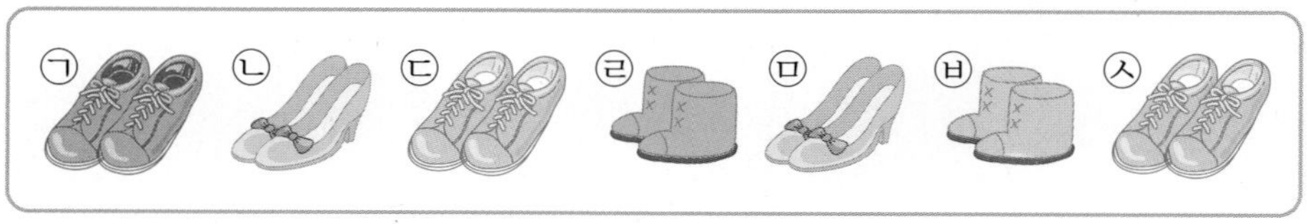

특징 1 신발의 **색깔**이 서로 다릅니다.

분류기준 **색깔**

빨간색	노란색	파란색
㉠	㉡, ㉤, ㉥	㉢, ㉣, ㉦

특징 2 신발의 **종류**가 서로 다릅니다.

분류기준 **종류**

운동화	구두	장화
㉠, ㉢, ㉦	㉡, ㉤	㉣, ㉥

좋아하는 것과 좋아하지 않는 것, 예쁜 것과 예쁘지 않은 것, 비싼 것과 비싸지 않은 것, ...
→ 사람에 따라 분류 결과가 다르므로 **올바른 기준이 아닙니다.**

개념 받아쓰기

• 물건을 , ,  모양으로 분류했습니다.

→ 물건을 분류한 **기준**은 모양 입니다.

[1~2] 단추를 보고 물음에 답하시오.

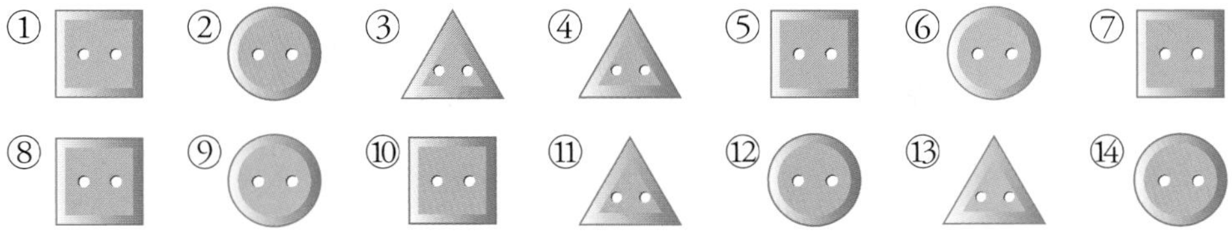

1 단추를 분류할 수 있는 기준으로 알맞은 것을 2가지 찾아 ○표 하시오.

(모양 , 색깔 , 크기)

2 기준을 정하여 단추를 분류하고 번호를 쓰시오.

분류 기준	

3 민지가 기준을 정하여 서랍장을 정리했습니다. 잘못 분류된 하나를 찾아 기호를 쓰시오.

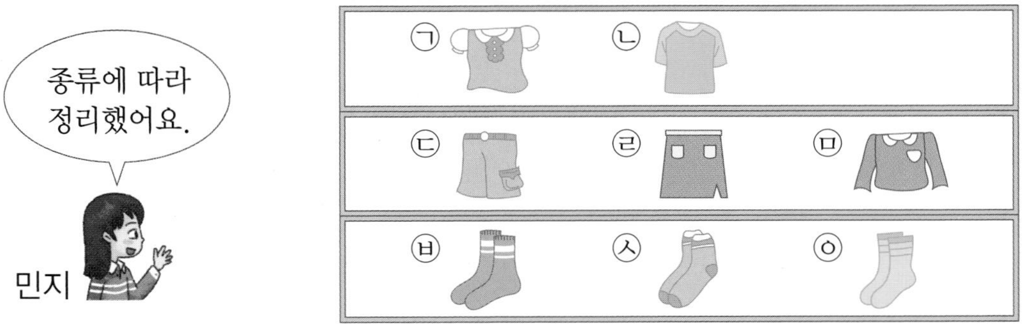

( )

개념 받아쓰기 문제

• 물건을 빨간색, 노란색, 파란색으로 분류했습니다.

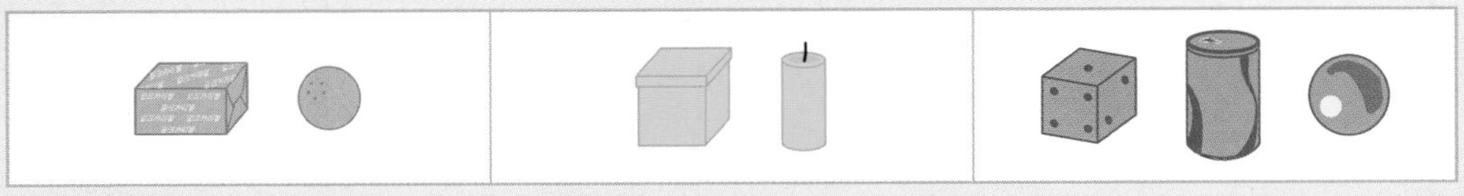

➔ 물건을 분류한 **기준은** ☐☐☐☐ 입니다.

개념 4 분류하고 세어 볼까요

개념 동영상

• 분류하여 세어 보면 어떤 것이 **더 많고 적은지** 쉽게 알 수 있습니다.

예 다리의 수에 따라 동물을 분류하고 수를 세어 보기

다리의 수	4개	2개
동물의 수(마리)	3	1

➔ 다리가 4개인 동물이 다리가 2개인 동물보다 더 많습니다.

• 세면서 표시하면 쉽게 셀 수 있습니다.

한 개를 셀 때마다 /을 하나씩 긋습니다. ➔ /를 세어 수로 나타냅니다.

예 공을 종류에 따라 분류하고 세어 보기

분류 기준	공의 종류

종류	농구공	배구공	축구공
세면서 표시하기	///// /	////	///
공의 수(개)	6	4	3

/를 세어 수로 나타냅니다.

개념 받아쓰기

구슬을 **색깔**에 따라 분류하여 세어 보려고 합니다.

파란색 구슬을 세면서 표시하면 // 입니다.

파란색 구슬은 2 개 입니다.

[1~2] 물건을 보고 물음에 답하시오.

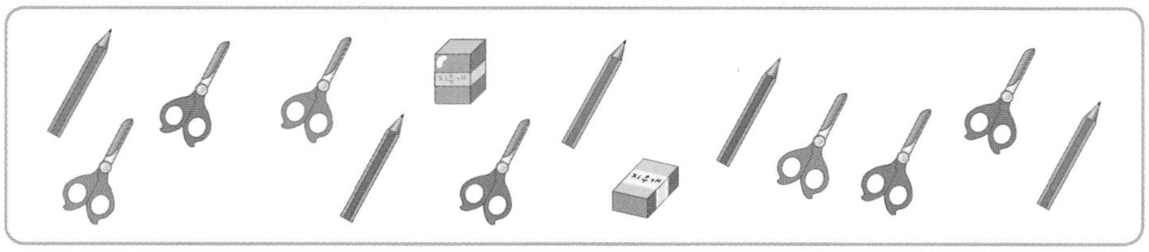

1 종류에 따라 분류하고 그 수를 세어 보시오.

분류 기준	

종류	연필	가위	지우개
세면서 표시하기			
수(개)			

2 색깔에 따라 분류하고 그 수를 세어 보시오.

분류 기준	

색깔	빨간색	보라색	파란색
세면서 표시하기			
수(개)			

개념 받아쓰기 문제

구슬을 **색깔**에 따라 분류하여 세어 보려고 합니다.

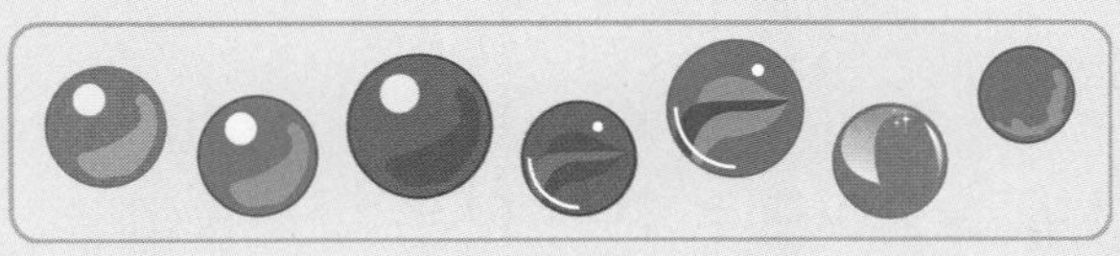

색깔	빨간색	파란색	초록색
구슬 수(개)	2	2	?

초록색 구슬을 세면서 표시하면 ☐ 입니다. 초록색 구슬은 ☐ 입니다.

개념 5 분류한 결과를 말해 볼까요

개념 동영상

• 기준에 따라 분류하여 개수를 세어 보고 **분류 결과**를 정리합니다.

㉮ 단추를 색깔에 따라 분류하여 세어보기

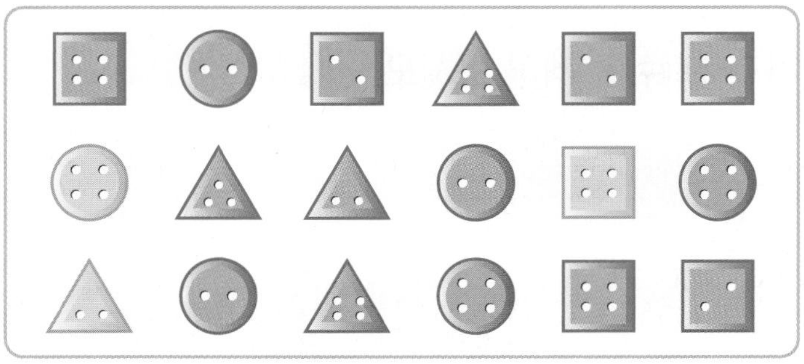

분류 기준	색깔

색깔	노란색	파란색	빨간색	초록색
세면서 표시하기				
단추의 수(개)	3	6	5	4

➔ 분류한 결과 정리하기

① 6＞5＞4＞3이므로 가장 많은 색깔은 파란색입니다.

② 3＜4＜5＜6이므로 가장 적은 색깔은 노란색입니다.

③ 색깔에 따라 4가지(노란색, 파란색, 빨간색, 초록색)로 분류할 수 있습니다.

분류하여 센 결과를 보고 많고 적음 등을 알기 쉽게 정리합니다.

개념 받아쓰기

학생들이 좋아하는 운동을 조사하여 분류한 것입니다.

운동	축구	야구	배구	농구
학생 수(명)	5	4	3	7

7＞5＞4＞3이므로 가장 많은 학생들이 좋아하는 운동은 ☐☐☐☐ 입니다.

기본 문제

[1~2] 예서네 반 학생들이 좋아하는 장난감입니다. 물음에 답하시오.

1 장난감을 종류에 따라 분류하고 그 수를 세어 보시오.

종류	블록	자동차	로봇	인형
학생 수(명)	5			

2 선생님께서 학생들이 좋아하는 장난감을 선물하려고 합니다. 가장 많이 준비해야 하는 장난감을 쓰시오.

(　　　　　　　　　　)

3 바지를 색깔에 따라 분류하려고 합니다. 몇 가지로 분류할 수 있는지 쓰시오.

(　　　　　　　　　　)

개념 받아쓰기 문제

학생들이 좋아하는 운동을 조사하여 분류한 것입니다.

운동	축구	야구	배구	농구
학생 수(명)	5	4	3	7

➜ 학생들이 좋아하는 운동은 축구, 야구, 배구, □□로 모두 □가지입니다.

5 분류하기

STEP 2 개념 확인하기

개념 1 분류는 어떻게 할까요

[1~2] 알맞은 분류 기준에 ○표 하시오.

1

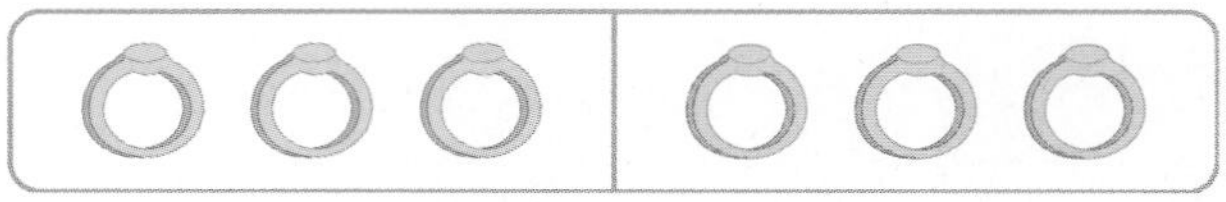

(모양 , 색깔)

2

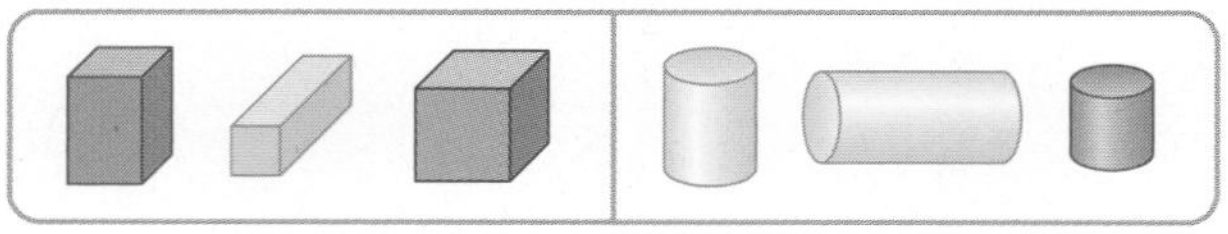

(모양 , 색깔)

익힘책 유형

3 동물을 분류하려고 합니다. 분류 기준으로 알맞은 것에 ○표 하시오.

무서운 것과 무섭지 않은 것 ( )

다리가 있는 것과 없는 것 ( )

개념 2 정해진 기준에 따라 분류해 볼까요

[4~6] 바구니를 보고 물음에 답하시오.

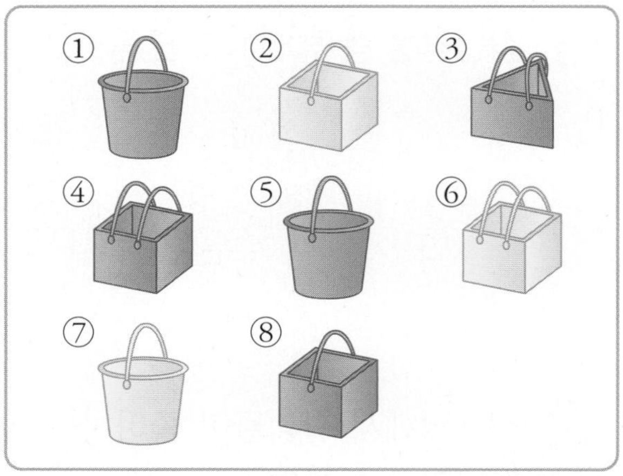

4 바구니의 색깔에 따라 분류하시오.

색깔	빨간색	노란색
바구니 번호		

5 바구니의 모양에 따라 분류하시오.

모양		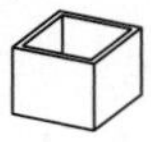	
바구니 번호			

6 바구니의 손잡이 수에 따라 분류하시오.

손잡이 수	1개	2개
바구니 번호		

정답은 26쪽

개념 3 자신이 정한 기준에 따라 분류해 볼까요

[7~8] 물건을 보고 물음에 답하시오.

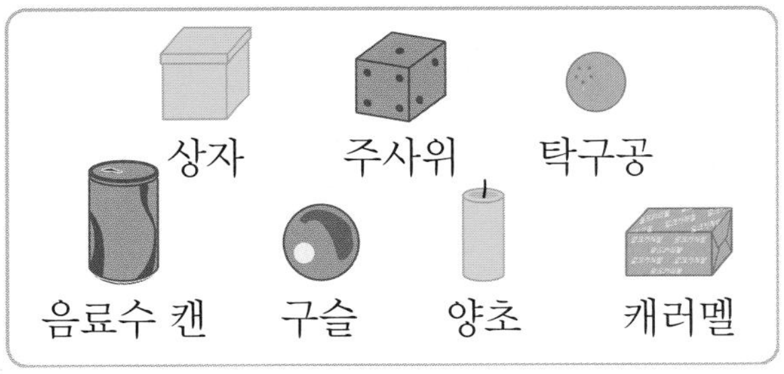

7 분류 기준을 정하여 분류하시오.

분류 기준	

8 7과 다른 분류 기준을 하나만 쓰시오.

(　　　　　　　　　　)

개념 4 분류하여 세어 볼까요

9 종류에 따라 분류하고 그 수를 세어 보시오.

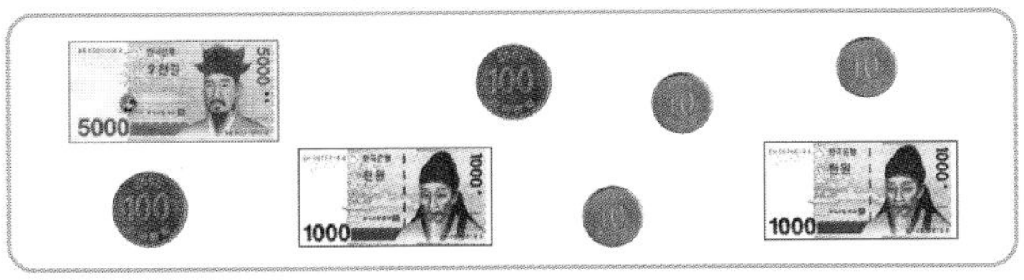

종류	지폐	동전
수(개)		

10 모양에 따라 분류하고 그 수를 세어 보시오.

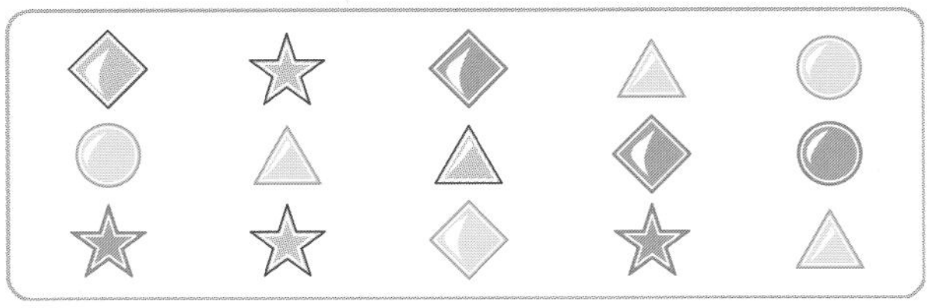

모양	◇	☆	△	○
모양 수(개)				

개념 5 분류한 결과를 말해 볼까요

[11~12] 냉장고에 있는 과일을 조사하였습니다. 물음에 답하시오.

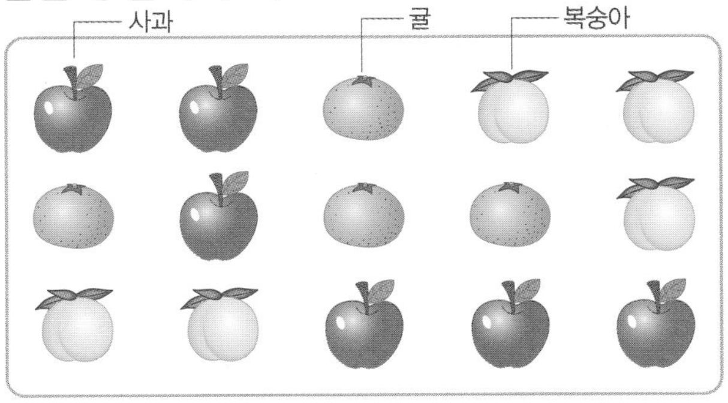

11 종류에 따라 분류하고 그 수를 세어 보시오.

종류	사과	귤	복숭아
과일 수(개)			

12 잘못 말한 사람은 누구입니까?

[하늘] 냉장고에 사과가 가장 적어요.
[대현] 귤이 복숭아보다 적어요.

(　　　　　　　　　　)

STEP 3 단원 마무리 평가

점수

1 크기를 기준으로 분류할 수 있는 것에 ○표 하시오.

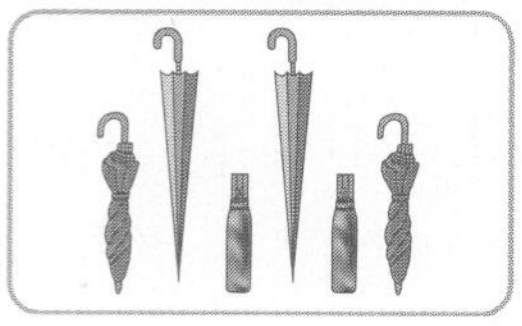

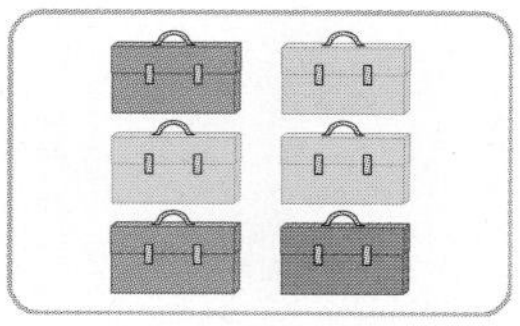

(   ) (   )

[2~3] **알맞은 분류 기준에 ○표 하시오.**

2

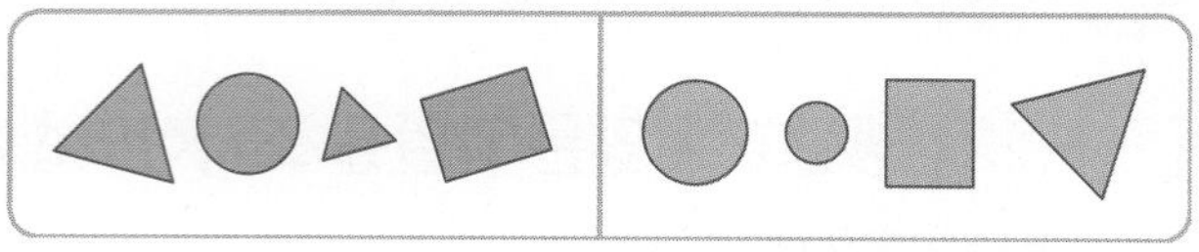

(색깔 , 모양 , 크기)

3

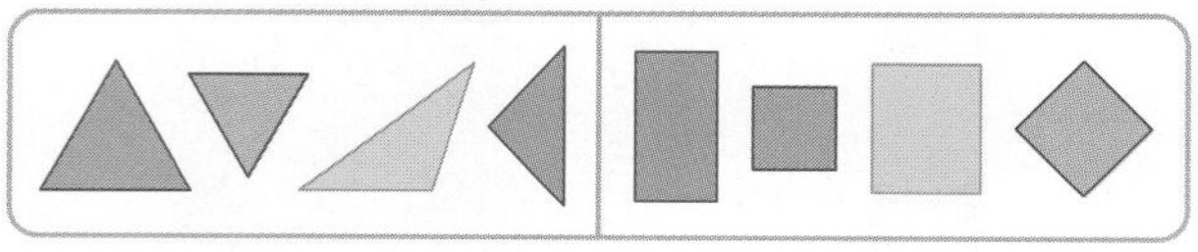

(색깔 , 모양 , 크기)

4 6명의 친구들을 다음과 같이 2모둠으로 나눈 기준을 찾아 기호를 쓰시오.

㉠ 여자와 남자
㉡ 키가 큰 사람과 작은 사람
㉢ 용감한 사람과 용감하지 않은 사람

(   )

5 모양에 따라 분류하고 번호를 쓰시오.

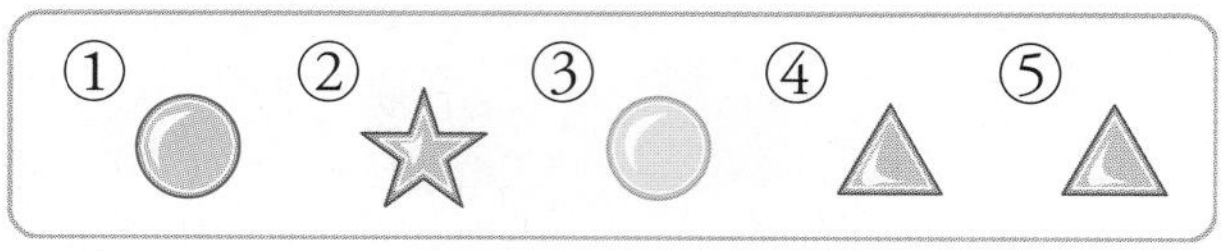

모양	○	☆	△
번호			

6 글자를 종류에 따라 분류하고 글자를 쓰시오.

가 나 다 A B C

종류	한글	영어
글자		

[7~8] **수 카드를 보고 물음에 답하시오.**

15 3 29 7 100 624

7 자릿수에 따라 분류하시오.

자릿수	한 자리 수	두 자리 수	세 자리 수
수 카드의 수			

8 위의 7과 다른 분류 기준을 하나만 쓰시오.

(   )

정답은 27쪽

9 탈것을 바퀴의 수에 따라 분류하고 그 수를 세어 보시오.

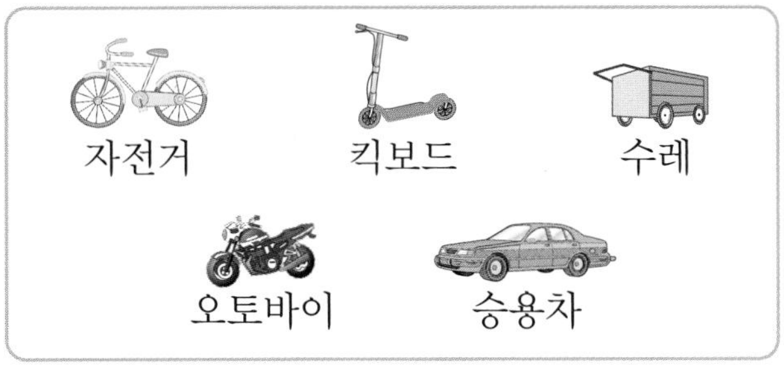

바퀴의 수	2개	4개
탈것 수(대)		

[10~11] **단추를 보고 물음에 답하시오.**

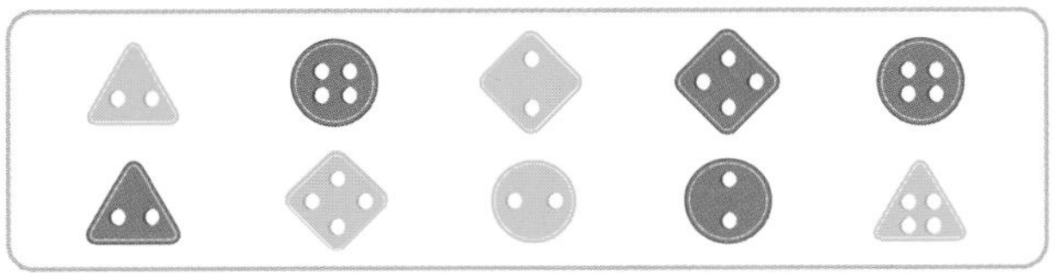

유사문제

10 구멍의 수에 따라 분류하고 그 수를 세어 보시오.

구멍의 수	2개	4개
단추 수(개)		

11 색깔에 따라 분류하고 그 수를 세어 보시오.

색깔	노란색	파란색
단추 수(개)		

[12~13] **도형을 보고 물음에 답하시오.**

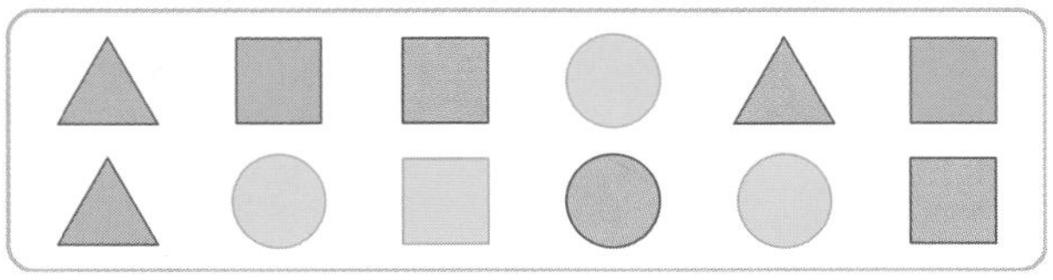

12 모양에 따라 분류하고 그 수를 세어 보시오.

모양	△	□	○
도형 수(개)			

13 색깔에 따라 분류하고 그 수를 세어 보시오.

색깔	빨간색	파란색	노란색
도형 수(개)			

[14~15] **색연필을 보고 물음에 답하시오.**

14 색깔에 따라 분류하고 그 수를 세어 보시오.

색깔				
색연필 수 (자루)				

유사문제

15 설명이 잘못된 것을 찾아 기호를 쓰시오.

㉠ 빨간 색연필이 가장 적습니다.
㉡ 파란 색연필이 가장 많습니다.
㉢ 노란 색연필은 검은 색연필보다 많습니다.

(　　　　　　　　)

[16~17] 어느 해 6월의 날씨를 조사하였습니다. 물음에 답하시오.

일	월	화	수	목	금	토
			1 (맑은 날)	2 (흐린 날)	3 (맑은 날)	4 (맑은 날)
5 (비 온 날)	6 (맑은 날)	7 (흐린 날)	8 (흐린 날)	9 (맑은 날)	10 (흐린 날)	11 (비 온 날)
12 (흐린 날)	13 (비 온 날)	14 (비 온 날)	15 (비 온 날)	16 (비 온 날)	17 (흐린 날)	18 (맑은 날)
19 (맑은 날)	20 (맑은 날)	21 (비 온 날)	22 (흐린 날)	23 (흐린 날)	24 (비 온 날)	25 (맑은 날)
26 (흐린 날)	27 (맑은 날)	28 (흐린 날)	29 (비 온 날)	30 (맑은 날)		

: 맑은 날　: 흐린 날　: 비 온 날

16 날씨에 따라 분류하고 그 수를 세어 보시오.

날씨			
날수(일)			

17 맑은 날은 비 온 날보다 며칠 더 많은지 식을 쓰고 답을 구하시오.

식 ______________________

답 ______________________

유사문제

18 칠교판의 조각 7개를 모양에 따라 분류하고 그 수를 세어 빈칸에 알맞은 수를 써넣으시오.

모양	삼각형	사각형
조각 수(개)		

⇨ 삼각형 모양 조각은 사각형 모양 조각보다 [ ] 개 더 많습니다.

19 돈을 지폐와 동전으로 나누어 각각 돼지 저금통에 저금하였습니다. 빨간 돼지 저금통에 저금한 돈은 모두 얼마입니까?

(　　　　　　　　)

유사문제

20 스케치북에 그린 도형을 분류한 것입니다. 찢어진 부분에 있는 도형은 무엇인지 풀이 과정을 완성하고 답을 구하시오.

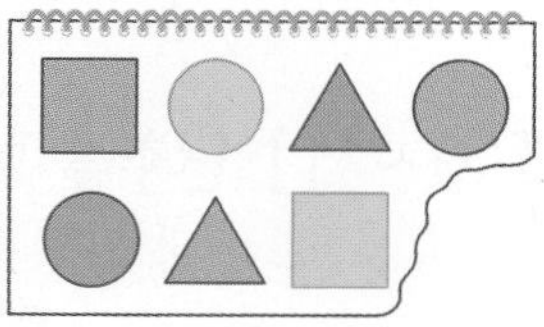

모양	삼각형	사각형	원
도형 수(개)	2	2	4

풀이 스케치북에 남아 있는 도형의 수를 세어 보면 삼각형은 [ ] 개, 사각형은 [ ] 개, 원은 [ ] 개입니다.

따라서 찢어진 부분에 있는 도형은 [ ] 입니다.

답 [ ]

QR 코드를 찍어 게임을 해 보고
이번 단원을 확실히 익혀 보세요!

마무리 개념완성

✿ 정답은 28쪽

[❶~❺] 단추를 분류하려고 합니다. 물음에 답하시오.

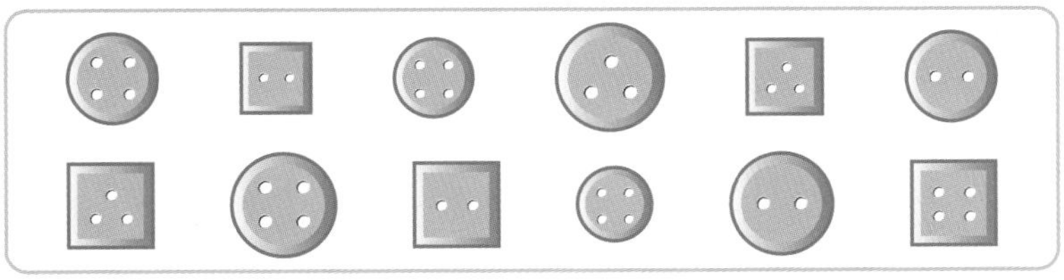

생각의 방향

❶ 좋아하는 것과 좋아하지 않는 것으로 분류할 수 있습니다. (○ , ×)

분명하지 않은 기준으로는 분류할 수 없습니다.

❷ 단추를 구멍 수에 따라 분류할 수 있습니다. (○ , ×)

❸ 단추의 모양으로 분류하면 2가지로 분류할 수 있습니다. (○ , ×)

단추의 크기는 생각하지 않고 모양은 모두 몇 가지가 있는지 찾아봅니다.

❹ ◯ 모양 단추가 □ 모양 단추보다 더 많습니다. (○ , ×)

❺ 구멍이 □개인 단추가 가장 많고 구멍이 □개인 단추가 가장 적습니다.

개념 공부를 완성 했다!

5 분류하기

6 곱셈

제6화 용감하고 똑똑한 고양이

드디어 도착했다!
두둥
이곳이 나라를 세울 곳이다.
푯말이 있네.
이곳은 마왕땅. 함부로 들어오면 황금 2개의 4배를 벌금으로 내게 될 것.
뭐야. 마왕땅 이라고?
두리번
두리번
알았으면 어서들 돌아 가라.
킥킥..
여기가 언제부터 마왕땅이었어?
으앗! 들어가지마! 벌금이 황금 2개의 4배라잖아.
괜찮아요. 저만 믿으세요.
저~ 고양이!
으드득
근데 황금 2개의 4배면 얼마야?
8개요.
2×4=8
헉! 많다.
놀랬지? 이제 슬슬 황금을 받으러 가 볼까?
근데 여기 땅이 정말 좋은가 봐. 황금색 나무 세 그루가 있어.
알아주니 고맙군. 후후!

이전에 배운 내용	이번에 배울 내용	앞으로 배울 내용
[1-2 100까지의 수] • 10개씩 묶어 세기 **[2-1 덧셈과 뺄셈]** • 받아올림이 있는 (두 자리 수)+(한 자리 수) (두 자리 수)+(두 자리 수)	• 여러 가지 방법으로 세기 • 묶어 세기 • 몇의 몇 배 알아보기 • 곱셈 알아보기 • 곱셈식으로 나타내기	**[2-2 곱셈구구]** • 1~9 단 곱셈구구 • 0의 곱 **[3-1 나눗셈]** • 곱셈과 나눗셈의 관계

1 STEP 개념 파헤치기

개념 1 여러 가지 방법으로 세어 볼까요

개념 동영상

• 헬리콥터의 수를 여러 가지 방법으로 세어 보기

방법 1 하나씩 세기

1 2 3 4 5 6 7 8

➔ 손으로 짚으며 세어 보면 모두 8대입니다.

물건의 수가 많아지면 하나씩 셀 때 시간이 오래 걸립니다.

방법 2 뛰어 세기

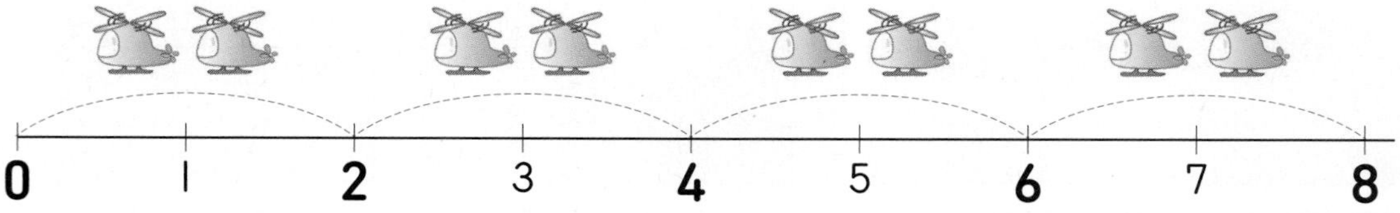

➔ 2씩 4번 뛰어 세면 모두 8대입니다.

방법 3 묶어 세기

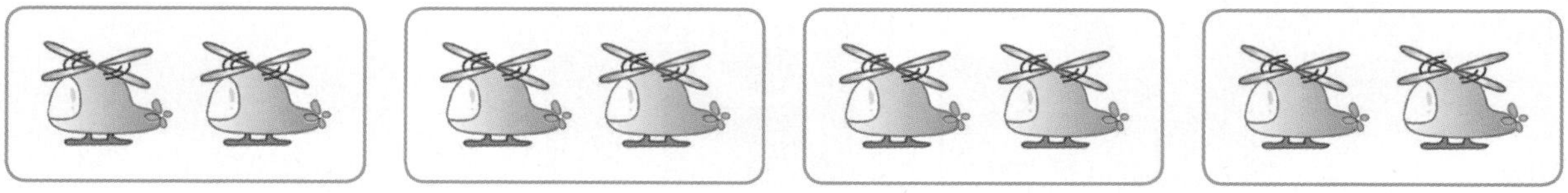

2 4 6 8

➔ 2대씩 묶으면 4묶음이므로 모두 8대입니다.

참고 • 헬리콥터를 3대씩 묶으면 2묶음이 되고 2대가 남으므로 모두 8대입니다.
• 헬리콥터를 4대씩 묶으면 2묶음이 되므로 모두 8대입니다.

[1~3] 여러 가지 방법으로 세어 보시오.

1 토끼는 모두 몇 마리인지 하나씩 세어 보시오.

(　　　　　　　　)

2 토끼는 모두 몇 마리인지 그림에 나타내어 알아보시오.

(1) 2씩 뛰어 세어 보시오.

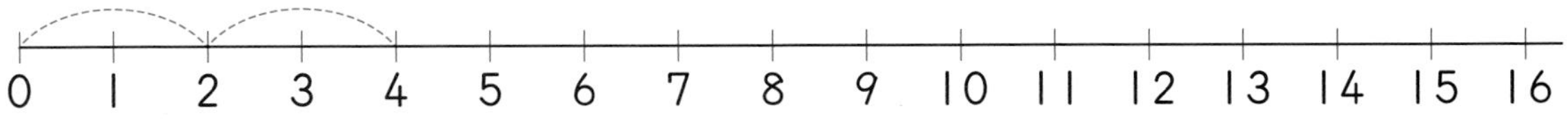

(2) 8씩 뛰어 세어 보시오.

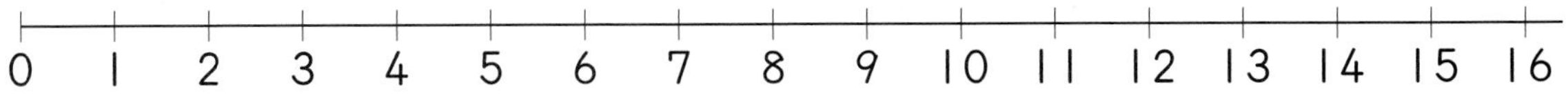

⇨ 토끼 수: □마리

3 토끼는 모두 몇 마리인지 4마리씩 묶어 보고, □ 안에 알맞은 수를 써넣으시오.

토끼를 4마리씩 묶으면 □묶음입니다.

4, 8, □, □으로 세어 보면 토끼는 모두 16마리입니다.

개념 2 묶어 세어 볼까요

개념 동영상

개수가 많으면 하나씩 세는 것보다 여러 개씩 묶어 세는 것이 빠릅니다.

□씩 △묶음

방법 1 4씩 묶어 세기

4
4
4
4
4

4씩 5묶음

4 — 8 — 12 — 16 — 20

4씩 5묶음이므로
4씩 5번 뛰어 셉니다.

방법 2 5씩 묶어 세기

5	5	5	5

5씩 4묶음

5 — 10 — 15 — 20

5씩 4묶음이므로
5씩 4번 뛰어 셉니다.

개념 받아쓰기

빈칸에 글자나 수를 따라 쓰세요.

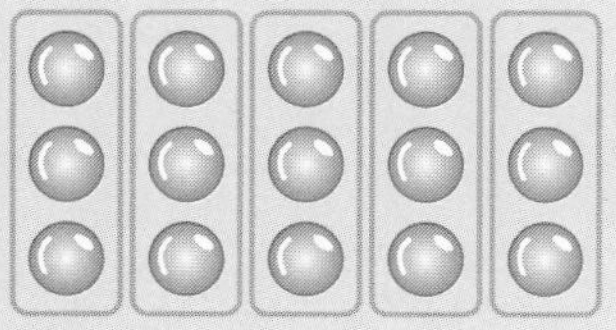

→ 3씩 [5] 묶음 → 3 — 6 — [9] — [12] — [15]

1 몇 개인지 뛰어 세어 보시오.

(1)

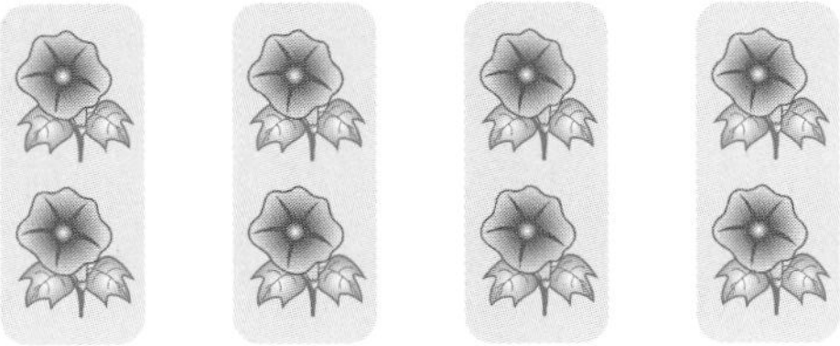

2 — 4 — □ — □

나팔꽃은 모두 □송이입니다.

(2)

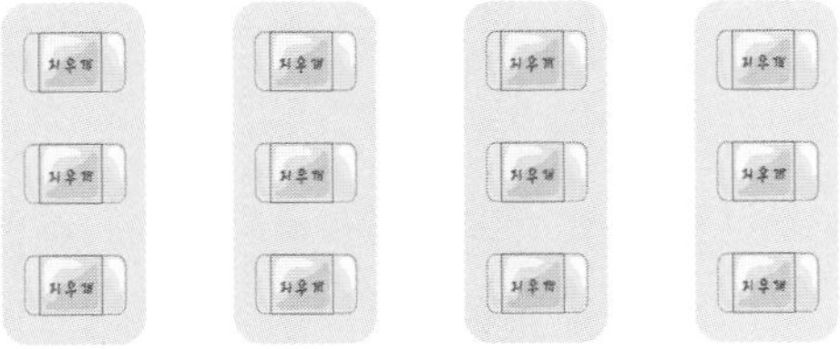

3 — 6 — □ — □

지우개는 모두 □개입니다.

2 아이스크림은 모두 몇 개인지 □ 안에 알맞은 수를 써넣으시오.

아이스크림을 가로로 묶어 볼 수도 있고, 세로로 묶어 볼 수도 있어요.

(1) 4씩 □ 묶음이므로 모두 □개입니다.

(2) 7씩 □ 묶음이므로 모두 □개입니다.

개념 받아쓰기 문제

빈칸에 알맞은 글자나 수를 써 보세요.

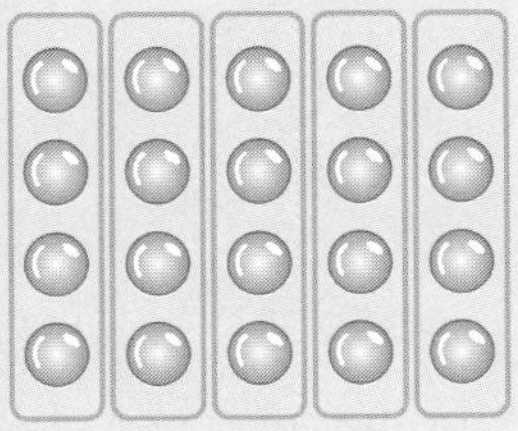

→ 4씩 □ 묶음 → 4 — 8 — □ — □ — □

개념 3 몇의 몇 배를 알아볼까요

개념 동영상

묶어 센 것을 몇의 몇 배로 나타낼 수 있습니다.

□씩 △묶음 ➜ □의 △배

2씩 1묶음 ➜ 2의 1배

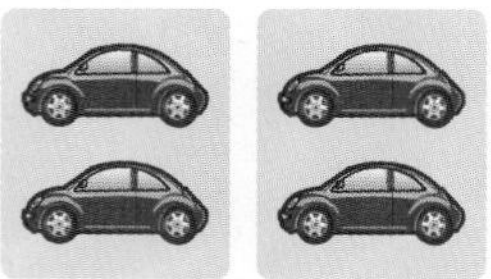

2씩 2묶음 ➜ 2의 2배

2씩 3묶음 ➜ 2의 3배

2씩 4묶음 ➜ 2의 4배

3씩 2묶음은 6이므로 **6**은 **3**의 **2배**입니다. ●●● ●●● ●●●	4씩 2묶음은 8이므로 **8**은 **4**의 **2배**입니다. ●●●● ●● ●●●● ●●

개념 받아쓰기

❶ 2씩 3묶음은 2의 3배입니다. ➜ 배

기본 문제

1 □ 안에 알맞은 수를 써넣으시오.

8씩 □ 묶음 ⇨ 8의 □ 배

힌트 ■씩 ▲묶음은 ■의 ▲배입니다.

2 □ 안에 알맞은 수를 써넣으시오.

(1)

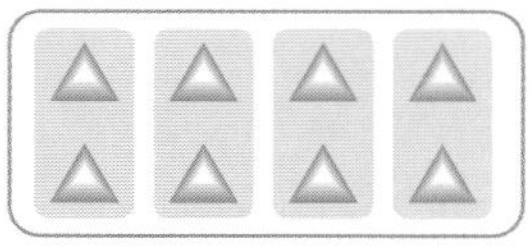

8은 2씩 □ 묶음입니다.

8은 2의 □ 배입니다.

(2)

15는 3씩 □ 묶음입니다.

15는 3의 □ 배입니다.

3 멜론은 모두 몇 개인지 구하려고 합니다. □ 안에 알맞은 수를 써넣으시오.

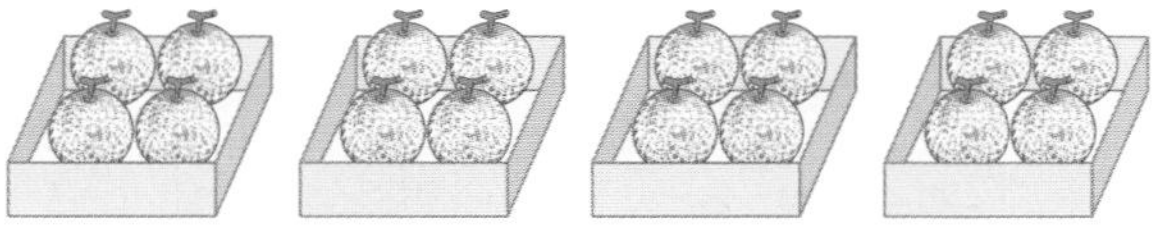

4의 □ 배는 □ 입니다.

개념 받아쓰기 문제

3씩 4묶음 → 3의 4 □, 4씩 5묶음 → 4의 5 □

개념 4 몇의 몇 배로 나타내 볼까요

개념 동영상

• 두 수를 비교하기

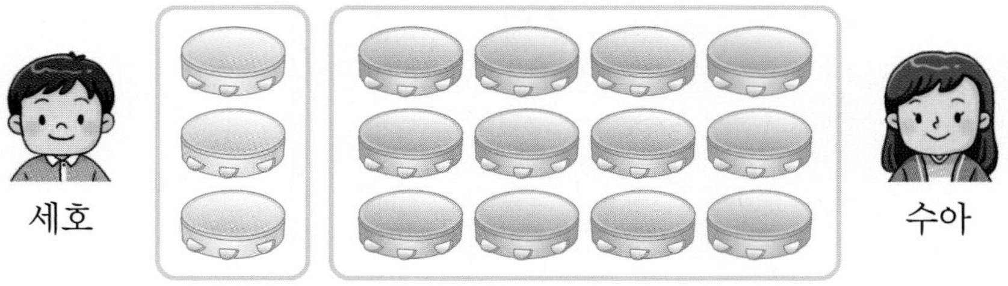

➔ 수아가 가진 탬버린 수는 세호가 가진 탬버린 수의 **4배**입니다.

• 여러 방법으로 몇의 몇 배 나타내기

2의 7배

7의 2배

• 색 막대를 이용하여 몇의 몇 배로 나타내기

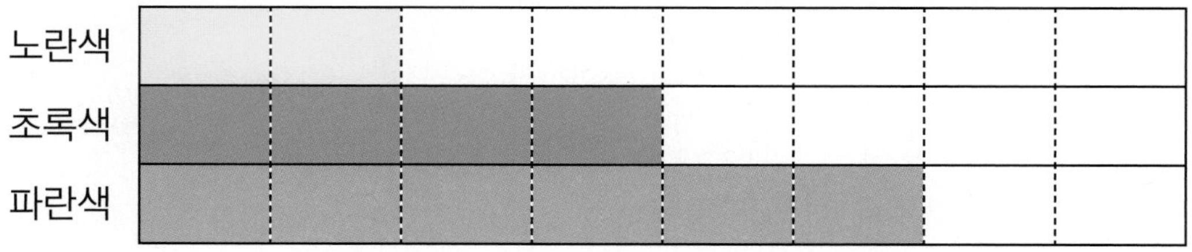

① **초록색 막대의 길이**는 **노란색 막대의 길이**의 **2배**입니다.

왜냐하면 초록색 막대의 길이는 노란색 막대를 2번 이어 붙여야 같아지기 때문입니다.

② **파란색 막대의 길이**는 **노란색 막대의 길이**의 **3배**입니다.

왜냐하면 파란색 막대의 길이는 노란색 막대를 3번 이어 붙여야 같아지기 때문입니다.

1 □ 안에 알맞은 수를 써넣으시오.

(1)

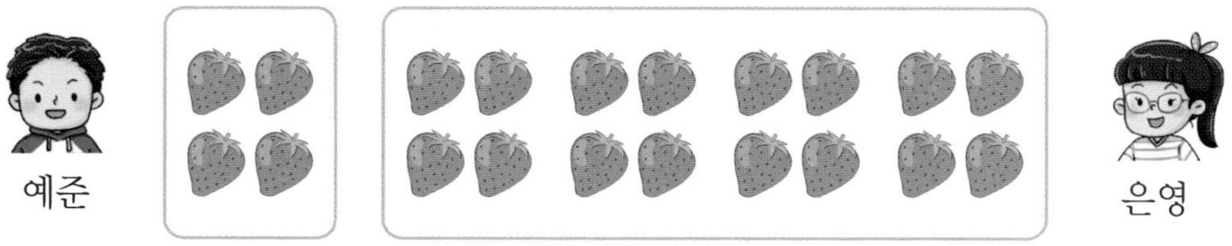

은영이가 먹은 딸기는 예준이가 먹은 딸기의 □ 배입니다.

(2)

수아가 읽은 책은 세호가 읽은 책의 □ 배입니다.

2 곰 인형의 수를 몇의 몇 배로 나타내시오.

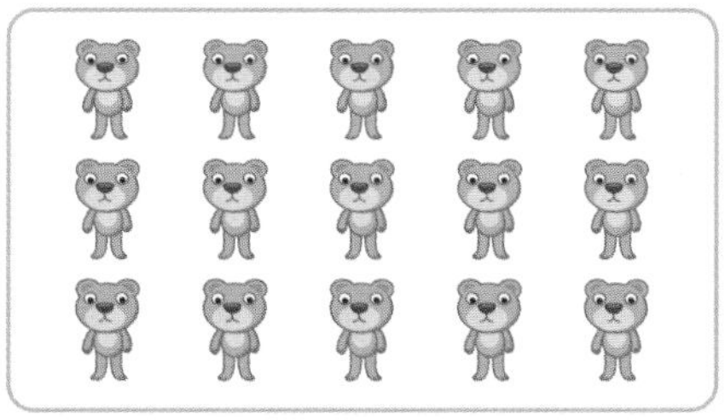

5 의 □ 배

3 의 □ 배

3 색 막대를 보고 □ 안에 알맞은 수를 써넣으시오.

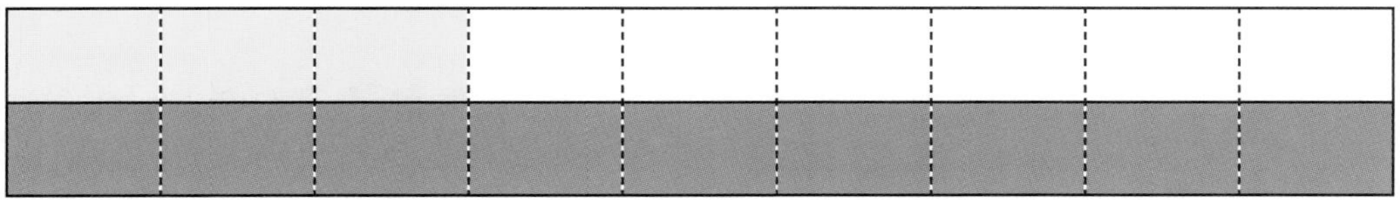

초록색 막대의 길이는 노란색 막대의 길이의 □ 배입니다.

STEP 2 개념 확인하기

개념1 여러 가지 방법으로 세어 볼까요

• 2씩 뛰어 세기

2 — 4 — 6 — 8 — ( )

• 3씩 뛰어 세기

3 — 6 — 9 — 12 — ( )

익힘책 유형

1 □ 안에 알맞은 수를 써넣으시오.

화분을 5씩 뛰어 세면 5, 10, 15, □, □로 화분은 모두 □개입니다.

2 4씩 뛰어 세려고 합니다. □ 안에 알맞은 수를 써넣으시오.

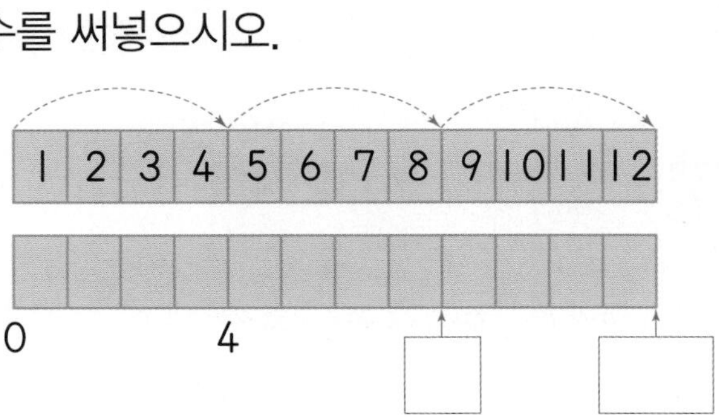

개념2 묶어 세어 볼까요

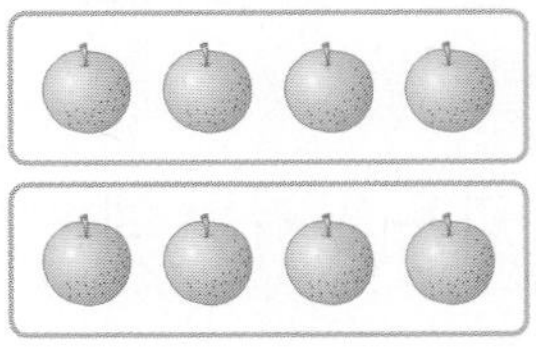

→ 4씩 □묶음

3 옳으면 ○표, 틀리면 ×표 하시오.

도넛을 3씩 묶어 세면 3 - 6 - 9 이므로 도넛은 모두 9개입니다.

( )

익힘책 유형

4 딸기가 21개 있습니다. 바르게 말한 사람의 이름을 모두 쓰시오.

세호: 딸기를 7개씩 묶으면 3묶음이 됩니다.
수아: 딸기의 수는 5씩 4묶음입니다.
예준: 딸기 수는 3, 6, 9, 12, 15, 18, 21로 셀 수 있습니다.

( )

게임 학습

게임으로 학습을 즐겁게 할 수 있어요.
QR 코드를 찍어 보세요.

정답은 30쪽

개념 3 몇의 몇 배를 알아볼까요

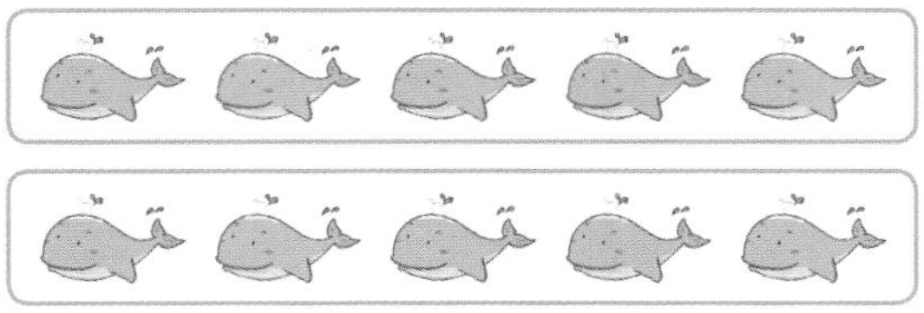

5씩 2묶음 ➜ □의 □배

개념 4 몇의 몇 배로 나타내 볼까요

농구공의 수는 축구공의 수의 □배입니다.

교과서 유형

5 □ 안에 알맞은 수를 써넣으시오.

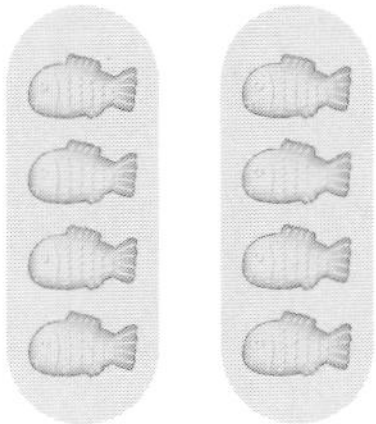

4씩 □묶음

4의 □배

6 책의 수는 몇의 몇 배입니까?

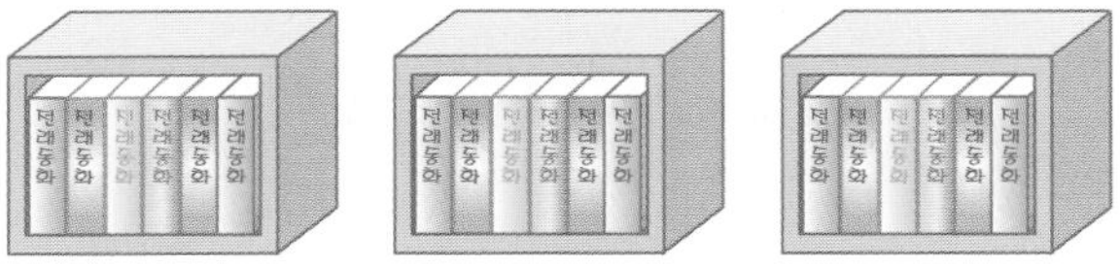

6씩 □묶음은 □의 □배입니다.

7 당근이 한 바구니에 5개씩 있습니다. 4바구니에 있는 당근의 수는 몇의 몇 배입니까?

5씩 □묶음은 □의 □배입니다.

8 배의 수는 사과의 수의 몇 배입니까?

(　　　　　　　)

9 항아리에 화살을 넣는 놀이를 하고 있습니다. 은서가 항아리에 넣은 화살 수는 세희가 항아리에 넣은 화살 수의 몇 배입니까?

항아리에 넣은 화살

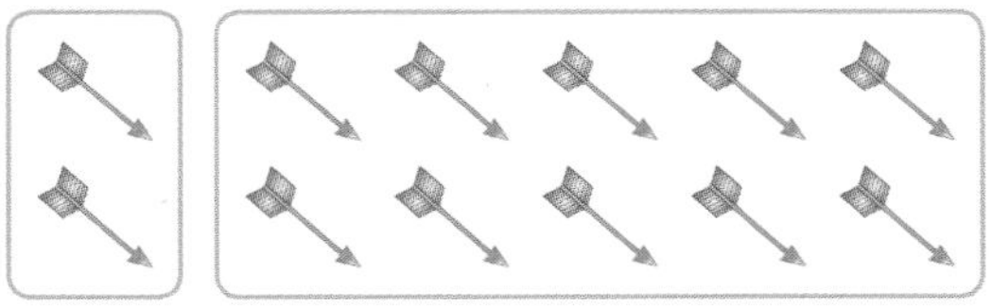

세희　　　은서

(　　　　　　　)

교과서 유형

10 빨간색 막대의 길이는 파란색 막대의 길이의 몇 배입니까?

빨간색

파란색

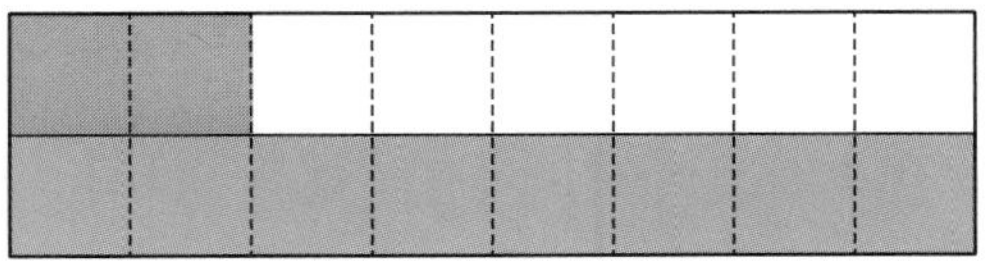

(　　　　　　　)

6 곱셈

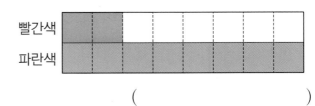

개념 5 곱셈을 알아볼까요

개념 동영상

3씩 8묶음 → 3의 8배 → 3×8

- **3의 8배**를 **3 × 8**이라고 씁니다.
- **3×8**은 **3 곱하기 8**이라고 읽습니다.

꽃잎이 8장씩
5묶음 있습니다.

덧셈식 $8+8+8+8+8=40$ 곱셈식 $8\times5=40$

- **8+8+8+8+8**은 **8 × 5**와 같습니다.
- **8×5=40**은 **8 곱하기 5는 40과 같습니다**라고 읽습니다.
- **8**과 **5**의 **곱**은 **40**입니다.

개념 받아쓰기

✎ 빈칸에 글자나 수를 따라 쓰세요.

❶ 5×6=30은 5 곱하기 6은 30과 같습니다라고 읽습니다.

❷ 5와 6의 곱은 30입니다.

곱	하	기		곱

1 □ 안에 알맞은 수를 써넣으시오.

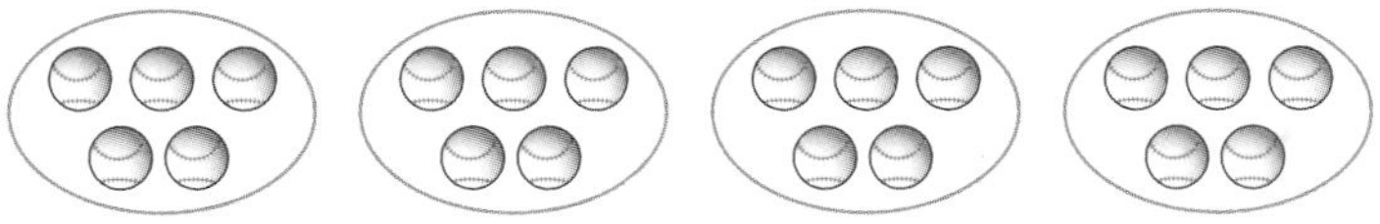

5씩 □ 묶음은 5의 □ 배입니다.

5의 □ 배는 5× □ 라고 씁니다.

힌트 ■씩 ▲묶음 ⇨ ■의 ▲배 ⇨ ■×▲

2 축구공의 수를 <u>틀리게</u> 설명한 것을 찾아 기호를 쓰시오.

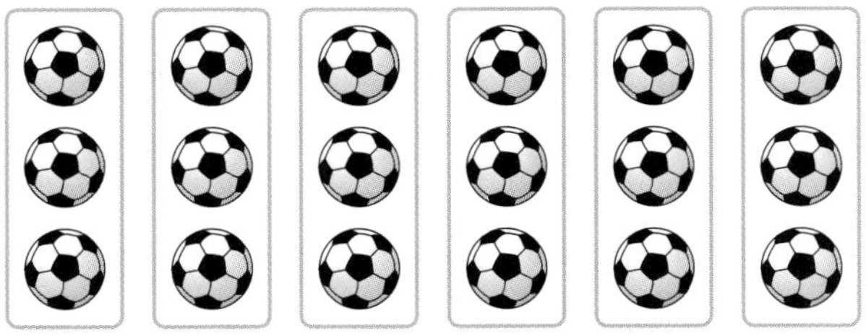

㉠ 3×6=18입니다.
㉡ 3+3+3+3+3+3은 3×6과 같습니다.
㉢ 3×6=18은 6 곱하기 3은 18과 같습니다라고 읽습니다.
㉣ 3과 6의 곱은 18입니다.

( )

개념 받아쓰기 문제

✎ 빈칸에 알맞은 글자나 수를 써 보세요.

• 7×4=28 ➔ 읽기 7 □□□ 4는 28과 같습니다.

• 5와 6의 □□ 은 30입니다.

STEP 1 개념 파헤치기

개념 6 곱셈식으로 나타내 볼까요

개념 동영상

• 덧셈식과 곱셈식으로 나타내기

덧셈식 $7+7+7+7=28$　　곱셈식 $7\times4=28$

• 다양한 곱셈식으로 나타내기

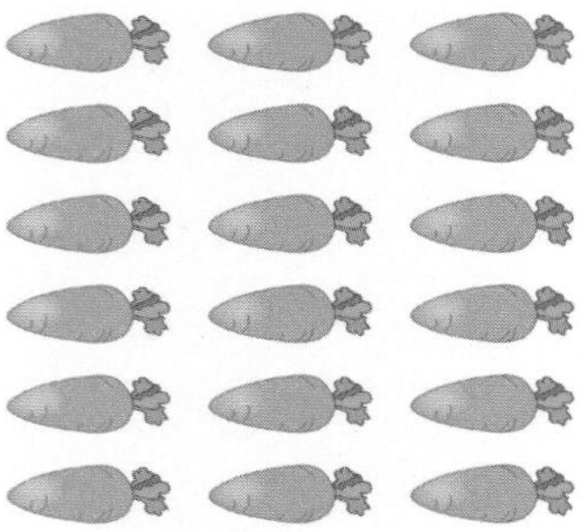

2씩 9묶음 → 2의 9배 → $2\times9=18$
3씩 6묶음 → 3의 6배 → $3\times6=18$
6씩 3묶음 → 6의 3배 → $6\times3=18$
9씩 2묶음 → 9의 2배 → $9\times2=18$

참고 □씩 △묶음과 △씩 □묶음은 같으므로 □×△=△×□
따라서 2씩 9묶음과 9씩 2묶음은 같습니다.

□씩 △묶음 → □의 △배 → □×△

개념 받아쓰기

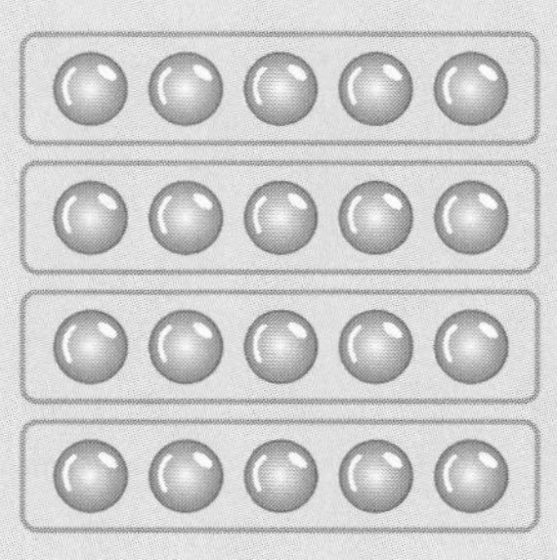

❶ 덧셈식 → 5+ 5 + 5 + 5 = 20

❷ 곱셈식 → 5× 4 = 20

1 케이크는 모두 몇 개인지 알아보시오.

3의 □배

덧셈식 3+□+□+□=□

곱셈식 3×□=□

2 음료수 캔은 모두 몇 개인지 알아보시오.

5의 □배

덧셈식 5+□+□=□

곱셈식 5×□=□

3 두발자전거가 6대 있습니다. 바퀴 수를 곱셈식으로 나타내시오.

덧셈식 ______________________ 곱셈식 ______________________

개념 받아쓰기 문제

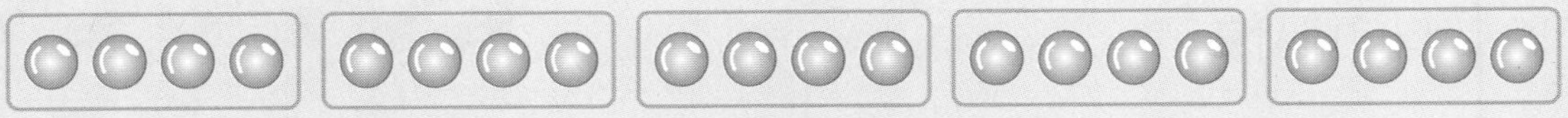

• 구슬의 수를 **덧셈식** 으로 나타내면 4+4+□+□+□=□입니다.

• 구슬의 수를 **곱셈식** 으로 나타내면 4×□=□입니다.

2 STEP 개념 확인하기

개념 5 곱셈을 알아볼까요

3+3+3+3+3+3=18

➔ 3 ◯ 6=18

➔ 3 곱하기 6은 18과 같습니다.
3과 6의 □은 18입니다.

익힘책 유형

1 □ 안에 알맞은 수를 써넣으시오.

2의 5배를 □×□라고 씁니다.

2 밤의 수를 나타내려고 합니다. □ 안에 알맞은 수를 써넣으시오.

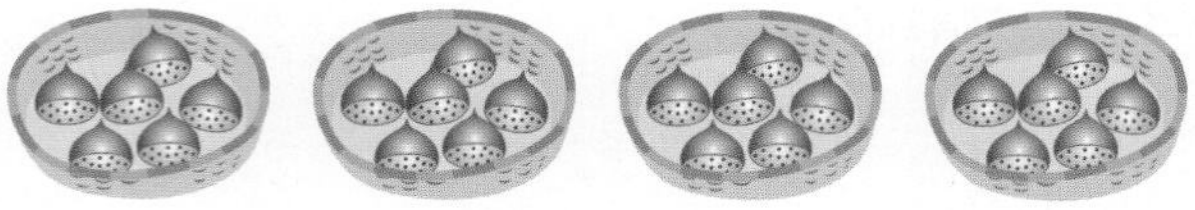

6씩 □ 묶음	□의 □배
□×□	□ 곱하기 □

3 곱셈식으로 나타내시오.

9 곱하기 7은 63과 같습니다.

곱셈식 ______

4 덧셈식을 보고 곱셈식으로 나타내시오.

5+5+5+5+5+5+5+5+5=45

곱셈식 ______

5 8씩 6번 뛰어 세었습니다. □ 안에 알맞은 수를 써넣으시오.

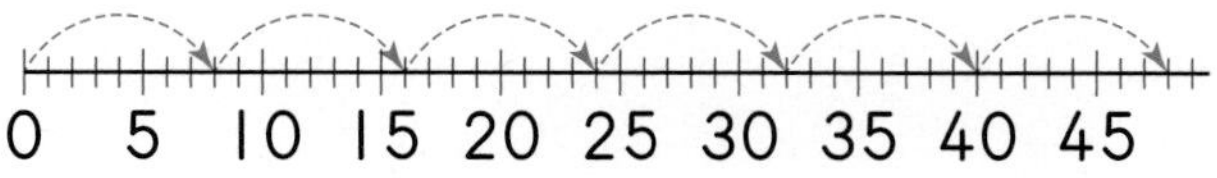

8×□=□

6 우유의 수를 곱셈식으로 나타내시오.

7×□=□

게임 학습
게임으로 학습을 즐겁게 할 수 있어요.
QR 코드를 찍어 보세요.

정답은 31쪽

개념 6 곱셈식으로 나타내 볼까요

8의 5배

덧셈식 8+8+8+8+□=40

곱셈식 8×□=40

[7~8] 물고기는 모두 몇 마리인지 알아보려고 합니다. □ 안에 알맞은 수를 써넣으시오.

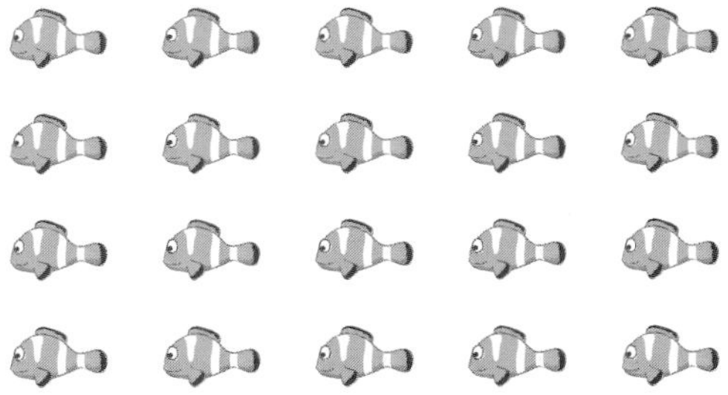

7 물고기의 수는 4의 □배입니다.

덧셈식

□+□+□+□+□=□

곱셈식

□×□=□

8 물고기의 수는 5의 □배입니다.

덧셈식

□+□+□+□=□

곱셈식

□×□=□

9 구슬의 수를 곱셈식으로 나타내시오.

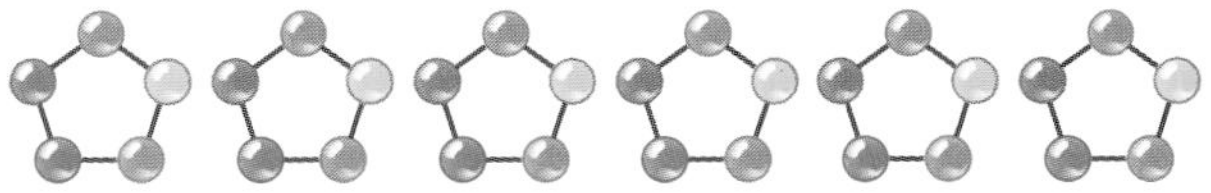

□×□=□

교과서 유형

10 통조림이 한 상자에 5개씩 들어 있습니다. 통조림은 모두 몇 개인지 □ 안에 알맞은 수를 써넣으시오.

	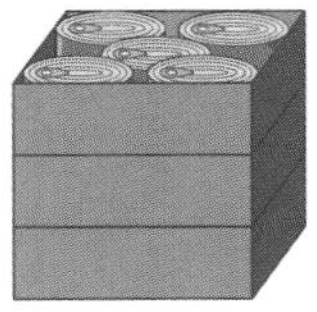
5×2=□	5×□=□

11 주차장에 자동차가 6대 있습니다. 자동차 한 대에 2명씩 타고 있을 때, 자동차에 탄 사람은 모두 몇 명인지 곱셈식으로 나타내시오.

곱셈식 ______________________

6 곱셈

단원 마무리 평가

점수

1 빵은 모두 몇 개인지 하나씩 세어 보시오.

(　　　　　　　　)

2 사탕의 수를 곱셈으로 바르게 나타낸 것은 어느 것입니까? ··························· (　　　)

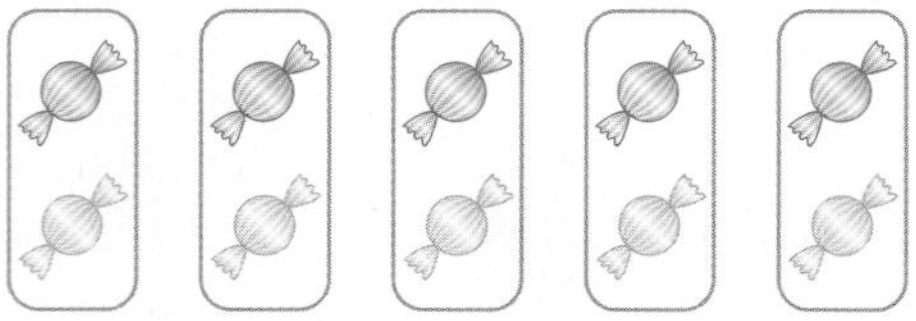

① 2×5　② 4×3　③ 4×2
④ 3×4　⑤ 6×2

3 탁구공을 5씩 묶어 세려고 합니다. 빈칸에 알맞은 수를 써넣고 모두 몇 개인지 구하시오.

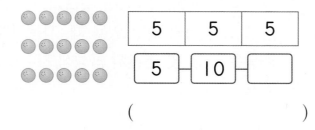

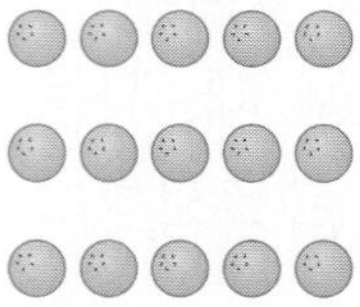

5	5	5

5 – 10 – □

(　　　　　　　　)

4 □ 안에 알맞은 수를 써넣으시오.

6씩 4묶음

⇨ 6의 □배

⇨ □+□+□+□

5 구슬의 수를 덧셈식과 곱셈식으로 나타내시오.

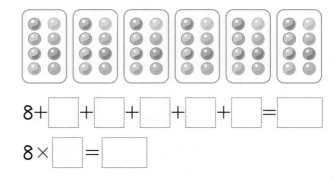

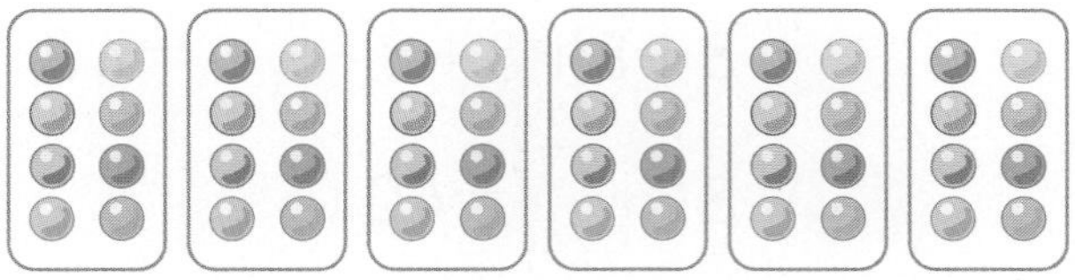

8+□+□+□+□+□=□

8×□=□

6 나타내는 수가 다른 하나는 어느 것입니까? ··· (　　　)

① 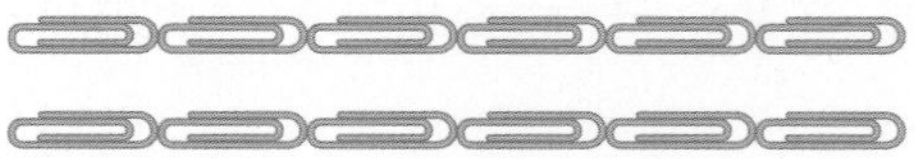

② 6씩 2묶음
③ 4의 3배
④ 4+4+4+4
⑤ 3×4

7 계산 결과를 비교하여 ○ 안에 >, =, < 를 알맞게 써넣으시오.

3×4 ○ 4×2

8 빈칸에 알맞은 곱셈식을 쓰시오.

2×1=2	2×2=4	

유사문제

9 홍관이가 쌓은 모형의 수는 성수가 쌓은 모형의 수의 몇 배입니까?

( )

10 관계있는 것끼리 선으로 이으시오.

2의 5배 •	• 9
3씩 3묶음 •	• 10
	• 12

11 딸기의 수는 참외의 수의 몇 배입니까?

( )

12 □ 안에 알맞은 수를 써넣으시오.

24는 8의 □배입니다.

유사문제

13 무궁화 한 송이의 꽃잎은 5장입니다. 무궁화 6송이의 꽃잎은 모두 몇 장입니까?

( )

14 하늘이는 연필 6자루를 가지고 있고, 강희는 하늘이가 가진 연필 수의 3배를 가지고 있습니다. 강희가 가진 연필은 모두 몇 자루인지 덧셈식을 쓰고 답을 구하시오.

식 ____________________

답 ____________________

6 곱셈

15 색연필의 길이는 못의 길이의 몇 배입니까?

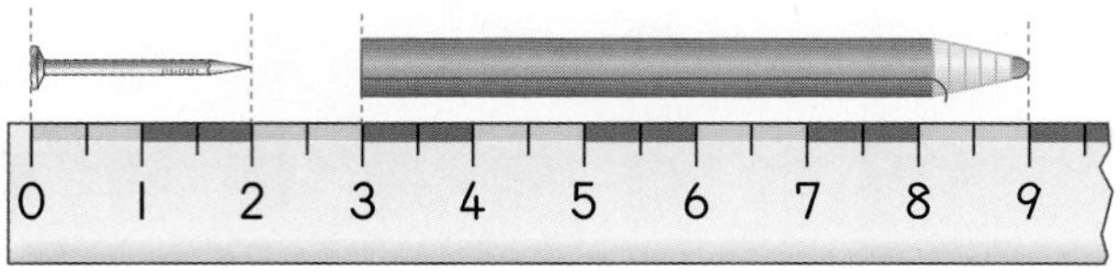

( )

유사문제

[16~17] **장난감 가게에 인형, 로봇, 자동차가 있습니다. 물음에 답하시오.**

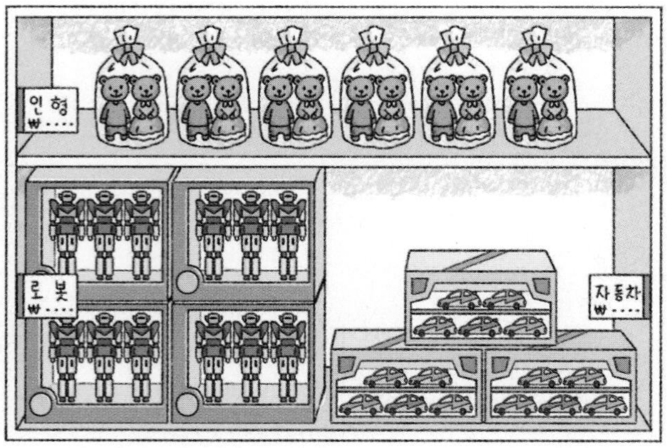

16 자동차는 한 상자에 5개씩 있습니다. 자동차의 수를 곱셈식으로 나타내시오.

□ × □ = □

유사문제

17 인형은 한 봉지에 2개씩 있습니다. 인형의 수를 곱셈식으로 나타내시오.

□ × □ = □

18 수지의 나이는 9살이고 삼촌의 나이는 수지 나이의 4배입니다. 삼촌의 나이는 몇 살입니까?

( )

유사문제

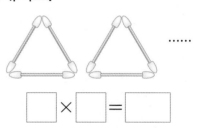

19 다음과 같이 면봉으로 삼각형을 6개 만들려고 합니다. 필요한 면봉의 수를 곱셈식으로 나타내시오.

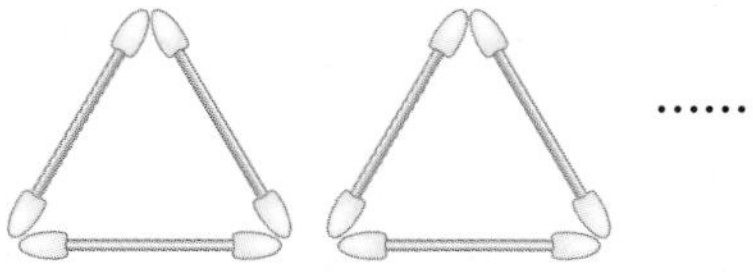

□ × □ = □

20 은호네 모둠 학생 5명이 가위바위보를 합니다. 모두 가위를 냈을 때, 펼친 손가락은 몇 개인지 곱셈식을 쓰고 답을 구하시오.

식 ____________________

답 ____________________

QR 코드를 찍어 게임을 해 보고
이번 단원을 확실히 익혀 보세요!

마무리 개념완성

정답은 32쪽

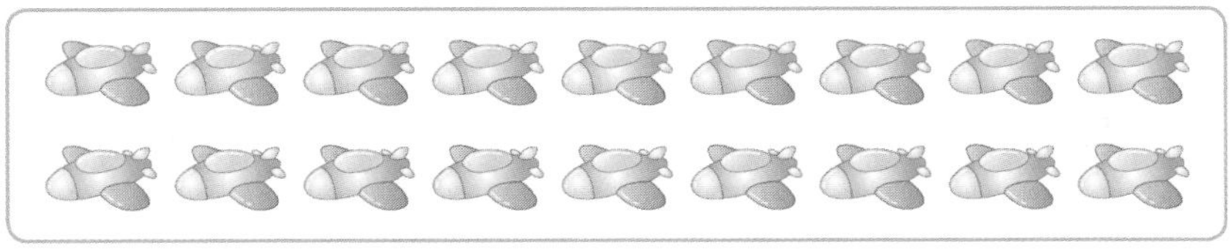

생각의 방향

❶ 비행기를 2씩 뛰어 세면
2, 4, 6, 8, 10, 12, 14, 16, 18로 모두 18개입니다.
(○ , ×)

2씩 뛰어 세어 봅니다.

❷ 비행기의 수는 3씩 5묶음입니다. (○ , ×)

3씩 묶어 세어 봅니다.

❸ 비행기의 수를 덧셈식으로 나타내면 6+6+6=18입니다.
(○ , ×)

❹ 비행기의 수를 곱셈식으로 나타내면 6×6=36입니다.
(○ , ×)

■씩 ●묶음은 ★입니다.
⇨ ■×●=★

❺ 비행기의 수는 9의 2배이고 9×☐로 나타냅니다.

❻ 9×2=18은 9 ☐ 2는 ☐과 같습니다라고 읽습니다.

곱셈식에서 ×는 '곱하기'라고 읽습니다.

6
곱셈

생각이 커지는

수학 수 퍼즐을 풀어 볼까요.

가로와 세로의 조건을 보고 빈칸에 알맞은 수를 써넣으시오.

가로 ➡
① 90보다 10만큼 더 큰 수
④ 사각형의 변의 수와 꼭짓점 수의 곱
⑤ 74+7
⑦ 91−28

세로 ⬇
① 1 cm가 12번 ⇨ ☐ cm
② 4의 5배
③ 삼백육십칠
⑥ 68+78

		②			③
①				④	
		⑤	⑥		
			⑦		

정답

		② 2			③ 3
① 1	0	0		④ 1	6
2					7
		⑤ 8	⑥ 1		
			4		
			⑦ 6	3	

꼭 알아야 할
사자성어

言	行	一	致
말씀	다닐	하나	이를
언	행	일	치

'언행일치'는 '말과 행동이 같아야 한다'는 뜻을 가진 단어에요.
이것은 곧 말한 대로 지키는 것이
중요하다는 걸 의미하기도 해요.
오늘부터 부모님, 선생님, 친구와의 약속과
내가 세운 공부 계획부터 꼭 지켜보는 건 어떨까요?

모든 개념을
다 보는
해결의 법칙

개념 해결의 법칙

꼼꼼 풀이집

수학 2·1

천재교육

「꼼꼼」 「풀이집」

개념 해결의 법칙 2-1

꼼꼼 풀이집

1. 세 자리 수

STEP 1 개념 파헤치기 9쪽

1 100 2 10, 0 ; 100

3 97, 100

개념 받아쓰기 문제 백, 100

1 10이 10개이면 100이므로 사탕은 100개입니다.

2 십 모형 10개는 100을 나타냅니다.

3 96보다 1만큼 더 큰 수는 97,
99보다 1만큼 더 큰 수는 100입니다.

STEP 1 개념 파헤치기 11쪽

1 (1) 오백 (2) 칠백 (3) 팔백

2 300 3 (1) × (2) ○ (3) ×

개념 받아쓰기 문제 사백, 오백, 팔백, 구백

1 (1) 500은 오백이라고 읽습니다.
(2) 700은 칠백이라고 읽습니다.
(3) 800은 팔백이라고 읽습니다.

2 생각 열기 백 모형이 ■개이면 ■00입니다.
백 모형이 3개이면 300입니다.

3 (1) 100이 4개이면 400입니다.
(2) 700은 100이 7개인 수입니다.
(3) 900은 구백이라고 읽습니다.

STEP 1 개념 파헤치기 13쪽

1 (1) 삼백팔십오 (2) 육백일

2 (1) 167 (2) 240 3 (1) 846 (2) 906

개념 받아쓰기 문제 칠백구십육, 사백이

1 (2) 601은 육백일이라고 읽습니다.
주의 601을 육영일 또는 육백영십일이라고 읽지 않습니다.

2 (1) 백 모형 1개, 십 모형 6개, 일 모형 7개가 나타내는 수는 167입니다.
(2) 백 모형 2개, 십 모형 4개가 나타내는 수는 240입니다.

3 (1) 100이 8개: 800
10이 4개: 40
1이 6개: 6
⇨ 846

(2) 100이 9개: 900
1이 6개: 6
⇨ 906

STEP 1 개념 파헤치기 15쪽

1 (1) 50, 6 ; 50, 6 (2) 700, 9 ; 700, 9

2 100 ; 8, 80 ; 5, 5

개념 받아쓰기 문제 백, 십, 일

1 (1) $856=800+50+6$
(2) $719=700+10+9$

2 1 8 5
→ 백의 자리 숫자, 나타내는 수: 100
→ 십의 자리 숫자, 나타내는 수: 80
→ 일의 자리 숫자, 나타내는 수: 5

STEP 2 개념 확인하기 16~17쪽

개념1 100

1 100　　2 ㉡

3 100 ; 100

개념2 500, 오백

4 

5 예 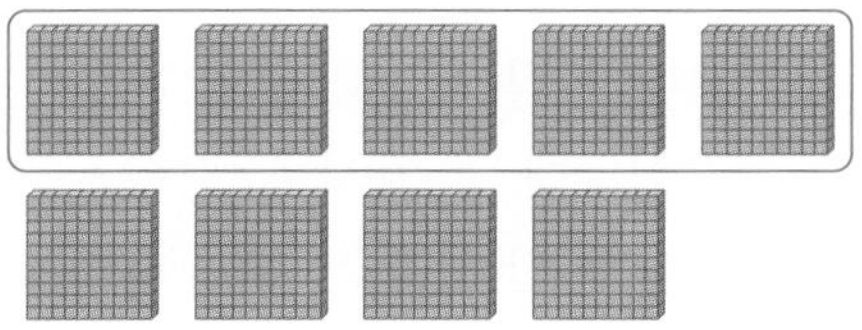 ; 5

6 구백

개념3 243, 이백사십삼

7 오백육십일　　8 수아

9 791원

개념4 50, 7

10 719=700+10+9

11 ④　　12 ㉢

1 90보다 10만큼 더 큰 수는 100입니다.

2 ㉡ 100은 90보다 10만큼 더 큰 수입니다.

3 80보다 20만큼 더 큰 수는 100입니다.
참고 20보다 20만큼 더 큰 수는 40, 40보다 20만큼 더 큰 수는 60, 60보다 20만큼 더 큰 수는 80입니다.

4 생각 열기 ■00은 ■백이라고 읽습니다.
600은 육백, 300은 삼백이라고 읽습니다.

5 500은 백 모형 5개로 나타낼 수 있습니다.
예 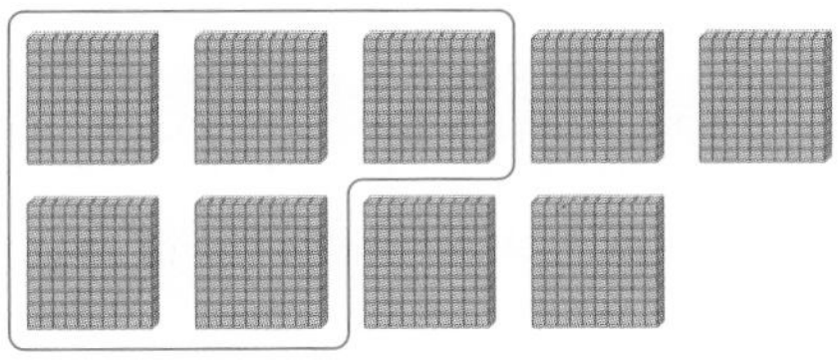
500만큼 묶는 방법은 여러 가지입니다.

6 생각 열기 호현이는 수원으로 가는 버스를 탑니다.
수원으로 가는 버스의 번호는 900입니다.
900은 구백이라고 읽습니다.

7 5 6 1 ⇨ 오백육십일
오백 육십 일

8 백 모형이 2개, 십 모형이 3개, 일 모형이 6개이므로 수 모형으로 나타낸 수는 236입니다.
236을 바르게 나타낸 사람은 수아입니다.
주의 승준이는 263을 나타냈습니다.

9 생각 열기 1원짜리 동전 10개는 10원짜리 동전 1개와 같습니다.
1원짜리 동전 11개는 10원짜리 동전 1개, 1원짜리 동전 1개와 같습니다.
따라서 100원짜리 동전 7개, 10원짜리 동전 8+1=9(개), 1원짜리 동전 1개와 같으므로 동전은 모두 791원입니다.

10 719는 100이 7개, 10이 1개, 1이 9개인 수입니다.

11 생각 열기 세 자리 수에서 백의 자리 숫자는 왼쪽에서 첫째 숫자입니다.
백의 자리 숫자를 각각 알아보면
① 513 ⇨ 5　② 734 ⇨ 7　③ 103 ⇨ 1
④ 329 ⇨ 3　⑤ 638 ⇨ 6

12 숫자 2가 나타내는 수를 각각 알아보면
㉠ 258
→ 백의 자리 숫자, 200
㉡ 102
→ 일의 자리 숫자, 2
㉢ 829
→ 십의 자리 숫자, 20

STEP 1 개념 파헤치기 19쪽

1 (1) 370, 770, 970
(2) 132, 152, 182
(3) 563, 565, 568
2 1000, 천

개념 받아쓰기 문제 | 1 | 0 | 0 | 0 |, | 천 |

1 (1) 100씩 뛰어 세면 백의 자리 수가 1씩 커집니다.
170−270−370−470−570
−670−770−870−970
(2) 10씩 뛰어 세면 십의 자리 수가 1씩 커집니다.
102−112−122−132−142
−152−162−172−182
(3) 1씩 뛰어 세면 일의 자리 수가 1씩 커집니다.
561−562−563−564−565
−566−567−568−569

2 999보다 1만큼 더 큰 수는 1000이고 천이라고 읽습니다.

STEP 1 개념 파헤치기 21쪽

1 (1) 8, 3, 7 ; < (2) 4, 9, 0 ; >
2 (1) > ; > (2) < ; < (3) < ; <

개념 받아쓰기 문제 (>), | 큽 | 니 | 다 |,
(<), | 작 | 습 | 니 | 다 |

1 (1) 백의 자리 수가 5<8이므로 537<837입니다.
(2) 백의 자리 수가 6>4이므로 662>490입니다.

2 (1) 백의 자리 수가 9>8이므로 938>805입니다.
(2) 백의 자리 수가 3<5이므로 345<548입니다.
(3) 백의 자리 수가 4<5이므로 450<504입니다.

STEP 1 개념 파헤치기 23쪽

1 (1) 6, 9, 2 ; < (2) 7, 3, 8 ; <
2 (1) > ; > (2) < ; < (3) < ; <

개념 받아쓰기 문제 (<), | 작 | 습 | 니 | 다 |,
(>), | 큽 | 니 | 다 |

1 (1) 백의 자리 수가 같으므로 십의 자리 수를 비교하면 4<9입니다. 따라서 643<692입니다.
(2) 백의 자리 수가 같으므로 십의 자리 수를 비교하면 0<3입니다. 따라서 708<738입니다.

2 (1) 백의 자리 수가 같으므로 십의 자리 수를 비교하면 7>6입니다. 따라서 872>869입니다.
(2) 백의 자리 수가 같으므로 십의 자리 수를 비교하면 3<4입니다. 따라서 935<945입니다.
(3) 백의 자리 수가 같으므로 십의 자리 수를 비교하면 0<1입니다. 따라서 408<411입니다.

STEP 1 개념 파헤치기 25쪽

1 (1) 5, 6, 8 ; < (2) 8, 5, 7 ; >
2 (1) > ; > (2) < ; < (3) > ; >

개념 받아쓰기 문제 (>), | 큽 | 니 | 다 |,
(<), | 작 | 습 | 니 | 다 |

1 (1) 백의 자리끼리, 십의 자리끼리 수가 같으므로 일의 자리 수를 비교하면 4<8입니다.
(2) 백의 자리끼리, 십의 자리끼리 수가 같으므로 일의 자리 수를 비교하면 8>7입니다.

2 (1) 백의 자리끼리, 십의 자리끼리 수가 같으므로 일의 자리 수를 비교하면 5>3입니다.
(2) 백의 자리끼리, 십의 자리끼리 수가 같으므로 일의 자리 수를 비교하면 4<9입니다.

STEP 2 개념 확인하기 26~27쪽

개념5 1
1 1000
2 772, 782, 792 ; 10
3 410, 310, 210, 110
개념6 큰
4 (1) > (2) <
5 8, 3, 1 ; 4, 2, 0 ; 831
6 위인전
개념7 큰
7 ㉡
8 253, 273, 293
9 7, 8, 9에 ○표
개념8 큰
10 (1) < (2) >
11 ㉡
12 391

2 십의 자리 수가 1씩 커지고 있으므로 10씩 뛰어 센 것입니다.

3 100씩 거꾸로 뛰어 세면 백의 자리 수가 1씩 작아집니다.

4 (1) 768 > 297
└7>2┘
(2) 592 < 803
└5<8┘

5 백의 자리 수를 비교하면 8>5>4이므로 가장 큰 수는 831입니다.

6 324>264이므로 더 많은 책은 위인전입니다.

7 ㉠ 136 < 141
└3<4┘

8 백의 자리 수가 같으므로 십의 자리 수를 비교하면 5<7<9입니다.
⇨ 253<273<293

9 □=6이라면 5[6]7<574 (×)
□=7이라면 5[7]7>574 (○)
□=8이라면 5[8]7>574 (○)
□=9라면 5[9]7>574 (○)

10 (1) 962 < 963
└2<3┘
(2) 789 > 786
└9>6┘

11 ㉠ 458 ㉡ 457 ⇨ 458>457

12 398>391이므로 391을 들고 있는 사람이 먼저 살 수 있습니다.

STEP 3 단원 마무리 평가 28~30쪽

1 537
2 (1) 700 (2) 9
3 사백칠십팔
4 (1) 300 (2) 547
5 431, 531, 631, 731
6 680, 681, 683
7 496
8 216, 이백십육
9 (위부터) 1, 2, 4 ; 1, 1, 14
10 (1) 400 (2) 90
11 (1) < (2) >
12 200, 400, 800
13

141	142	143	144	145	146	147
148	149	150	151	152	153	154
155	156	157	158	159	160	161

14 십, 50 ; 50
15 ( )(○)
16 ⑤
17 백, 십, 6, 5, 362, 350, 영욱 ; 영욱
18 940, 930, 920, 910
19 864
20 798

1 100이 ■개, 10이 ▲개, 1이 ●개이면 ■▲● 입니다.

2 100이 ★개이면 ★00입니다.

3 4 7 8 ⇨ 사백칠십팔
4 → 사백
7 → 칠십
8 → 팔

4 (1) ■백은 ■00이라고 씁니다.
(2) ■백▲십●는 ■▲●라고 씁니다.

5 100씩 뛰어 세면 백의 자리 수가 1씩 커집니다.

6 1씩 뛰어 세면 일의 자리 수가 1씩 커집니다.

7 백의 자리 숫자가 ■, 십의 자리 숫자가 ▲, 일의 자리 숫자가 ●인 세 자리 수는 ■▲●입니다.

8 백 모형이 2개, 십 모형이 1개, 일 모형이 6개이므로 216이고 '이백십육'이라고 읽습니다.

9 124는 100이 1개, 10이 2개, 1이 4개인 수 / 100이 1개, 10이 1개, 1이 14개인 수 등 다양하게 나타낼 수 있습니다.

10 (1) <u>4</u>44에서 밑줄 친 4는 백의 자리 숫자이므로 400을 나타냅니다.
(2) 5<u>9</u>6에서 밑줄 친 9는 십의 자리 숫자이므로 90을 나타냅니다.

11 생각 열기 백의 자리, 십의 자리, 일의 자리 수를 차례로 비교합니다.
(1) 327 < 474 (3<4)
(2) 225 > 224 (5>4)

12 0부터 100씩 뛰어 세어 200, 400, 800을 찾아봅니다.

13 오른쪽으로 1씩 뛰어 셉니다.

14 서술형 가이드 풀이 과정에 들어 있는 □ 안을 모두 알맞게 채웠는지 확인합니다.

채점 기준		
	□ 안을 모두 채우고 답을 바르게 구함.	상
	□ 안을 모두 채우지 못했지만 답을 바르게 구함.	중
	□ 안을 모두 채우지 못하고 답을 잘못 구함.	하

15 400은 100이 4개인 수입니다.
200은 100이 2개인 수, 500은 100이 5개인 수이므로 400은 200보다 500에 더 가깝습니다.

16 ① 100이 6개이면 600입니다.
② 300은 100이 3개입니다.
③ 621=600+20+1
④ 487에서 십의 자리 숫자는 8입니다.

17 서술형 가이드 풀이 과정에 들어 있는 □ 안을 모두 알맞게 채웠는지 확인합니다.

채점 기준		
	□ 안을 모두 채우고 답을 바르게 구함.	상
	□ 안을 모두 채우지 못했지만 답을 바르게 구함.	중
	□ 안을 모두 채우지 못하고 답을 잘못 구함.	하

18 10씩 거꾸로 뛰어 세면 십의 자리 수가 1씩 작아집니다.

19 생각 열기 가장 큰 수부터 백의 자리, 십의 자리, 일의 자리에 놓습니다.
8>6>4 ⇨ 만들 수 있는 가장 큰 수: 864

20 민희는 키가 가장 작으므로 가장 작은 수를 골랐습니다. 798<804<817이므로 민희가 고른 수는 798입니다.

마무리 개념완성 31쪽

❶ ○ ❷ ×
❸ 9, 6 ❹ 300
❺ 100 ❻ 십, 451

2. 여러 가지 도형

STEP 1 개념 파헤치기 35쪽

1
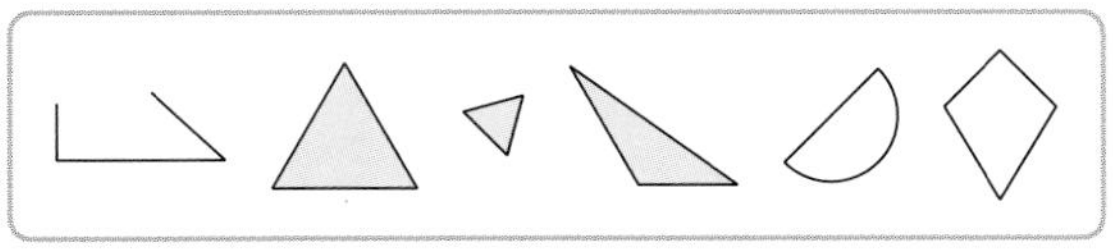

2 (1)
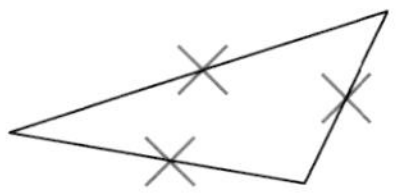
(2)
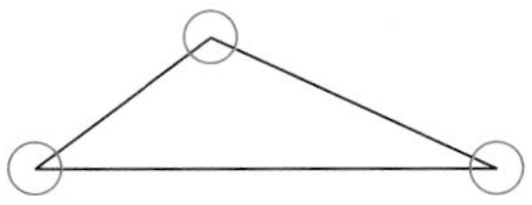

3 (1) ○ (2) ×

개념 받아쓰기 문제

삼각형, 변, 꼭짓점

2 (1) 곧은 선에 모두 ×표 합니다.
(2) 두 곧은 선이 만나는 점에 모두 ○표 합니다.

3 (2) 삼각형에는 굽은 선이 없습니다.

STEP 1 개념 파헤치기 37쪽

1
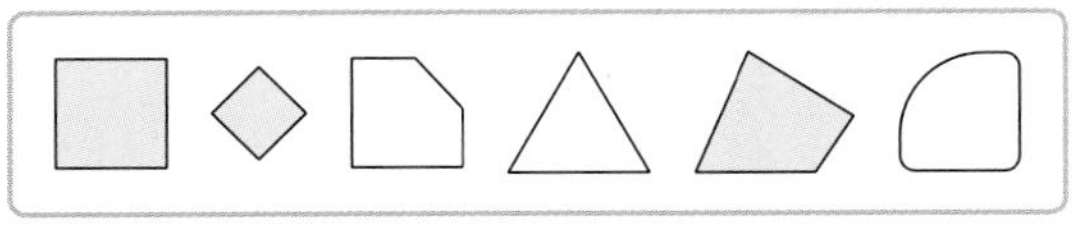

2 (1)
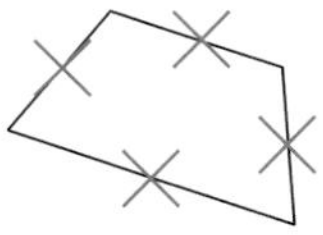
(2)
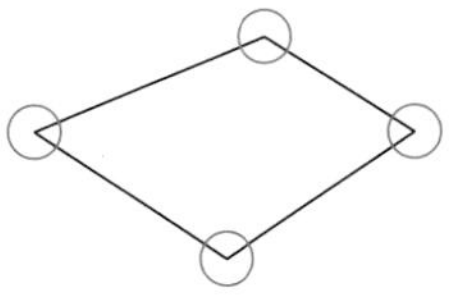

3 (1) ○ (2) ×

개념 받아쓰기 문제

사각형, 변, 꼭짓점

2 (1) 곧은 선에 모두 ×표 합니다.
(2) 두 곧은 선이 만나는 점에 모두 ○표 합니다.

3 (2) 곧은 선 2개가 만나는 점을 꼭짓점이라고 합니다.

STEP 1 개념 파헤치기 39쪽

1
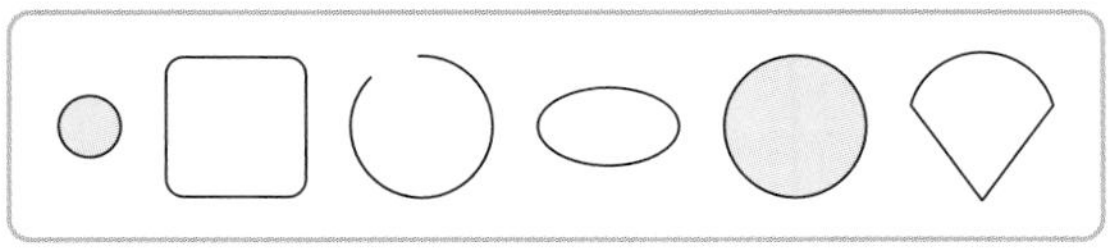

2 ( )(○)(○) **3** 원

개념 받아쓰기 문제

원

1 길쭉하거나 찌그러진 곳 없이 어느 쪽에서 보아도 완전히 둥근 모양의 도형을 찾습니다.

2 완전히 둥근 모양의 물건이 있는 물건은 시계와 동전입니다.

STEP 2 개념 확인하기 40~41쪽

개념1 3

1 (○)( )( )(○)

2 (왼쪽부터) 꼭짓점, 변

3 예
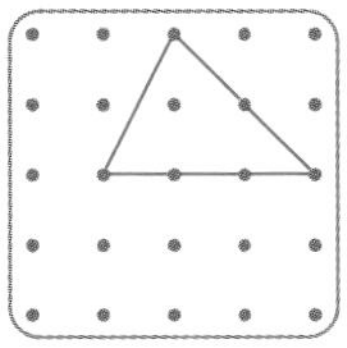

4 2개

개념2 4

5 ( )( )(○)( )

6 (왼쪽부터) 변, 꼭짓점

7 사각형

8 예
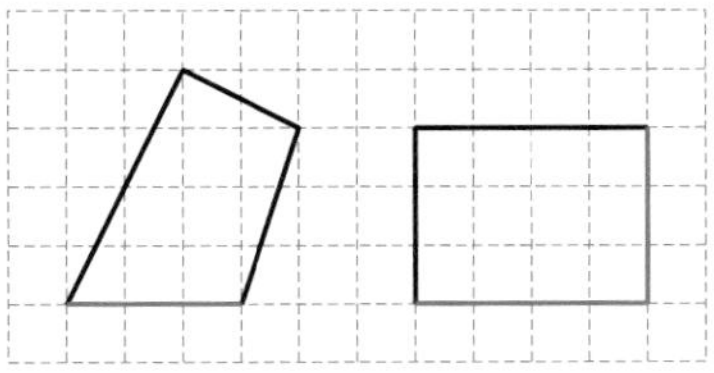

개념3 원

9 ( )( )( )(○)

10 예
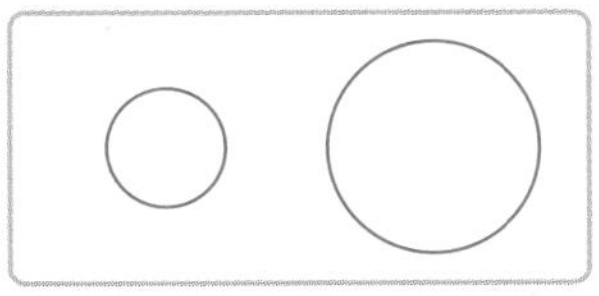

11 3개

12 (○)( )

2 뾰족한 곳을 꼭짓점, 곧은 선을 변이라고 합니다.

3 변이 3개, 꼭짓점이 3개인 도형을 그립니다.

4 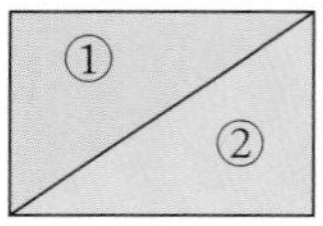

⇨ 삼각형은 ①, ②로 2개입니다.

5 변이 4개, 꼭짓점이 4개인 도형을 찾습니다.

6 곧은 선을 변, 뾰족한 곳을 꼭짓점이라고 합니다.

7 점선을 따라 자르면 사각형 4개가 생깁니다.

8 변이 4개, 꼭짓점이 4개인 도형을 그립니다.

9 길쭉하거나 찌그러진 곳 없이 어느 곳에서 보아도 완전히 둥근 모양을 찾아 ◯표 합니다.

10 연필과 물체의 끝을 잘 맞추어서 그립니다.

11 둥근 모양의 도형을 세어 보면 모두 3개입니다.

12 원은 뾰족한 부분이 없습니다.

1 STEP 개념 파헤치기 43쪽

1 (1) ①, ②, ③, ⑤, ⑦ ; ④, ⑥

(2) 예 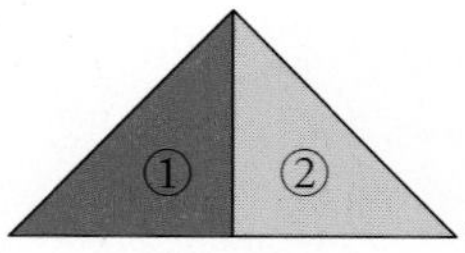

, 예 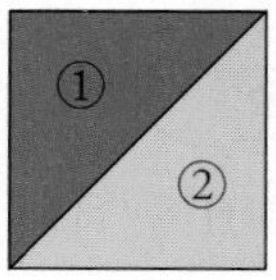

2 (1) 예 

(2) 예 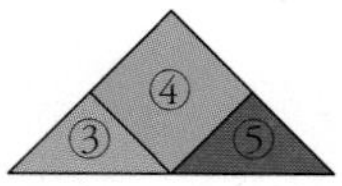

(3) 예 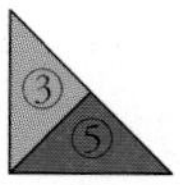

(4) 예 

1 (1) 삼각형은 ①, ②, ③, ⑤, ⑦이고, 사각형은 ④, ⑥입니다.

2 (1) ③, ⑤ 조각을 이용합니다.
(2) (③, ④, ⑤), (③, ⑤, ⑦) 등 다양한 조각을 사용해 봅니다.
(3) ③, ⑤ 조각을 이용합니다.
(4) ③, ⑤ 조각을 이용합니다.

1 STEP 개념 파헤치기 45쪽

1 (1)  (2) 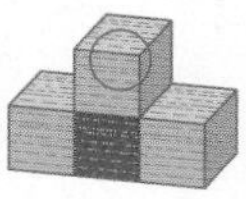

2 (1) 1, 왼 (2) 오른, 위

개념 받아쓰기 문제 뒤, 왼쪽

1 (1) 빨간색 쌓기나무를 기준으로 오른쪽에 있는 쌓기나무에 ◯표 합니다.
(2) 빨간색 쌓기나무를 기준으로 위에 있는 쌓기나무에 ◯표 합니다.

2 (1) 빨간색 쌓기나무를 기준으로 뒤와 왼쪽에 쌓기나무가 1개씩 있습니다.
(2) 빨간색 쌓기나무를 기준으로 오른쪽에 2개가 있고, 맨 오른쪽 쌓기나무 위에 1개 있습니다.

1 STEP 개념 파헤치기 47쪽

1 (◯)( )( ) 2 (1) ㉠ (2) ㉢

3 

1 두 번째 모양은 쌓기나무 5개로 만든 모양이고, 세 번째 모양은 쌓기나무 3개로 만든 모양입니다.

STEP 2 개념 확인하기 48~49쪽

개념4 ⑦ ; ⑥

1 7개

2 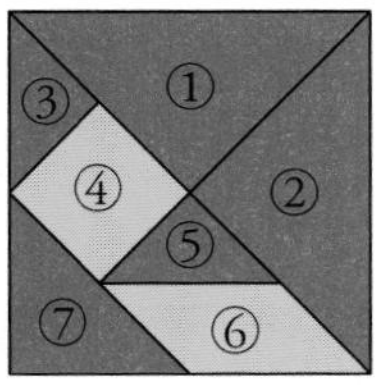

3 ×

4 예 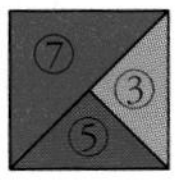

개념5 왼

5 (   )(○)

6 위

7 

개념6 4

8 

9 1층에 쌓기나무 3개를 옆으로 나란히 놓고, 맨 ~~오른쪽~~ 쌓기나무 위에 1개가 있습니다.
왼쪽

3 삼각형 조각은 ①, ②, ③, ⑤, ⑦로 모두 5개입니다.

4 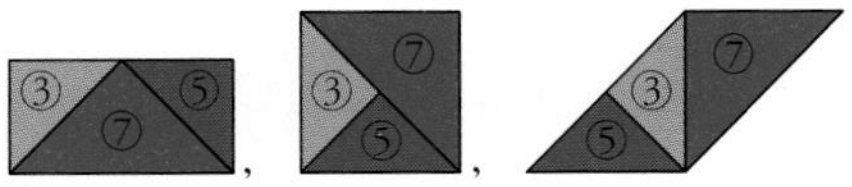

이 외에 여러 가지 방법으로 만들 수 있습니다.

5 첫 번째 모양은 빨간색 쌓기나무 왼쪽에 쌓기나무가 있고, 그 위에 쌓기나무가 1개 있습니다.

7 빨간색 쌓기나무를 기준으로 생각해 봅니다.

8 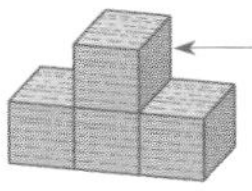

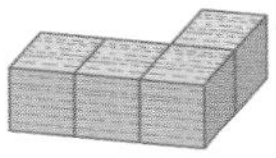

9 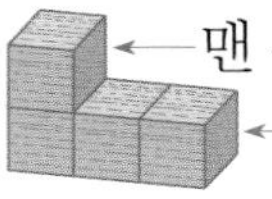

STEP 3 단원 마무리 평가 50~52쪽

1 삼각형

2 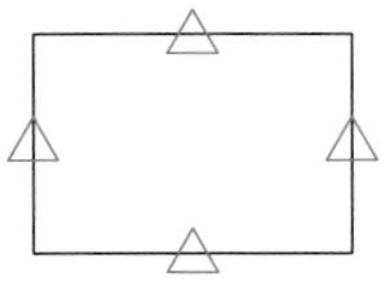

3 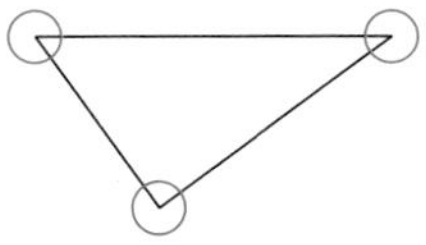

4 6개

5 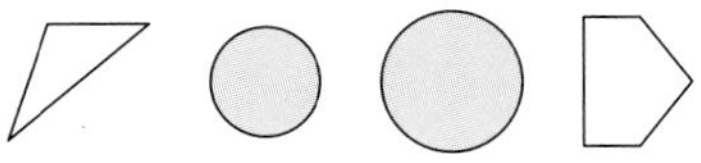

6 4, 4

7 5개

8 ×

9 예 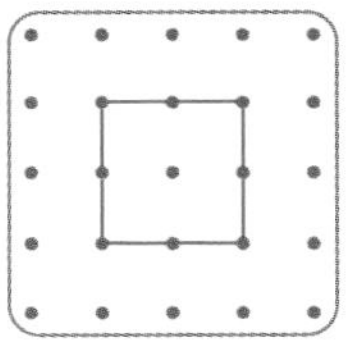

10 원, 사각형에 ○표

11 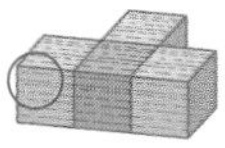

12 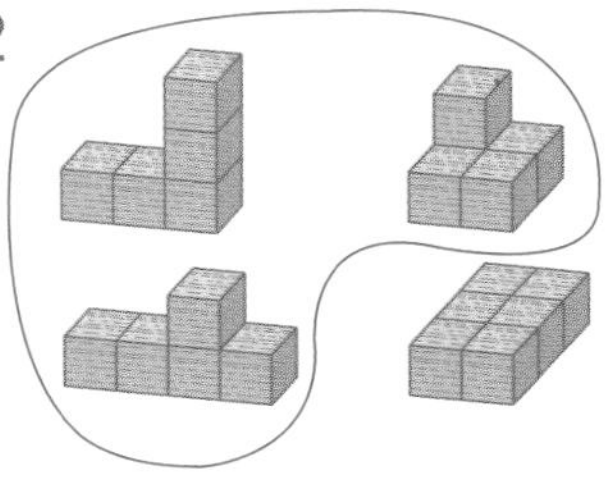

13 (○)(   )(   )

14 4, 3

15 예 

16 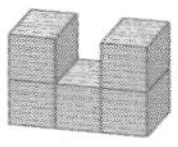에 ○표

17 사각형, 6개

18 예 크기는 다르지만 생긴 모양이 같습니다.

19 ㉣

20 

꼼꼼 풀이집

1 변과 꼭짓점이 3개인 도형을 삼각형이라고 합니다.

2 생각 열기 곧은 선에 모두 △표 합니다.
사각형에서 변은 모두 4개입니다.

3 생각 열기 두 곧은 선이 만나는 점에 모두 ◯표 합니다.
삼각형에서 꼭짓점은 모두 3개입니다.

4 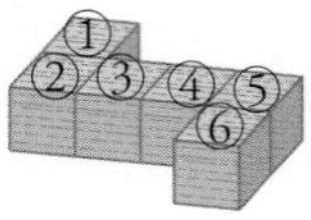

⇨ 6개

5 길쭉하거나 찌그러진 곳 없이 어느 쪽에서 보아도 똑같이 동그란 모양의 도형을 찾습니다.

6 사각형은 변과 꼭짓점이 4개입니다.

7 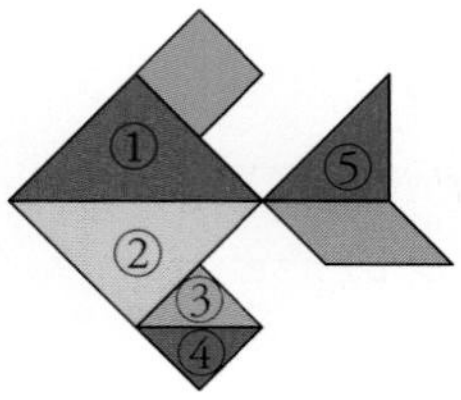

삼각형 조각의 수를 세어 보면 모두 5개입니다.

8 삼각형은 변과 꼭짓점이 3개인 도형입니다.

9 변과 꼭짓점이 4개인 도형을 그립니다.

10 원: 동그란 모양의 도형
사각형: 변과 꼭짓점이 4개인 도형

11 왼손이 있는 쪽이 왼쪽입니다.

12 
⇨ 쌓기나무 6개로 만든 모양입니다.

13 
⇨ 삼각형 두 조각을 이용하여 사각형을 만든 것입니다.

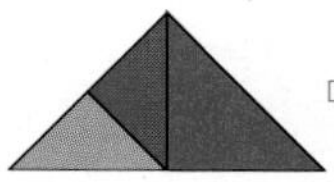
⇨ 삼각형 세 조각을 이용하여 삼각형을 만든 것입니다.

14 서술형 가이드 사각형의 뜻을 알고 있는지 확인합니다.

채점 기준	사각형이 아닌 까닭을 알고 있어 □ 안에 알맞은 수를 써넣는데 무리가 없음.	상
	사각형이 아닌 까닭을 알고 있으나 □ 안에 알맞은 수를 써넣는 데 힘듦.	중
	사각형이 아닌 까닭을 알지 못해 □ 안에 알맞은 수를 써넣지 못함.	하

15 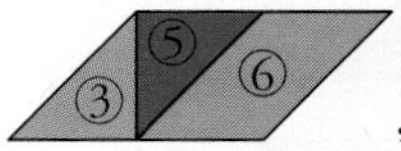

,
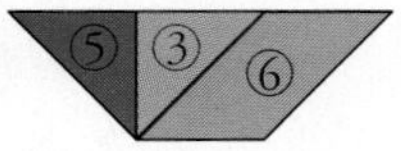

이 외에 여러 가지 방법으로 만들 수 있습니다.

16 
← 2층 양쪽 끝에 1개씩
← 1층에 3개

17 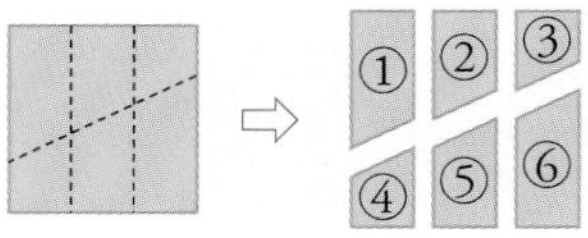

⇨ 사각형이 6개

18 서술형 가이드 원의 특징을 알고 있는지 확인합니다.

채점 기준	원의 특징을 바르게 씀.	상
	원의 특징을 썼으나 미흡함.	중
	원의 특징을 쓰지 못함.	하

19 ㉣을 ㉢의 옆으로 옮기면 오른쪽 모양과 같아집니다.

20 도형에 맞게 정해진 색으로 색칠합니다.

마무리 개념완성 53쪽

❶ (위부터) 꼭짓점, 변
❷ 4
❸ 원
❹ ×
❺ ◯

❹ ③, ④를 모두 이용하여 삼각형은 만들 수 없습니다.

3. 덧셈과 뺄셈

STEP 1 개념 파헤치기 57쪽

1 21, 22, 23 / 23　2 (1) 43 (2) 32
3 (1) 71 (2) 52　4 (1) 33 (2) 64

1 17 뒤의 수 6개를 이어 세면 18, 19, ..., 23이므로 17+6=23입니다.

2 (1) 십 모형 4개, 일 모형 3개가 되었으므로 38+5=43입니다.
(2) 십 모형 3개, 일 모형 2개가 되었으므로 29+3=32입니다.

3 (1) $\begin{array}{r} {\scriptstyle 1} \\ 67 \\ +\ \ 4 \\ \hline 71 \end{array}$　(2) $\begin{array}{r} {\scriptstyle 1} \\ 45 \\ +\ \ 7 \\ \hline 52 \end{array}$

4 (1) $\begin{array}{r} {\scriptstyle 1} \\ 24 \\ +\ \ 9 \\ \hline 33 \end{array}$　(2) $\begin{array}{r} {\scriptstyle 1} \\ 56 \\ +\ \ 8 \\ \hline 64 \end{array}$

STEP 1 개념 파헤치기 59쪽

1 13
2 (1) 7, 50, 62 / 7, 5 (2) 5, 5, 62 / 5
3 (1) 42+49=40+40+2+9
=80+11=91
(2) 36+58=30+50+6+8
=80+14=94

1 18을 20−2로 생각하여 계산합니다.

2 (1) 27은 20과 7로, 35는 30과 5로 가르기하여 계산합니다.
(2) 35를 30과 5로 가르기하여 계산합니다.

STEP 1 개념 파헤치기 61쪽

1 41
2 $\begin{array}{r} {\scriptstyle 1} \\ 64 \\ +\ 26 \\ \hline 0 \end{array}$ ⇨ $\begin{array}{r} {\scriptstyle 1} \\ 64 \\ +\ 26 \\ \hline 90 \end{array}$
3 (1) $\begin{array}{r} {\scriptstyle 1} \\ 76 \\ +\ 14 \\ \hline 90 \end{array}$　(2) $\begin{array}{r} {\scriptstyle 1} \\ 49 \\ +\ 25 \\ \hline 74 \end{array}$　(3) $\begin{array}{r} {\scriptstyle 1} \\ 45 \\ +\ 36 \\ \hline 81 \end{array}$

개념 받아쓰기 문제
(위부터) 1, 5, 65

1 일 모형 11개는 십 모형 1개, 일 모형 1개로 바꿀 수 있으므로 수 모형은 모두 십 모형 4개, 일 모형 1개가 됩니다. ⇨ 27+14=41

3 (1) 일의 자리: 6+4=10 → 0
십의 자리: 1+7+1=9
(2) 일의 자리: 9+5=14 → 4
십의 자리: 1+4+2=7
(3) 일의 자리: 5+6=11 → 1
십의 자리: 1+4+3=8

STEP 2 개념 확인하기 62~63쪽

개념1 5
1 예 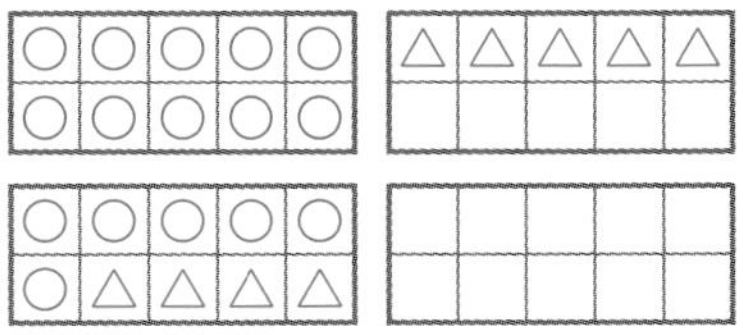 , 25
2 32　3 80　4 31권
개념2 6, 4
5 30, 6, 30　6 2, 60, 72
개념3 7
7 3, 5, 3　8 (1) 70 (2) 84
9 　10 71개

1 △를 9개 그리고 덧셈을 합니다.

2 십 모형 3개, 일 모형 2개가 되었으므로 29+3=32입니다.

3

$$\begin{array}{r} {}^{1} \\ 7\,3 \\ +\,7 \\ \hline 8\,0 \end{array}$$

일의 자리 수의 합이 10이므로 십의 자리로 1을 받아올림합니다.

4 (준희가 읽은 책 수)
=(동화책 수)+(만화책 수)
=22+9=31(권)

6 14를 2와 12로 가르기하여 계산합니다.

7 일 모형끼리 더하면 13개가 됩니다.
일 모형 13개는 십 모형 1개, 일 모형 3개로 바꿀 수 있으므로 수 모형은 모두 십 모형 5개, 일 모형 3개가 됩니다.
⇨ 35+18=53

8 (1) 일의 자리: 3+7=10 → 0
십의 자리: 1+3+3=7
(2) 일의 자리: 6+8=14 → 4
십의 자리: 1+6+1=8

9 35+19=54, 17+33=50
21+29=50, 28+26=54

10 24+47=71(개)

STEP 1 개념 파헤치기 65쪽

1

$$\begin{array}{r} 5\,4 \\ +\,7\,1 \\ \hline \boxed{5} \end{array} \Rightarrow \begin{array}{r} \boxed{1} \\ 5\,4 \\ +\,7\,1 \\ \hline \boxed{1}\boxed{2}\boxed{5} \end{array}$$

2 (1)

$$\begin{array}{r} \boxed{1} \\ 3\,2 \\ +\,8\,7 \\ \hline \boxed{1}\boxed{1}\boxed{9} \end{array}$$

(2)

$$\begin{array}{r} \boxed{1} \\ 1\,9 \\ +\,9\,0 \\ \hline \boxed{1}\boxed{0}\boxed{9} \end{array}$$

(3)

$$\begin{array}{r} \boxed{1} \\ 9\,5 \\ +\,4\,3 \\ \hline \boxed{1}\boxed{3}\boxed{8} \end{array}$$

3 (1) 126 (2) 139

개념 받아쓰기 문제

(위부터) 1, 7, 2, 127

1 일 모형을 더하면 5개가 되고, 십 모형을 더하면 12개가 됩니다.
십 모형 12개는 백 모형 1개, 십 모형 2개로 바꿀 수 있으므로 수 모형은 모두 백 모형 1개, 십 모형 2개, 일 모형 5개입니다.
⇨ 54+71=125

2 (1) 일의 자리: 2+7=9
십의 자리: 3+8=11 → 1
백의 자리: 1
(2) 일의 자리: 9+0=9
십의 자리: 1+9=10 → 0
백의 자리: 1
(3) 일의 자리: 5+3=8
십의 자리: 9+4=13 → 3
백의 자리: 1

3 (1)

$$\begin{array}{r} {}^{1} \\ 8\,5 \\ +\,4\,1 \\ \hline 1\,2\,6 \end{array}$$

(2)

$$\begin{array}{r} {}^{1} \\ 9\,4 \\ +\,4\,5 \\ \hline 1\,3\,9 \end{array}$$

1 STEP 개념 파헤치기 67쪽

1
```
  1          1 1
  6 9        6 9
+ 6 3  ⇨   + 6 3
    2      1 3 2
```

2 (1)
```
  1 1
  4 7
+ 7 3
1 2 0
```
(2)
```
  1 1
  8 6
+ 3 5
1 2 1
```
(3)
```
  1 1
  8 2
+ 8 8
1 7 0
```

3 (1) 121 (2) 124

개념 받아쓰기 문제

(위부터) 1, 3, 130

2 STEP 개념 확인하기 68~69쪽

개념4 4

1 127
2 (1) 128 (2) 119
3 116
4 168
5 <
6 128번

개념5 1

7 (1) 140 (2) 193
8 153
9 151
10
```
  9 5
+ 2 7
1 2 2
```
11 >
12 (위부터) 7, 4

---

1 • 일 모형을 더하면 12개
→ 십 모형 1개와 일 모형 2개
• 십 모형을 더하면 13개
→ 백 모형 1개와 십 모형 3개
⇨ 69+63=132

2 (1) 일의 자리: 7+3=10 → 0
십의 자리: 1+4+7=12 → 2
백의 자리: 1
(2) 일의 자리: 6+5=11 → 1
십의 자리: 1+8+3=12 → 2
백의 자리: 1
(3) 일의 자리: 2+8=10 → 0
십의 자리: 1+8+8=17 → 7
백의 자리: 1

3 (1)
```
  1 1
  6 6
+ 5 5
1 2 1
```
(2)
```
  1 1
  7 8
+ 4 6
1 2 4
```

---

1 일 모형을 더하면 7개가 되고, 십 모형을 더하면 12개가 됩니다.
십 모형 12개는 백 모형 1개, 십 모형 2개로 바꿀 수 있으므로 수 모형은 모두 백 모형 1개, 십 모형 2개, 일 모형 7개입니다.
⇨ 64+63=127

2 (1) 일의 자리: 8+0=8
십의 자리: 7+5=12 → 2
백의 자리: 1
(2) 일의 자리: 6+3=9
십의 자리: 8+3=11 → 1
백의 자리: 1

3
```
  1
  5 2
+ 6 4
1 1 6
```

4
```
  1
  7 2
+ 9 6
1 6 8
```

5 84+53=137, 76+63=139
⇨ 137<139

6 62+66=128(번)

7 (1) 일의 자리: 6+4=10 → 0
십의 자리: 1+5+8=14 → 4
백의 자리: 1
(2) 일의 자리: 7+6=13 → 3
십의 자리: 1+9+9=19 → 9
백의 자리: 1

8 $\begin{array}{r} {\scriptstyle 1\ 1\ } \\ 74 \\ +\ 79 \\ \hline 153 \end{array}$

9 $\begin{array}{r} {\scriptstyle 1\ 1\ } \\ 85 \\ +\ 66 \\ \hline 151 \end{array}$

10 일의 자리에서 받아올림을 하지 않고 계산했습니다.

11 57+54=111, 68+42=110
⇨ 111>110

12 $\begin{array}{r} 5\ ㉠ \\ +\ ㉡\ 4 \\ \hline 1\ 0\ 1 \end{array}$

• ㉠+4=11
⇨ 7+4=11, ㉠=7
• 1+5+㉡=10, 6+㉡=10
⇨ 6+4=10, ㉡=4

STEP 1 개념 파헤치기 71쪽

1 19, 20, 21 / 19　2 (1) 17 (2) 23
3 (1) 56 (2) 86　4 (1) 26 (2) 36

1 24 앞의 수 5개를 거꾸로 세면 23, 22, ..., 19 이므로 24−5=19입니다.

2 (1) 십 모형 1개와 일 모형 7개가 남았으므로 25−8=17입니다.
(2) 십 모형 2개와 일 모형 3개가 남았으므로 31−8=23입니다.

3 (1) $\begin{array}{r} {\scriptstyle 5\ 10} \\ \cancel{6}\ 4 \\ -\ \ 8 \\ \hline 5\ 6 \end{array}$ (2) $\begin{array}{r} {\scriptstyle 8\ 10} \\ \cancel{9}\ 0 \\ -\ \ 4 \\ \hline 8\ 6 \end{array}$

4 (1) $\begin{array}{r} {\scriptstyle 2\ 10} \\ \cancel{3}\ 5 \\ -\ \ 9 \\ \hline 2\ 6 \end{array}$ (2) $\begin{array}{r} {\scriptstyle 3\ 10} \\ \cancel{4}\ 1 \\ -\ \ 5 \\ \hline 3\ 6 \end{array}$

STEP 1 개념 파헤치기 73쪽

1 80, 11
2 (1) 7, 30, 23 / 7 (2) 3, 3, 23 / 3
3 (1) 40−12=40−10−2
=30−2=28
(2) 70−55=70−50−5
=20−5=15

1 90−79를 91−80으로 생각하여 계산합니다.

2 (1) 37을 30+7로 생각하여 계산합니다.
(2) 37을 40으로 생각하여 40을 뺀 다음 3을 더하여 계산합니다.

STEP 1 개념 파헤치기 75쪽

1 $\begin{array}{r} {\scriptstyle 2\ 10} \\ \cancel{3}\ 0 \\ -\ 1\ 3 \\ \hline 7 \end{array}$ ⇨ $\begin{array}{r} {\scriptstyle 2\ 10} \\ \cancel{3}\ 0 \\ -\ 1\ 3 \\ \hline 1\ 7 \end{array}$

2 (1) $\begin{array}{r} {\scriptstyle 8\ 10} \\ \cancel{9}\ 0 \\ -\ 2\ 7 \\ \hline 6\ 3 \end{array}$ (2) $\begin{array}{r} {\scriptstyle 5\ 10} \\ \cancel{6}\ 0 \\ -\ 5\ 2 \\ \hline 8 \end{array}$ (3) $\begin{array}{r} {\scriptstyle 6\ 10} \\ \cancel{7}\ 0 \\ -\ 4\ 6 \\ \hline 2\ 4 \end{array}$

3 (1) 16 (2) 15

개념 받아쓰기 문제

(위부터) 3, 3, 3, 9, 29

1 음료수 캔 30개에서 13개를 빼면 17개가 남습니다.
⇨ 30−13=17

2 (1) 일의 자리: 10−7=3
십의 자리: 9−1−2=6
(2) 일의 자리: 10−2=8
십의 자리: 6−1−5=0
(3) 일의 자리: 10−6=4
십의 자리: 7−1−4=2

3 (1)
$$\begin{array}{r} {\scriptstyle 7\ 10} \\ \not{8}\ 0 \\ -\ 6\ 4 \\ \hline 1\ 6 \end{array}$$
(2)
$$\begin{array}{r} {\scriptstyle 2\ 10} \\ \not{3}\ 0 \\ -\ 1\ 5 \\ \hline 1\ 5 \end{array}$$

STEP 2 개념 확인하기 76~77쪽

개념6 3

1 예 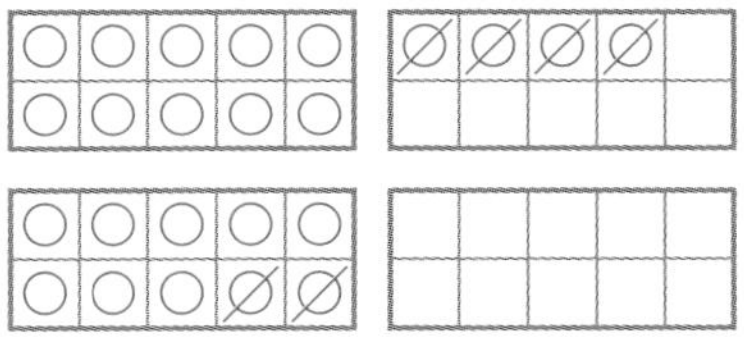 , 18

2 23
3 

개념7 5, 20

4 9, 9
5 준서
6 83, 60, 57
7 60−50+3=10+3=13

개념8 1

8 27
9 (위부터) 36, 46
10 >

1 /으로 6개를 지우고 뺄셈을 합니다.

2 십 모형 2개와 일 모형 3개가 남았으므로 31−8=23입니다.

3 56−7=49, 53−9=44

4 19를 10과 9로 가르기하는 방법입니다.

5 지우: 18을 빼야 하는데 20을 빼면 2를 더 뺀 것이므로 60에서 20을 뺀 다음 2를 더해야 합니다.
준서: 60을 50과 10으로 가르기하고 18을 10과 8로 가르기하여 계산하는 방법입니다.

6 일의 자리 수를 같게 하는 방법입니다.

7 47을 빼야 하는데 50을 빼면 3을 더 뺀 것이므로 60에서 50을 뺀 다음 3을 더해야 합니다.

8 십 모형 2개, 일 모형 7개가 남았으므로 40−13=27입니다.

9 50−14=36, 60−14=46

10 70−54=16, 80−65=15
⇨ 16>15

STEP 1 개념 파헤치기 79쪽

1
$$\begin{array}{r} \boxed{3}\ \boxed{10} \\ \not{4}\ \ 4 \\ -\ 2\ \ 8 \\ \hline \boxed{6} \end{array} \Rightarrow \begin{array}{r} \boxed{3}\ \boxed{10} \\ \not{4}\ \ 4 \\ -\ 2\ \ 8 \\ \hline \boxed{1}\ \boxed{6} \end{array}$$

2 (1)
$$\begin{array}{r} \boxed{6}\ \boxed{10} \\ \not{7}\ \ 8 \\ -\ 3\ \ 9 \\ \hline \boxed{3}\ \boxed{9} \end{array}$$
(2)
$$\begin{array}{r} \boxed{7}\ \boxed{10} \\ \not{8}\ \ 4 \\ -\ 2\ \ 7 \\ \hline \boxed{5}\ \boxed{7} \end{array}$$
(3)
$$\begin{array}{r} \boxed{4}\ \boxed{10} \\ \not{5}\ \ 5 \\ -\ 3\ \ 6 \\ \hline \boxed{1}\ \boxed{9} \end{array}$$

3 (1) 18 (2) 48

개념 받아쓰기 문제

(위부터) 6, 6, 6, 7, 47

2 (1) 일의 자리: 10+8−9=9
십의 자리: 7−1−3=3
(2) 일의 자리: 10+4−7=7
십의 자리: 8−1−2=5
(3) 일의 자리: 10+5−6=9
십의 자리: 5−1−3=1

3 (1)
$$\begin{array}{r} {\scriptstyle 2\ 10} \\ \not{3}\,3 \\ -\ 1\,5 \\ \hline 1\,8 \end{array}$$
(2)
$$\begin{array}{r} {\scriptstyle 6\ 10} \\ \not{7}\,5 \\ -\ 2\,7 \\ \hline 4\,8 \end{array}$$

1 STEP 개념 파헤치기 81쪽

1 (1) (계산 순서대로) 36, 80, 80
(2) (계산 순서대로) 57, 35, 35
2 (계산 순서대로) 19, 19, 63 / 19, 63
3 (1) 64 (2) 83 **4** (1) 75 (2) 17

1 (1)
$$\begin{array}{r} 2\,1 \\ +\ 1\,5 \\ \hline 3\,6 \end{array} \rightarrow \begin{array}{r} {\scriptstyle 1} \\ 3\,6 \\ +\ 4\,4 \\ \hline 8\,0 \end{array}$$
(2)
$$\begin{array}{r} {\scriptstyle 8\ 10} \\ \not{9}\,2 \\ -\ 3\,5 \\ \hline 5\,7 \end{array} \rightarrow \begin{array}{r} 5\,7 \\ -\ 2\,2 \\ \hline 3\,5 \end{array}$$

2
$$\begin{array}{r} {\scriptstyle 2\ 10} \\ \not{3}\,2 \\ -\ 1\,3 \\ \hline 1\,9 \end{array} \rightarrow \begin{array}{r} {\scriptstyle 1} \\ 1\,9 \\ +\ 4\,4 \\ \hline 6\,3 \end{array}$$

3 (1) 58+23−17=81−17=64
(2) 42−16+57=26+57=83

4 (1) 35+22+18=57+18=75
(2) 72+14−69=86−69=17

2 STEP 개념 확인하기 82~83쪽

개념9 1
1 (1) 39 (2) 27 2 25
3 (위부터) 26, 18 4 17명
5 9년 6 (왼쪽부터) 29, 35
개념10 앞
7 (계산 순서대로) 72, 97, 97
8 (1) 91 (2) 17 9 >
10 (계산 순서대로) 57, 57, 78
11  12 67장

1 (1) 일의 자리: 10+6−7=9
십의 자리: 9−1−5=3
(2) 일의 자리: 10+5−8=7
십의 자리: 7−1−4=2

2 □=51−26=25

3 63−37=26, 63−45=18

4 73−56=17(명)

5 27−18=9(년)

6 87−58=29, 64−29=35

7 앞에서부터 순서대로 계산합니다.
⇨ 54+18+25=72+25=97

8 (1) 33+43+15=76+15=91
(2) 36+44−63=80−63=17

9 55+38−17=93−17=76
⇨ 76>75

10
$$\begin{array}{r} \overset{6\ 10}{\cancel{7}\,2} \\ -\ 1\ 5 \\ \hline 5\ 7 \end{array} \rightarrow \begin{array}{r} 5\ 7 \\ +\ 2\ 1 \\ \hline 7\ 8 \end{array}$$

11 77−12−16=65−16=49
45−38+24=7+24=31

12 80−22+9=58+9=67(장)

1 STEP 개념 파헤치기 85쪽

1 19, 19, 19　　2 23, 7 / 7, 16
3 63 / 35, 28 / 28, 35
순서는 바뀌어도 됨

개념 받아쓰기 문제

뺄셈식, 7, 7, 3

1 19+38=57 ⇨ 57−19=38, 57−38=19

2 16+7=23 ⇨ 23−16=7, 23−7=16

3 35+28=63 ⇨ 63−35=28, 63−28=35

1 STEP 개념 파헤치기 87쪽

1 29, 29, 29
2 29, 93 / 64, 93
3 59 / 26, 85 / 26, 59

개념 받아쓰기 문제

덧셈식, 8, 6

1 57−29=28 ⇨ 28+29=57, 29+28=57

2 93−29=64 ⇨ 64+29=93, 29+64=93

3 85−26=59 ⇨ 59+26=85, 26+59=85

1 STEP 개념 파헤치기 89쪽

1 19+□=26　　2 7권
3 (1) 16, 16 (2) 24, 24

개념 받아쓰기 문제

3, 9

2 19+□=26, 26−19=□, □=7이므로 동화책은 7권입니다.

3 (1) □+36=52, 52−36=□, □=16
(2) 49+□=73, 73−49=□, □=24

1 STEP 개념 파헤치기 91쪽

1 14−□=9　　2 5개
3 (1) 18, 18 (2) 25, 25

개념 받아쓰기 문제

9, 7

1 (전체 도넛 수)−(먹은 도넛 수)=(남은 도넛 수)

2 14−□=9, 14−9=□, □=5

3 (1) 45−□=27, 45−27=□, □=18
(2) 63−□=38, 63−38=□, □=25

STEP 2 개념 확인하기 92~93쪽

개념 11 39, 39

1 ( )(○)

2 56, 18, 38 / 56, 38, 18

순서는 바뀌어도 됨

3 37, 17

개념 12 27, 27

4 63, 91 / 28, 91

5 58 / 58, 94 / 58, 36, 94

6 37, 72

개념 13 덧

7 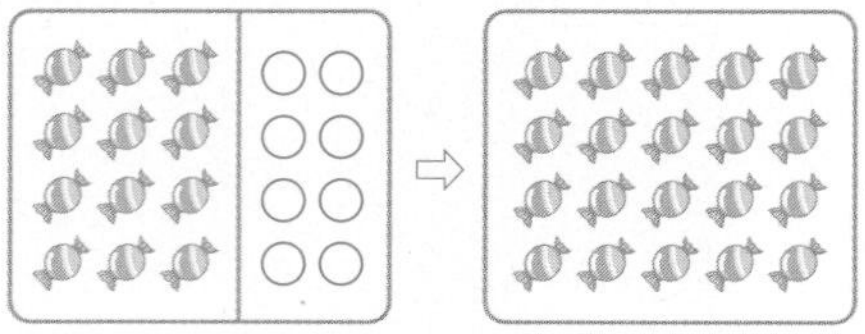 , 8

8 46

9 5번

개념 14 뺄

10 83, 83

11 53

12 □−7=33 / 40살

1 29+42=71 또는 29+42=71
71−29=42 71−42=29

2 18+38=56 또는 18+38=56
56−18=38 56−38=18

3 ㉠+17=54
54−㉡=37 ⇨ ㉠=37, ㉡=17

4 91−63=28 또는 91−63=28
28+63=91 63+28=91

5 94−58=36 또는 94−58=36
36+58=94 58+36=94

6 72−㉠=35
35+37=㉡ ⇨ ㉠=37, ㉡=72

7 12와 몇을 더해 20이 되도록 ○를 8개 그립니다.

8 □+45=91, 91−45=□, □=46

9 더 하는 윗몸 일으키기 수를 □를 사용하여 나타내면 47+□=52, 52−47=□, □=5입니다.

10 □−46=37, 37+46=□, □=83

11 80−□=27, 80−27=□, □=53

12 엄마의 나이를 □를 사용하여 나타내면 □−7=33, 33+7=□, □=40입니다.

STEP 3 단원 마무리 평가 94~96쪽

1 24

2 (1) 55 (2) 89

3 45 / 45, 27

4 14, 92 / 78, 14

5 5, 14, 54

6 102

7 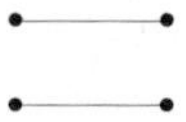

8 3, 50, 46, 16

9 <

10 108

11 26

12 28−19=9 ; 9명

13 80

14 81

15 ㉠

16 31, 34, 36 / 떡, 가, 래

17 ②

18 1

19 13−□=5 / 8개

20 38

1 40개에서 16개를 빼면 24개가 남습니다.

2 (1) 일의 자리: 7+8=15 → 5
십의 자리: 1+4=5
(2) 일의 자리: 10+3−4=9
십의 자리: 9−1=8

3 ■+▲=● → ●−■=▲, ●−▲=■

4 ■−▲=● → ●+▲=■, ▲+●=■

5 39는 30과 9로, 15는 10과 5로 가르기하여 30과 10을 더하고 9와 5를 더합니다.

6 63+39=102

7 18+25=43, 91−38=53

8 53에서 3을 빼고 또 4를 빼고 다시 30을 뺍니다.

9 91−75=16, 22−3=19 ⇨ 16<19

10 십 모형이 7개, 일 모형이 3개이므로 수 모형이 나타내는 수는 73입니다.
⇨ 73+35=108

11 37+17−28=54−28=26

12 서술형 가이드 전체 학생 수와 공을 찬 학생 수의 차를 나타내는 28−19라는 식이 들어 있어야 합니다.

채점 기준		
	식 28−19=9를 쓰고 답을 바르게 구했음.	상
	식 28−19만 썼음.	중
	식을 쓰지 못함.	하

13 73>25>18
⇨ 73−18+25=55+25=80
주의 뺄셈이 섞인 세 수의 계산은 반드시 앞에서부터 차례로 계산합니다.

14 □−27=54, 54+27=□, □=81

15 ㉠ 62, ㉡ 56, ㉢ 36 ⇨ 62>56>36

16 16+4+11=20+11=31
54−12−8=42−8=34
24+15−3=39−3=36

17 81−15=66
⇨ 6□<66이므로 □ 안에 들어갈 수 있는 가장 큰 수는 5입니다.
참고 두 자리 수의 크기 비교에서 십의 자리 숫자가 같으면 일의 자리 숫자를 비교합니다.

18 십의 자리: 7−1−□=5, □=1

19 13−□=5, 13−5=□, □=8
서술형 가이드 □를 사용한 뺄셈식을 쓰고 덧셈과 뺄셈의 관계를 이용하여 □의 값을 바르게 구했는지 확인합니다.

채점 기준		
	식 13−□=5를 쓰고 답을 바르게 구했음.	상
	식 13−□=5만 썼음.	중
	식을 쓰지 못함.	하

20 어떤 수를 □라고 하면 □+24=62, 62−24=□, □=38 .

마무리 개념완성 97쪽

❶ 2, 53
❷ ○
❸ 6, 6, 24
❹ ○
❺ ○
❻ 51, 51

❶ 38을 40−2로 생각하여 계산합니다.

❸ 19를 13과 6으로 가르기하여 계산합니다.

4. 길이 재기

1 STEP 개념 파헤치기 101쪽

1 맞대어서 비교하기 / 종이띠를 이용하여 비교하기

2 깁니다에 ○표, 짧습니다에 ○표

3 나

1 ㉠과 ㉡을 직접 맞대어 비교할 수 없으므로 종이띠를 이용하여 길이를 비교합니다.

2 종이띠로 각각 ㉠과 ㉡의 길이만큼 본뜬 다음 서로 맞대어 길이를 비교합니다.

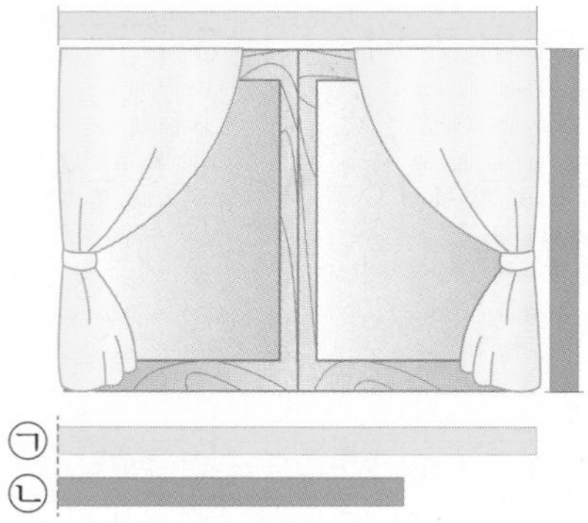

⇨ ㉠이 ㉡보다 더 깁니다.

3 가, 나, 다의 길이를 직접 맞대어 비교할 수 없으므로 종이띠로 각각 가, 나, 다의 길이만큼 본뜬 다음 서로 맞대어 길이를 비교합니다.

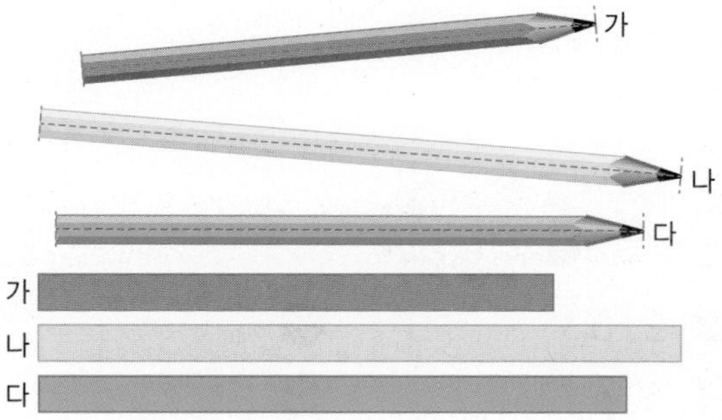

⇨ 나가 가장 깁니다.

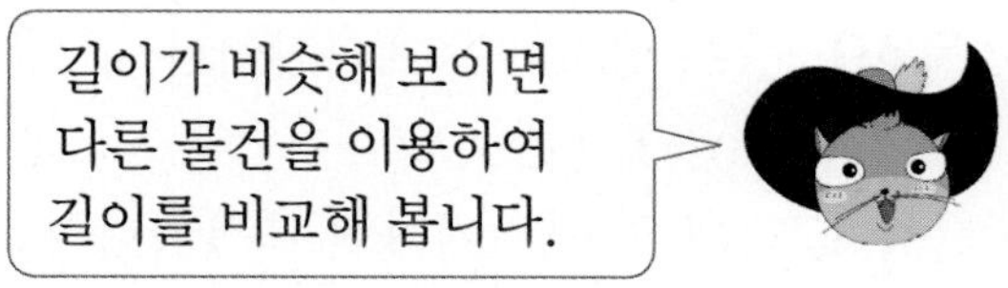

길이가 비슷해 보이면 다른 물건을 이용하여 길이를 비교해 봅니다.

1 STEP 개념 파헤치기 103쪽

1 5　　2 (　)(○)

3 정현

개념 받아쓰기 문제

뼘, 단위

1 형광등의 길이를 재어 보면 한 뼘, 두 뼘, 세 뼘, 네 뼘, 다섯 뼘입니다. ⇨ 5뼘

2 텔레비전의 긴 쪽의 길이는 클립보다 길이가 더 긴 딱풀로 재는 것이 더 편리합니다.

참고 긴 물건은 긴 단위를 사용하여 재는 것이 더 편리합니다.

3 길이를 잰 단위는 같으므로 클립으로 잰 횟수가 많을수록 색 테이프의 길이가 깁니다.
승일이와 정현이의 색 테이프의 길이를 클립으로 잰 횟수로 비교해 보면 2<5이므로 정현이가 가지고 있는 색 테이프가 더 깁니다.

1 STEP 개념 파헤치기 105쪽

1 2

2 예 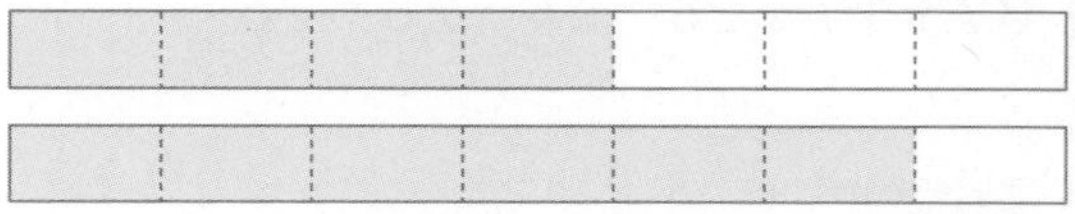

3 5

개념 받아쓰기 문제

1 cm, 1 센티미터

2 1 cm가 4번이면 4 cm입니다. ⇨ 4칸
1 cm가 6번이면 6 cm입니다. ⇨ 6칸

3 1 cm가 5번이면 5 cm입니다.

2 STEP 개념 확인하기 106~107쪽

개념1 길이

1 ×　　2 ㉠

3 다, 가, 나

개념2 많습니다에 ○표

4 4뼘　　5 5번

6 ㉡　　7 승기

개념3 센티미터, 3

8 1 cm, 1 센티미터　　9 ④

10 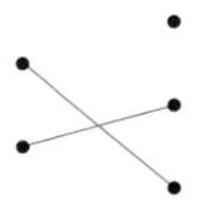　　11 3

1 ㉠과 ㉡은 직접 맞대어 비교할 수 없으므로 종이띠, 털실 등으로 각각의 길이만큼 본뜬 다음 서로 맞대어 길이를 비교합니다.

2 종이띠의 왼쪽 끝이 맞추어져 있으므로 오른쪽 끝이 더 많이 나간 ㉠의 길이가 더 깁니다.

3 나뭇잎의 길이만큼 종이띠를 본뜬 다음 서로 맞대어 길이를 비교합니다.

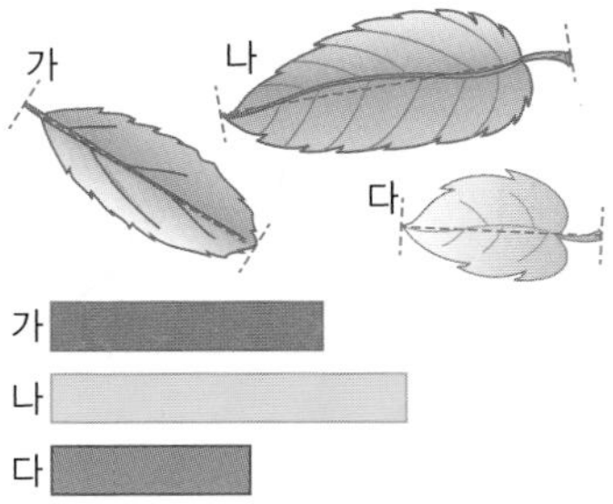

⇨ 길이가 짧은 것부터 순서대로 쓰면 다, 가, 나입니다.

4 막대는 뼘으로 4번 잰 길이와 같으므로 4뼘입니다.

5 볼펜은 연필보다 클립 1번만큼 더 깁니다.
따라서 볼펜은 클립으로 5번입니다.

6 ㉠은 클립 3개, ㉡은 클립 5개, ㉢은 클립 4개를 이었으므로 가장 길게 이은 것은 ㉡입니다.

7 뼘과 수학익힘책 중에서 수학익힘책의 길이가 더 깁니다. 우산을 모두 4번씩 재었으므로 수학익힘책의 긴 쪽으로 4번 잰 승기의 우산이 가장 깁니다.

8 자에 있는 큰 눈금 한 칸의 길이를 1 cm라고 씁니다.
1 cm는 1 센티미터라고 읽습니다.

9 수는 크게 쓰고 cm는 작게 씁니다.

10 1 cm가 9번 ⇨ 9 cm, 1 cm가 3번 ⇨ 3 cm

11 1층에 쌓기나무 3개를 옆으로 나란히 놓았으므로 □ cm는 1 cm가 3번입니다. ⇨ □=3

1 STEP 개념 파헤치기 109쪽

1 ×　　**2** (1) 5 cm (2) 6 cm

3 6

개념 받아쓰기 문제

4	c	m

1 자의 눈금 0에 바늘의 한끝을 맞추어야 합니다.

2 (1) 머리핀의 한끝이 자의 눈금 0에 맞추어져 있으므로 다른 끝이 가리키는 눈금을 읽으면 5 cm입니다.
(2) 손톱깎이의 한끝이 자의 눈금 0에 맞추어져 있으므로 다른 끝이 가리키는 눈금을 읽으면 6 cm입니다.

3 3부터 9까지 1 cm가 6번 들어가므로 6 cm입니다.

STEP 1 개념 파헤치기 111쪽

1 5, 5 **2** (1) 6 (2) 6

3 약 9 cm

개념 받아쓰기 문제

4 cm, 약

1 5 cm에 가깝기 때문에 열쇠의 길이는 약 5 cm입니다.

2 나뭇잎의 길이는 1 cm가 6번인 길이에 가깝기 때문에 약 6 cm입니다.

3 9 cm에 가깝기 때문에 막대의 길이는 약 9 cm입니다.

STEP 1 개념 파헤치기 113쪽

1 예 약 8 cm, 8 cm **2** (1) 4, 5 (2) 은수

3 준호

개념 받아쓰기 문제

약, 어림

1 머릿속에 1 cm를 떠올리면서 길이를 어림하고, 자로 재어 봅니다.

참고 어림한 길이를 말할 때에는 약을 붙여서 말합니다.

어림한 길이는 정확한 값이 아니므로 어느 정도 비슷하게 어림했으면 정답으로 인정합니다.

2 은수의 종이띠가 진수의 종이띠보다 6 cm에 더 가깝습니다.

3 은서(3 cm)>준호(1 cm)이므로 준호가 더 가깝게 어림하였습니다.

STEP 2 개념 확인하기 114~115쪽

개념4 0

1 ㉢ 2 8 cm

3 4 cm 4 6 cm

5 7

개념5 약

6 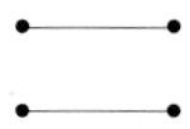 7 ( )(○)

8 7 9 약 6 cm

개념6 약

10 예 약 6 cm, 6 cm

11 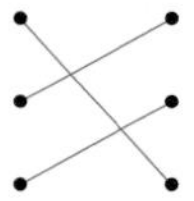 12 진희

1 색 테이프의 한끝을 자의 눈금 0에 맞추어야 합니다.

2 생각 열기 물건의 한끝을 자의 눈금 0에 맞추고 다른 끝에 있는 자의 눈금(★)을 읽으면 길이는 ★ cm입니다.

숟가락의 한끝이 자의 눈금 0에 맞추어져 있으므로 다른 끝이 가리키는 눈금을 읽으면 8 cm입니다.

3 가장 짧은 연필(가운데 있는 연필)의 길이를 재어 보면 4 cm입니다.

4 초콜릿은 자의 눈금 3부터 9까지 1 cm가 6번 들어가므로 초콜릿의 길이는 6 cm입니다.
다른 풀이 초콜릿의 한끝이 3, 다른 끝이 9이므로 초콜릿의 길이는 9−3=6 (cm)입니다.

5 5 cm: 1 cm가 5번 들어갑니다.
눈금 2에서 1씩 5번 뛰어 세면 ㉠은 7입니다.

6 (1) 3 cm에 가깝기 때문에 약 3 cm입니다.
(2) 5 cm에 가깝기 때문에 약 5 cm입니다.

7 과자의 길이가 8 cm에 더 가깝기 때문에 약 8 cm입니다.
⇨ 거북이 과자의 길이를 바르게 말했습니다.

8 자로 재어 보면 7 cm에 더 가깝기 때문에 막대 사탕의 길이는 약 7 cm입니다.

9 나사의 한끝은 자의 눈금 1에 맞추어져 있고 다른 끝은 7에 가깝습니다.
⇨ 나사의 길이는 1 cm로 6번 정도이므로 약 6 cm입니다.

10 머릿속에 1 cm를 떠올리면서 길이를 어림하고, 자로 재어 봅니다.

11 (1) 땅콩의 실제 길이는 엄지손톱 길이쯤이므로 약 1 cm입니다.
(2) 필통의 실제 길이는 필통은 연필보다 길어야 하므로 약 20 cm입니다.
(3) 지우개의 실제 길이는 약 6 cm입니다.

12 생각 열기 실제 길이와 어림한 길이의 차가 작을수록 더 가깝게 어림한 것입니다.
실제 길이와 어림한 길이의 차를 구해 보면 진희는 7−6=1 (cm), 정수는 9−7=2 (cm)입니다.
⇨ 차가 더 작은 진희가 더 가깝게 어림하였습니다.

3 STEP 단원 마무리 평가 116~118쪽

1 형인
2 3뼘
3 ②
4 130 cm
5 4 cm
6 창용
7 21 cm
8 2개
9 ㉢
10 예 약 5 cm, 5 cm
11
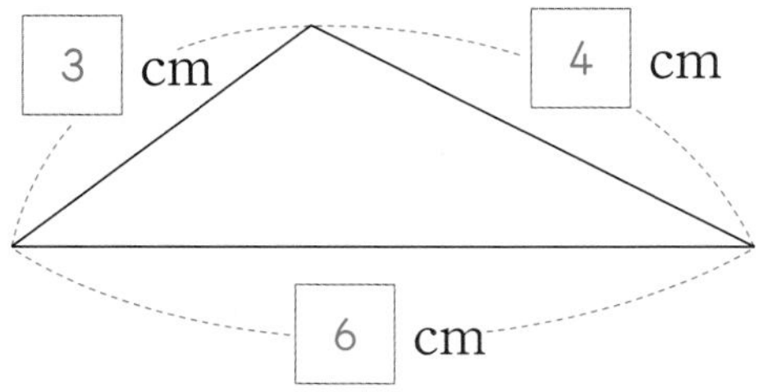

12 ㉡
13
14 ④
15 3 cm
16 ㉠, 2
17 7, 5, 2 ; 2 cm
18 ㉢
19 2 cm
20 30, 25, 5, 31, 30, 1, 민서 ; 민서

1 숫자는 크게, cm는 작게 씁니다.

2 빨대는 뼘으로 3번 잰 길이와 같으므로 3뼘입니다.

3 클립의 한끝이 눈금 0에 오도록 맞추어야 하므로 ㉠ 부분을 ②에 맞춥니다.

4 초등학교 2학년인 재영이의 키로 알맞은 것은 130 cm입니다.

5 곤충은 자의 눈금 1부터 5까지 1 cm가 4번 들어가므로 곤충의 길이는 4 cm입니다.
다른 풀이 곤충의 한끝이 1, 다른 끝이 5이므로 곤충의 길이는 5−1=4 (cm)입니다.

6 5 cm에 가깝기 때문에 나뭇잎의 길이는 약 5 cm입니다.

7 필통의 길이는 7+7+7=21 (cm)입니다.

8 지우개보다 길이가 짧은 것은 클립, 우표입니다.
⇨ 2개

9 ㉠ 4 cm, ㉡ 1 cm가 4번 ⇨ 4 cm

10 어림한 길이를 말할 때는 약을 붙여서 말합니다.

11 변의 한끝을 자의 눈금 0에 맞추고 다른 끝이 가리키는 눈금을 읽습니다.

12 길이를 잰 단위는 같으므로 리코더로 잰 횟수가 많을수록 끈의 길이가 깁니다.
끈 ㉠과 ㉡의 길이를 리코더로 잰 횟수로 비교해 보면 5>3이므로 끈 ㉡이 더 짧습니다.

13 색연필의 길이는 6 cm이므로 점선 위에 6 cm인 선을 긋습니다.

14 생각 열기 약 6 cm이므로 막대의 한끝을 자의 눈금 0에 맞추었을 때 다른 끝이 눈금 6과 가까운 막대를 찾으면 됩니다.
① 약 4 cm ② 약 4 cm ③ 약 5 cm
④ 약 6 cm ⑤ 약 7 cm

15 자의 눈금 7부터 10까지 1 cm가 3번 들어가므로 3 cm까지 잴 수 있습니다.
참고 자의 맨 왼쪽 눈금과 맨 오른쪽 눈금을 먼저 알아보고 1 cm가 몇 번 들어갈 수 있는지 구해 봅니다.

16 자를 사용하여 가장 짧은 리본 ㉠의 길이를 재면 2 cm입니다.

17 가장 긴 리본: ㉣(7 cm)
두 번째로 긴 리본: ㉢(5 cm)
⇨ ㉣−㉢=7−5=2 (cm)
서술형 가이드 가장 긴 리본과 두 번째로 긴 리본의 길이를 재어 차를 바르게 구했는지 확인합니다.

채점 기준		
	□ 안에 알맞은 수를 쓰고 답을 바르게 구했음.	상
	□ 안에 알맞은 수를 일부만 썼음.	중
	□ 안에 알맞은 수를 쓰지 못함.	하

18 ㉠ 4 cm
㉡ 1 cm가 4번 ⇨ 4 cm
㉢ 1 cm가 3번 ⇨ 3 cm
㉣ 1 cm가 4번 ⇨ 4 cm
다른 풀이 ㉠ 4−0=4 (cm) ㉡ 5−1=4 (cm)
㉢ 7−4=3 (cm) ㉣ 6−2=4 (cm)

19 ㉠은 1 cm가 4번이므로 4 cm이고, ㉡은 1 cm가 6번이므로 6 cm입니다.
⇨ ㉡−㉠=6−4=2 (cm)

20 서술형 가이드 경화와 민서가 각각 어림한 길이와 실제 길이의 차를 구한 후 더 가깝게 어림한 사람(=차가 더 작은 사람)을 바르게 찾았는지 확인합니다.

채점 기준		
	□ 안에 알맞은 수를 쓰고 답을 바르게 구했음.	상
	□ 안에 알맞은 수를 일부만 썼음.	중
	□ 안에 알맞은 수를 쓰지 못함.	하

마무리 개념완성 119쪽

❶ ×
❷ 4
❸ ○
❹ 센티미터
❺ 5

❶ 단위의 길이가 재려는 길이보다 더 길면 길이를 잴 수 없습니다.
⇨ 동화책의 긴 쪽의 길이를 잴 수 있는 단위로 지우개가 더 알맞습니다.

5. 분류하기

1 STEP 개념 파헤치기 123쪽

1 (　)
(○)
(　)

2 (　)(○)(　)
3 색깔에 ○표

개념 받아쓰기 문제 기준

1 누가 분류하더라도 같은 결과가 나오는 기준을 정해야 합니다.

2 첫 번째 풍선은 모양과 크기가 같으므로 색깔에 따라 분류할 수 있습니다.
두 번째는 삼각형 모양, 사각형 모양, 원 모양으로 분류할 수 있습니다.
세 번째는 별은 모양과 크기가 같으므로 색깔에 따라 분류할 수 있습니다.

3 모양은 모두 달라서 기준이 될 수 없습니다.
색깔(노란색, 분홍색, 파란색)에 따라 분류할 수 있습니다.

1 STEP 개념 파헤치기 125쪽

1 닭, 독수리, 타조 ; 돼지, 사자, 하마
2 필통, 가방 ; 케이크 ; 구슬
3 사전, 케이크, 가방 ; 통조림, 필통 ; 테니스공, 구슬

1 다리가 2개인 동물 ⇨ 오리, 닭, 독수리, 타조
다리가 4개인 동물 ⇨ 개, 돼지, 사자, 하마

2 물건을 모양에 따라 분류합니다.

3 물건을 색깔에 따라 분류합니다.

1 STEP 개념 파헤치기 127쪽

1 모양, 색깔에 ○표

2 예

분류 기준	색깔

파란색	초록색	빨간색
①, ⑥, ⑨, ⑬	②, ④, ⑩, ⑫, ⑭	③, ⑤, ⑦, ⑧, ⑪

3 ㉤

개념 받아쓰기 문제 색깔

2 단추의 모양에 따라 사각형, 원, 삼각형으로 분류할 수도 있습니다.

3 윗옷, 아래옷, 양말로 분류하여 정리했습니다. 따라서 ㉤을 잘못 분류했습니다.

1 STEP 개념 파헤치기 129쪽

1

분류 기준	종류

종류	연필	가위	지우개
세면서 표시하기	卌 卌	卌 卌	卌 卌
수(개)	5	7	2

2

분류 기준	색깔

색깔	빨간색	보라색	파란색
세면서 표시하기	卌 卌	卌 卌	卌 卌
수(개)	6	5	3

개념 받아쓰기 문제 卌, 3 개

꼼꼼 풀이집

1 물건의 종류는 연필, 가위, 지우개가 있습니다. 물건의 종류별로 /를 표시하면서 수를 세어 씁니다.

2 물건의 색깔은 빨간색, 보라색, 파란색이 있습니다. 물건의 색깔별로 /를 표시하면서 수를 세어 씁니다.

STEP 1 개념 파헤치기 131쪽

1

종류	블록	자동차	로봇	인형
학생 수(명)	5	4	2	3

2 블록　　**3** 3가지

개념 받아쓰기 문제

농구, 4

1 장난감의 종류는 블록, 자동차, 로봇, 인형이 있습니다. 각 종류별로 ∨, ◯, × 등과 같은 다양한 기호를 사용하여 빠뜨리거나 중복되지 않도록 수를 세어 씁니다.

2 5>4>3>2이므로 블록을 가장 많이 준비해야 합니다.

3 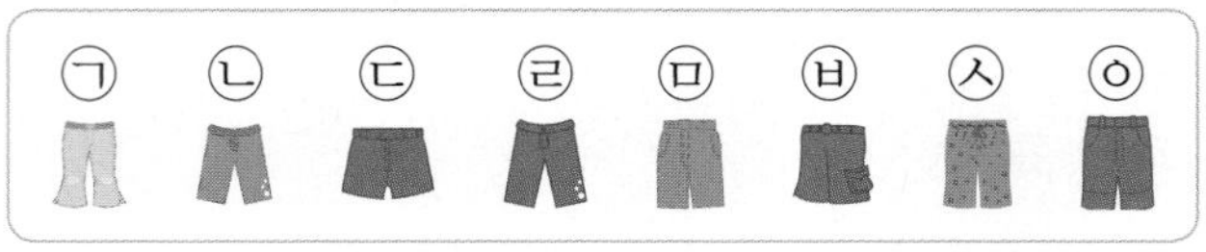

노란색: ㉠
빨간색: ㉡, ㉤, ㉦
파란색: ㉢, ㉣, ㉥, ㉧
⇨ 3가지로 분류할 수 있습니다.

STEP 2 개념 확인하기 132~133쪽

1 색깔에 ◯표
2 모양에 ◯표
3 (　)
(◯)
4 ①, ③, ④, ⑤, ⑧ ; ②, ⑥, ⑦
5 ①, ⑤, ⑦ ; ②, ④, ⑥, ⑧ ; ③
6 ①, ②, ⑤, ⑦, ⑧ ; ③, ④, ⑥
7 ㉬

분류 기준	색깔

노란색	상자, 양초
파란색	주사위, 음료수 캔, 구슬
빨간색	탁구공, 캐러멜

8 ㉬ 모양
9 3, 5
10 4, 4, 4, 3
11 6, 4, 5
12 하늘

1 반지의 모양은 같습니다.
색깔에 따라 은색과 금색으로 분류하였습니다.

2 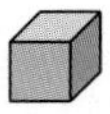 모양과  모양으로 분류하였습니다.

3 무서운 것과 무섭지 않은 것은 사람에 따라 다를 수 있으므로 분류 기준으로 알맞지 않습니다.
참고 분류를 할 때에는 누구나 같은 결과가 나올 수 있는 분명한 기준에 따라 분류해야 합니다.

4 빨간색, 노란색 바구니로 분류합니다.

5  모양의 바구니로 분류합니다.

6 바구니의 손잡이가 1개, 2개인 바구니로 분류합니다.

7 모양에 따라 분류할 수도 있습니다.

예)

분류 기준	모양

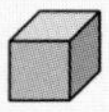	상자, 주사위, 캐러멜
	음료수 캔, 양초
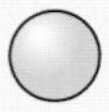	탁구공, 구슬

9 지폐: 5000원짜리 1장, 1000원짜리 2장
⇨ 3장
동전: 100원짜리 2개, 10원짜리 3개
⇨ 5개

10 ◇, ☆, △, ○ 모양이 각각 몇 개인지 세어 봅니다.

12 냉장고에 사과가 6개로 가장 많습니다.

3 STEP 단원 마무리 평가 134~136쪽

1 (○)( )
2 색깔에 ○표
3 모양에 ○표
4 ㉠
5 ①, ③ ; ② ; ④, ⑤
6 가, 나, 다 ; A, B, C
7 3, 7 ; 15, 29 ; 100, 624
8 예) 색깔
9 3, 2
10 5, 5
11 5, 5
12 3, 5, 4
13 4, 4, 4
14 예)

색깔	빨간색	검은색	노란색	파란색
색연필 수(자루)	2	3	3	4

15 ㉢
16 예)

날씨	맑은 날	흐린 날	비 온 날
날수(일)	11	10	9

17 11－9＝2 ; 2일
18 5, 2 ; 3
19 430원
20 2, 2, 3, 원 ; 원

1 가방은 모두 크기가 같으므로 크기로 분류할 수 없습니다.

2 빨간색 도형과 파란색 도형으로 분류한 것이므로 색깔에 따라 분류한 것입니다.

3 변이 3개인 모양과 변이 4개인 모양으로 분류한 것이므로 모양에 따라 분류한 것입니다.

4 생각 열기 분류할 때는 분명한 기준을 정합니다.
해주, 경미, 미라는 여자이고, 동원, 성용, 보경이는 남자입니다.

5 ○ 모양, ☆ 모양, △ 모양으로 분류합니다.

7 한 자리 수: 3, 7
두 자리 수: 15, 29
세 자리 수: 100, 624

8 카드의 색깔(노란색, 빨간색, 초록색)에 따라 분류할 수 있습니다.

9 바퀴 2개: 자전거, 킥보드, 오토바이 → 3대
바퀴 4개: 수레, 승용차 → 2대

10 구멍이 2개인 단추와 4개인 단추는 각각 5개씩입니다.

11 노란색 단추와 파란색 단추는 각각 5개씩입니다.

[12~13]

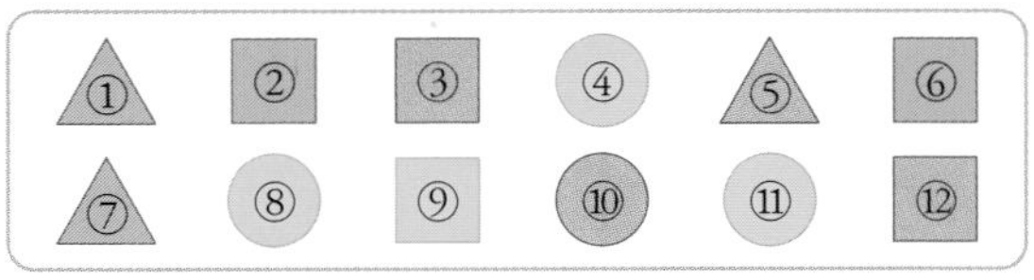

12 △ 모양: ①, ⑤, ⑦ → 3개
□ 모양: ②, ③, ⑥, ⑨, ⑫ → 5개
○ 모양: ④, ⑧, ⑩, ⑪ → 4개

13 빨간색: ①, ②, ⑥, ⑦ → 4개
파란색: ③, ⑤, ⑩, ⑫ → 4개
노란색: ④, ⑧, ⑨, ⑪ → 4개

14 빨간 색연필은 2자루, 검은 색연필은 3자루, 노란 색연필은 3자루, 파란 색연필은 4자루입니다.

15 ㉢ 노란 색연필과 검은 색연필은 3자루로 같습니다.

16 맑은 날수, 흐린 날수, 비 온 날수를 세어 봅니다.
맑은 날: 1, 3, 4, 6, 9, 18, 19, 20, 25, 27, 30 → 11일
흐린 날: 2, 7, 8, 10, 12, 17, 22, 23, 26, 28 → 10일
비 온 날: 5, 11, 13, 14, 15, 16, 21, 24, 29 → 9일

17 서술형 가이드 맑은 날수와 비 온 날수의 차를 나타내는 11−9라는 식이 들어 있어야 합니다.

채점 기준		
	식 11−9=2를 쓰고 답을 바르게 구했음.	상
	식 11−9만 썼음.	중
	식을 쓰지 못함.	하

18 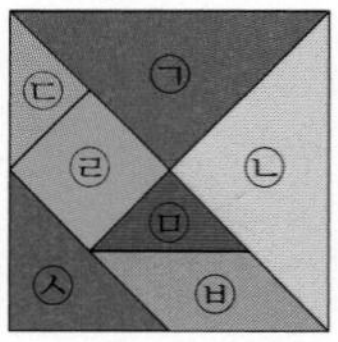

삼각형: ㉠, ㉡, ㉢, ㉤, ㉦ → 5개
사각형: ㉣, ㉥ → 2개
⇨ 삼각형 모양 조각은 사각형 모양 조각보다 5−2=3(개) 더 많습니다.

19 빨간 돼지 저금통에 동전을 저금합니다.
따라서 빨간 돼지 저금통에 들어 있는 돈은 100원짜리 동전이 4개, 10원짜리 동전이 3개이므로 모두 430원입니다.

20 분류한 결과가 원은 4개이므로 찢어진 부분에 있는 도형은 원입니다.
서술형 가이드 스케치북에 남아 있는 도형의 수를 세어 찢어진 부분에 알맞은 도형을 바르게 찾았는지 확인합니다.

채점 기준		
	□ 안에 알맞게 답을 바르게 구했음.	상
	□ 안에 알맞게 일부만 썼음.	중
	□ 안에 알맞게 쓰지 못함.	하

마무리 개념완성 137쪽

❶ ×
❷ ○
❸ ○
❹ ○
❺ 4, 3

❶ 좋아하는 것과 좋아하지 않는 것은 사람에 따라 다릅니다.
분명하지 않은 기준으로는 분류할 수 없습니다.

❷ 단추를 구멍 수에 따라 2개, 3개, 4개로 분류할 수 있습니다.

❸ 단추의 모양으로 분류하면 원, 사각형(2가지)로 분류할 수 있습니다.

❹

모양	○ 모양	□ 모양
단추 수(개)	7	5

⇨ ○ 모양 단추가 □ 모양 단추보다 더 많습니다.

❺

구멍 수	2개	3개	4개
단추 수(개)	4	3	5

⇨ 구멍이 4개인 단추가 가장 많고 구멍이 3개인 단추가 가장 적습니다.

6. 곱셈

STEP 1 개념 파헤치기 141쪽

1 16마리

2 (1) 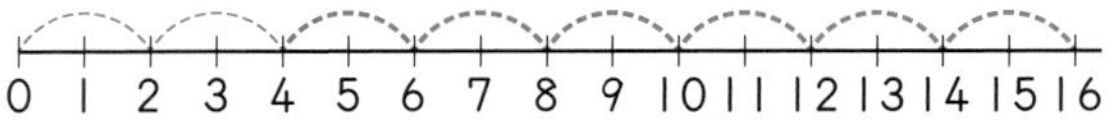

(2) 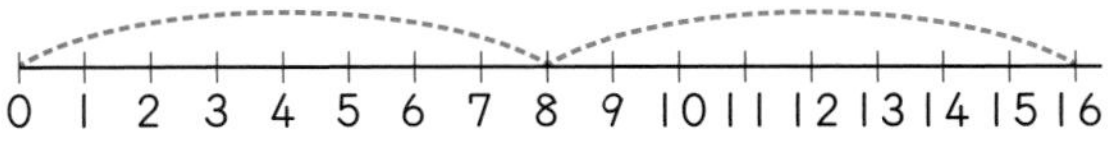

; 16

3 예 

; 4, 12, 16

1 한 마리씩 세어 보면 16마리입니다.

2 (1) 2씩 뛰어 세면 2, 4, 6, 8, 10, 12, 14, 16이므로 토끼는 모두 16마리입니다.
(2) 8씩 뛰어 세면 8, 16이므로 토끼는 모두 16마리입니다.

STEP 1 개념 파헤치기 143쪽

1 (1) 6, 8 ; 8 (2) 9, 12 ; 12
2 (1) 7, 28 (2) 4, 28

개념 받아쓰기 문제

5 ; 12, 16, 20

1 (1) 2씩 4번 묶어 셉니다.
(2) 3씩 4번 묶어 셉니다.

2 (1) 아이스크림을 4씩 묶어 세면 7묶음입니다.
⇨ 4−8−12−16−20−24−28
(2) 아이스크림을 7씩 묶어 세면 4묶음입니다.
⇨ 7−14−21−28

STEP 1 개념 파헤치기 145쪽

1 3, 3 **2** (1) 4, 4 (2) 5, 5
3 4, 16

개념 받아쓰기 문제 배, 배

1 지우개를 8씩 묶으면 3묶음입니다.
⇨ 8씩 3묶음은 8의 3배입니다.

2 (1) 2씩 4묶음은 2의 4배입니다.
(2) 3씩 5묶음은 3의 5배입니다.

3 4씩 4묶음 ⇨ 4의 4배 ⇨ 4+4+4+4=16

STEP 1 개념 파헤치기 147쪽

1 (1) 4 (2) 3 **2** 3, 5
3 3

1 (1) 은영이가 먹은 딸기를 4개씩 묶으면 4묶음이므로 4배입니다.
(2) 세호가 읽은 책만큼 수아가 읽은 책을 묶어 보면 3묶음이므로 3배입니다.

2 곰 인형을 5개씩 묶으면 3묶음이므로 5의 3배, 3개씩 묶으면 5묶음이므로 3의 5배입니다.
참고 전체를 몇 개씩 묶느냐에 따라 여러 가지 방법으로 몇의 몇 배를 나타낼 수 있습니다.
예 ●●●●●●●●●●●●
전체 12개를 2개씩 묶으면 2의 6배
전체 12개를 3개씩 묶으면 3의 4배
전체 12개를 4개씩 묶으면 4의 3배
전체 12개를 6개씩 묶으면 6의 2배

3 노란색 막대를 3번 이어 붙이면 초록색 막대가 되므로 초록색 막대의 길이는 노란색 막대의 길이의 3배입니다.

STEP 2 개념 확인하기 148~149쪽

개념1 10, 15

1 20, 25, 25　　2 8, 12

개념2 2

3 ○　　4 세호, 예준

개념3 5, 2

5 2, 2　　6 3, 6, 3

7 4, 5, 4

개념4 4

8 3배　　9 5배

10 4배

1 생각 열기 ■씩 뛰어 세면 ■씩 커집니다.
5씩 뛰어 세면 5, 10, 15, 20, 25이므로 화분은 모두 25개입니다.

2 4씩 뛰어 세면 4, 8, 12입니다.

3 3씩 묶어 세기: [3], 3+3=[6], 6+3=[9]
참고 ♥씩 묶어 세기는 ♥씩 더하면서 세는 것입니다.

4 딸기의 수를 5개씩 묶으면 4묶음이고 1개가 남습니다.

5 생각 열기 ■씩 ▲묶음은 ■의 ▲배입니다.
4씩 2묶음은 4의 2배입니다.

6 6씩 3묶음 ⇨ 6의 3배

7 5씩 4묶음 ⇨ 5의 4배

8 사과의 수는 4입니다.
⇨ 배를 4씩 묶어 보면 3묶음이므로 배의 수는 사과의 수의 3배입니다.

9 항아리에 넣은 화살 수는 세희가 2이고 은서가 10입니다.
⇨ 10을 2씩 묶으면 5묶음이 되므로 10은 2의 5배입니다.
⇨ 은서가 넣은 화살 수는 세희가 넣은 화살 수의 5배입니다.

10 빨간색 길이를 4번 이어 붙이면 파란색 길이가 되므로 4배입니다.

STEP 1 개념 파헤치기 151쪽

1 4, 4 ; 4, 4　　2 ㉢

개념 받아쓰기 문제 [곱하기], [곱]

1 5씩 4묶음 ⇨ 5의 4배 ⇨ 5×4

2 3×6=18은 3 곱하기 6은 18과 같습니다라고 읽습니다.

STEP 1 개념 파헤치기 153쪽

1 4 ; 3, 3, 3, 12 ; 4, 12

2 3 ; 5, 5, 15 ; 3, 15

3 2+2+2+2+2+2=12, 2×6=12

개념 받아쓰기 문제 [4], [4], [4], [20], [5], [20]

1 케이크가 3씩 4묶음이므로 3의 4배입니다.

2 음료수 캔이 5씩 3묶음이므로 5의 3배입니다.

3 바퀴 수는 2개씩 6묶음이므로 2×6=12입니다.

STEP 2 개념 확인하기 154~155쪽

개념5 ×, 곱

1 2, 5

2 4 ; 6, 4 ; 6, 4 ; 6, 4

3 $9\times7=63$　　4 $5\times9=45$

5 6, 48　　6 3, 21

개념6 8, 5

7 5 ; 4, 4, 4, 4, 4, 20 ; 4, 5, 20

8 4 ; 5, 5, 5, 5, 20 ; 5, 4, 20

9 5, 6, 30　　10 10 ; 3, 15

11 $2\times6=12$

1 ■의 ▲배 ⇨ ■×▲

2 6씩 4묶음 ⇨ 6의 4배 ⇨ 6×4 ⇨ 6 곱하기 4

3 ■ 곱하기 ▲는 ♥와 같습니다. ⇨ ■×▲=♥

4 $5+5+5+5+5+5+5+5+5=45$ (9번)
⇨ 5를 9번 더하면 45입니다.
⇨ 5씩 9번 묶어 세면 45입니다.
⇨ 5의 9배는 45입니다.
⇨ $5\times9=45$

5 8씩 6번 뛰어 세기 ⇨ 8의 6배 ⇨ $8\times6=48$

6 우유를 7개씩 묶으면 3묶음입니다.
⇨ 7씩 3묶음은 7의 3배이므로 $7\times3=21$입니다.

7 물고기를 4씩 묶으면 5묶음입니다.
⇨ 4의 5배
⇨ $4+4+4+4+4=20$
⇨ $4\times5=20$

8 물고기를 5씩 묶으면 4묶음입니다.
⇨ 5의 4배
⇨ $5\times4=20$
⇨ $5+5+5+5=20$

9 구슬은 5개씩 6묶음이므로 5의 6배입니다.
⇨ $5\times6=30$

10 5씩 2묶음 ⇨ 5의 2배 ⇨ $5\times2=10$
5씩 3묶음 ⇨ 5의 3배 ⇨ $5\times3=15$

11 2씩 6묶음이므로 2의 6배 ⇨ $2\times6=12$

STEP 3 단원 마무리 평가 156~158쪽

1 9개　　2 ①

3 15, 15개　　4 4, 6, 6, 6, 6

5 8, 8, 8, 8, 8, 48 ; 6, 48

6 ④　　7 >

8 $2\times3=6$　　9 2배

10 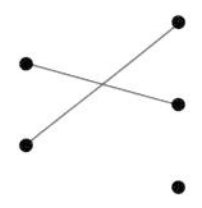　　11 6배

12 3　　13 30장

14 $6+6+6=18$; 18자루

15 3배　　16 5, 3, 15

17 2, 6, 12　　18 36살

19 3, 6, 18　　20 $2\times5=10$; 10개

1 하나씩 세면 1, 2, 3, 4, 5, 6, 7, 8, 9이므로 빵은 모두 9개입니다.

2 2씩 5묶음 ⇨ 2의 5배 ⇨ 2×5

3 탁구공을 5씩 묶어 세면 3묶음입니다.
⇨ 5－10－15

4 ■씩 ▲묶음 ⇨ ■의 ▲배 ⇨ ■+■……■+■ (▲번)

5 8씩 6묶음 ⇨ $8+8+8+8+8+8=48$
⇨ $8\times6=48$

6 ① 클립은 12개입니다.
② 6씩 2묶음은 12입니다.
③ 4의 3배 ⇨ $4\times3=12$
④ $4+4+4+4=16$
⑤ $3\times4=12$

7 $3\times4=12$, $4\times2=8$ ⇨ $12>8$

8 생각 열기 2씩 ■줄 ⇨ 2×■
☆은 2씩 3줄이므로 $2\times3=6$입니다.

9 성수가 쌓은 모형은 2개이고 홍관이가 쌓은 모형은 4개입니다. ⇨ 4는 2의 2배입니다.

10 2의 5배 ⇨ $2\times5=10$
3씩 3묶음 ⇨ $3\times3=9$

11 참외는 2개이고 딸기는 12개입니다.
⇨ 12를 2씩 묶으면 6묶음이 되므로 12는 2의 6배입니다.

12 8씩 묶어 세면 8, 16, 24로 3묶음이므로 24는 8의 3배입니다.

13 꽃잎은 5씩 6묶음이므로 5의 6배입니다.
⇨ $5\times6=30$(장)

14 서술형 가이드 6의 3배를 나타내는 $6+6+6=18$이라는 덧셈이 들어 있어야 합니다.

채점 기준		
	식 6+6+6=18을 쓰고 답을 바르게 구했음.	상
	식 6+6+6만 썼음.	중
	식을 쓰지 못함.	하

15 못의 길이는 2 cm이고 색연필의 길이는 6 cm입니다.
2씩 묶어 세면 2, 4, 6이므로 6은 2의 3배입니다.
따라서 색연필의 길이는 못의 길이의 3배입니다.

16 자동차는 한 상자에 5개씩 3상자 있습니다.
⇨ $5\times3=15$

17 인형은 한 봉지에 2개씩 6봉지 있습니다.
⇨ $2\times6=12$

18 삼촌의 나이는 9의 4배인 $9\times4=36$(살)입니다.

19 삼각형을 1개 만드는 데 면봉이 3개 필요합니다.
따라서 삼각형을 6개 만드는 데 면봉이 3개씩 6묶음 필요합니다.
⇨ $3\times6=18$
참고 (삼각형 1개를 만드는 데 필요한 면봉의 수)×(삼각형 수)=(삼각형을 모두 만드는 데 필요한 면봉의 수)

20 가위일 때 펼친 손가락은 2개이므로 5명이 가위를 냈을 때 펼친 손가락의 수는 2의 5배입니다.
⇨ $2\times5=10$
서술형 가이드 2의 5배를 나타내는 2×5라는 곱셈이 들어 있어야 합니다.

채점 기준		
	식 2×5=10을 쓰고 답을 바르게 구했음.	상
	식 2×5만 썼음.	중
	식을 쓰지 못함.	하

마무리 개념완성 159쪽

① ○	② ×
③ ○	④ ×
⑤ 2	⑥ 곱하기, 18

② 비행기의 수는 3씩 6묶음입니다.

④ 비행기를 6씩 묶으면 3묶음이므로 $6\times3=18$입니다.

⑤ 비행기를 9씩 묶으면 2묶음이므로
9의 2배, 9×2로 나타냅니다.

연산의 법칙

부록 2~9쪽

1. 세 자리 수

1. 각 자리의 숫자는 얼마를 나타낼까요(1) 2쪽

01 825
02 560
03 704
04 893
05 3, 5, 8
06 2, 5, 0
07 5, 0, 1
08 7, 5, 6

2. 각 자리의 숫자는 얼마를 나타낼까요(2) 3쪽

01 3
02 90, 6
03 80, 9
04 600, 30, 7
05 300, 70, 4
06 500, 0, 4
07 70, 3
08 20, 3
09 30, 8
10 500, 80, 0
11 100, 30, 8
12 600, 60, 4

3. 각 자리의 숫자는 얼마를 나타낼까요(3) 4쪽

01 300
02 200
03 80
04 40
05 50
06 9
07 600
08 900
09 0
10 20
11 5
12 3

4. 뛰어 세어 볼까요(1) 5쪽

01 400, 600
02 427, 727, 827
03 354, 454, 554
04 460, 860, 960
05 372, 672, 772
06 108, 208, 508

5. 뛰어 세어 볼까요(2) 6쪽

01 927, 937, 947
02 367, 377, 387
03 534, 544, 574
04 249, 279, 289
05 650, 680, 690
06 864, 904, 914

6. 뛰어 세어 볼까요(3) 7쪽

01 517, 518, 519
02 625, 627, 628
03 461, 462, 465
04 707, 710, 711
05 316, 318, 320
06 295, 299, 300

7. 수의 크기를 비교해 볼까요(1) 8쪽

01 >
02 >
03 <
04 <
05 >
06 >
07 <
08 <
09 >
10 <
11 >
12 <

8. 수의 크기를 비교해 볼까요(2) 9쪽

01 <
02 >
03 >
04 <
05 >
06 <
07 >
08 <
09 <
10 >
11 >
12 <

9. 수의 크기를 비교해 볼까요(3) 10쪽

01 <	07 >
02 <	08 >
03 >	09 <
04 <	10 >
05 >	11 <
06 >	12 <

3. 덧셈과 뺄셈

1. 덧셈을 하는 여러 가지 방법(1) 11쪽

01 3, 3, 62	05 1, 1, 51
02 4, 4, 61	06 2, 2, 71
03 30, 78, 83	07 30, 75, 72
04 20, 75, 82	08 40, 75, 71

2. 덧셈을 하는 여러 가지 방법(2) 12쪽

01 3, 11, 51	05 3, 20, 63
02 6, 11, 61	06 2, 30, 82
03 40, 70, 82	07 44, 44, 94
04 40, 60, 75	08 51, 51, 91

3. (두 자리 수)+(한 자리 수) 13쪽

01 54	05 82	09 92
02 37	06 82	10 41
03 75	07 62	11 40
04 91	08 68	12 70

4. (두 자리 수)+(두 자리 수)(1) 14쪽

01 54	05 81	09 83
02 82	06 83	10 93
03 52	07 46	11 92
04 70	08 65	12 80

5. (두 자리 수)+(두 자리 수)(2) 15쪽

01 116	05 117	09 128
02 158	06 107	10 129
03 118	07 129	11 149
04 159	08 136	12 168

6. (두 자리 수)+(두 자리 수)(3) 16쪽

01 133	05 110	09 111
02 132	06 121	10 146
03 111	07 110	11 184
04 164	08 112	12 143

7. 뺄셈을 하는 여러 가지 방법(1) 17쪽

01 10, 20, 14	05 30, 22
02 20, 30, 26	06 60, 13
03 6, 6, 34	07 87, 47
04 8, 8, 32	08 58, 28

8. 뺄셈을 하는 여러 가지 방법(2) 18쪽

01 8, 2, 12
02 6, 4, 24
03 4, 6, 26
04 8, 2, 22
05 3, 3, 37
06 1, 1, 49
07 52, 40, 38
08 34, 40, 35

9. (두 자리 수)−(한 자리 수) 19쪽

01 34
02 86
03 57
04 31
05 12
06 39
07 49
08 79
09 16
10 78
11 15
12 38

10. (몇십)−(몇십몇)(1) 20쪽

01 13
02 12
03 29
04 16
05 21
06 18
07 47
08 62
09 26
10 24
11 33
12 55

11. (몇십)−(몇십몇)(2) 21쪽

01 $\begin{array}{r}30\\-15\\\hline 15\end{array}$

02 $\begin{array}{r}50\\-27\\\hline 23\end{array}$

03 $\begin{array}{r}70\\-39\\\hline 31\end{array}$

04 $\begin{array}{r}90\\-61\\\hline 29\end{array}$

05 $\begin{array}{r}40\\-12\\\hline 28\end{array}$

06 $\begin{array}{r}60\\-43\\\hline 17\end{array}$

07 $\begin{array}{r}80\\-54\\\hline 26\end{array}$

08 $\begin{array}{r}90\\-28\\\hline 62\end{array}$

12. (두 자리 수)−(두 자리 수)(1) 22쪽

01 16
02 28
03 29
04 28
05 47
06 19
07 16
08 29
09 73
10 45
11 49
12 9

13. (두 자리 수)−(두 자리 수)(2) 23쪽

01 $\begin{array}{r}32\\-18\\\hline 14\end{array}$

02 $\begin{array}{r}53\\-16\\\hline 37\end{array}$

03 $\begin{array}{r}64\\-49\\\hline 15\end{array}$

04 $\begin{array}{r}81\\-63\\\hline 18\end{array}$

05 $\begin{array}{r}41\\-25\\\hline 16\end{array}$

06 $\begin{array}{r}56\\-27\\\hline 29\end{array}$

07 $\begin{array}{r}73\\-34\\\hline 39\end{array}$

08 $\begin{array}{r}91\\-22\\\hline 69\end{array}$

14. 세 수의 계산을 해 볼까요(1) 24쪽

01 (계산 순서대로) 41, 58, 58
02 (계산 순서대로) 61, 90, 90
03 (계산 순서대로) 63, 91, 91
04 (계산 순서대로) 65, 51, 51
05 (계산 순서대로) 53, 18, 18
06 (계산 순서대로) 54, 29, 29

15. 세 수의 계산을 해 볼까요 (2) 25쪽

01 (계산 순서대로) 14, 29, 29
02 (계산 순서대로) 63, 82, 82
03 (계산 순서대로) 28, 47, 47
04 (계산 순서대로) 37, 12, 12
05 (계산 순서대로) 37, 19, 19
06 (계산 순서대로) 45, 29, 29

16. 덧셈식을 뺄셈식으로 나타내 볼까요 26쪽

01 37, 26
02 28, 29
03 28, 28
04 54, 54
05 82, 35 / 82, 35
06 95, 26 / 95, 26
07 83 / 68 / 83, 15
08 76 / 76, 39 / 37, 39

17. 뺄셈식을 덧셈식으로 나타내 볼까요 27쪽

01 25, 47
02 67, 19
03 13, 13
04 24, 24
05 17, 55 / 17, 55
06 55, 84 / 55, 84
07 14 / 17 / 14, 31
08 19 / 19, 46 / 27, 46

18. □가 사용된 덧셈식을 만들고 □의 값을 구해 볼까요 28쪽

01 4+□=12 / 8
02 8+□=14 / 6
03 9+□=18 / 9
04 12+□=21 / 9

19. □가 사용된 뺄셈식을 만들고 □의 값을 구해 볼까요 29쪽

01 12−□=8 / 4
02 15−□=8 / 7
03 13−□=7 / 6
04 20−□=9 / 11

6. 곱셈

1. 묶어 세어 볼까요 30쪽

01 6, 9, 12, 15
02 8, 12, 16, 20
03 5, 10, 15, 20, 25
04 6, 12, 18, 24, 30

2. 몇의 몇 배를 알아볼까요 31쪽

01 3, 4
02 4, 5
03 4, 6, 4
04 3, 7, 3

3. 곱셈식으로 나타내 볼까요 32쪽

01 6, 12
02 4, 4, 16 / 4, 16
03 5, 5, 20 / 4, 20
04 8, 8, 24 / 8, 3, 24

참 잘했어요

수학의 모든 개념 문제를 풀 정도로
실력이 성장한 것을 축하하며
이 상장을 드립니다.

이름 ______________________

날짜 ________ 년 ____ 월 ____ 일

「차례」

연산의 법칙

2-1

1. 세 자리 수 2쪽

3. 덧셈과 뺄셈 11쪽

6. 곱셈 30쪽

본문 14～15쪽과 함께 공부하세요.

1. 각 자리의 숫자는 얼마를 나타낼까요(1)

학습 POINT

100이 3개이면 300
10이 2개이면 20
1이 4개이면 4
➡ 324

정답은 33쪽

[01～08] □ 안에 알맞은 수를 써넣으시오.

01 100이 8개, 10이 2개, 1이 5개이면 □

02 100이 5개, 10이 6개, 1이 0개이면 □

03 100이 7개, 10이 0개, 1이 4개이면 □

04 100이 8개, 10이 9개, 1이 3개이면 □

05 358은 100이 □개, 10이 □개, 1이 □개

06 250은 100이 □개, 10이 □개, 1이 □개

07 501은 100이 □개, 10이 □개, 1이 □개

08 756은 100이 □개, 10이 □개, 1이 □개

본문 14~15쪽과 함께 공부하세요.

2. 각 자리의 숫자는 얼마를 나타낼까요(2)

학습 POINT

374 ➡

100이 3개	10이 7개	1이 4개
300	70	4

374 = 300 + 70 + 4

정답은 33쪽

[01~12] □ 안에 알맞은 수를 써넣으시오.

01 573 = 500 + 70 + □

07 273 = 200 + □ + □

02 796 = 700 + □ + □

08 323 = 300 + □ + □

03 389 = 300 + □ + □

09 438 = 400 + □ + □

04 637 = □ + □ + □

10 580 = □ + □ + □

05 374 = □ + □ + □

11 138 = □ + □ + □

06 504 = □ + □ + □

12 664 = □ + □ + □

본문 14 ~ 15쪽과 함께 공부하세요.

3. 각 자리의 숫자는 얼마를 나타낼까요 (3)

학습 POINT

• 534에서

5는 백의 자리 숫자이고, [500]을 나타냅니다.

3은 십의 자리 숫자이고, [30]을 나타냅니다.

4는 일의 자리 숫자이고, [4]를 나타냅니다.

정답은 33쪽

[01 ~ 12] 밑줄 친 숫자가 얼마를 나타내는지 쓰시오.

01 $\underline{3}64$ ⇨ ( )

02 $\underline{2}65$ ⇨ ( )

03 $3\underline{8}9$ ⇨ ( )

04 $6\underline{4}1$ ⇨ ( )

05 $2\underline{5}5$ ⇨ ( )

06 $63\underline{9}$ ⇨ ( )

07 $\underline{6}16$ ⇨ ( )

08 $\underline{9}24$ ⇨ ( )

09 $8\underline{0}3$ ⇨ ( )

10 $9\underline{2}6$ ⇨ ( )

11 $39\underline{5}$ ⇨ ( )

12 $10\underline{3}$ ⇨ ( )

본문 18 ~ 19쪽과 함께 공부하세요.

4. 뛰어 세어 볼까요(1)

학습 POINT

400 — 500 — 600 — 700 — 800 — 900

➡ 100씩 뛰어 세면 [백]의 자리 수가 [1]씩 커집니다.

정답은 33쪽

[01 ~ 06] 100씩 뛰어 세어 보시오.

01 200 — 300 — [ ] — 500 — [ ] — 700

02 327 — [ ] — 527 — 627 — [ ] — [ ]

03 154 — 254 — [ ] — [ ] — [ ] — 654

04 [ ] — 560 — 660 — 760 — [ ] — [ ]

05 [ ] — 472 — 572 — [ ] — [ ] — 872

06 [ ] — [ ] — 308 — 408 — [ ] — 608

본문 18～19쪽과 함께 공부하세요.

5. 뛰어 세어 볼까요(2)

학습 POINT

430 — 440 — 450 — 460 — 470 — 480

➡ 10씩 뛰어 세면 [십]의 자리 수가 [1]씩 커집니다.

정답은 33쪽

[01～06] 10씩 뛰어 세어 보시오.

01 907 — 917 — [ ] — [ ] — [ ] — 957

02 337 — 347 — 357 — [ ] — [ ] — [ ]

03 524 — [ ] — [ ] — 554 — 564 — [ ]

04 239 — [ ] — 259 — 269 — [ ] — [ ]

05 [ ] — 660 — 670 — [ ] — [ ] — 700

06 [ ] — 874 — 884 — 894 — [ ] — [ ]

본문 18~19쪽과 함께 공부하세요.

6. 뛰어 세어 볼까요(3)

학습 POINT

431 — 432 — 433 — 434 — 435 — 436

➡ 1씩 뛰어 세면 [일]의 자리 수가 [1]씩 커집니다.

정답은 33쪽

[01~06] 1씩 뛰어 세어 보시오.

01 514 — 515 — 516 — ☐ — ☐ — ☐

02 623 — 624 — ☐ — 626 — ☐ — ☐

03 460 — ☐ — ☐ — 463 — 464 — ☐

04 ☐ — 708 — 709 — ☐ — ☐ — 712

05 315 — ☐ — 317 — ☐ — 319 — ☐

06 ☐ — 296 — 297 — 298 — ☐ — ☐

7. 수의 크기를 비교해 볼까요(1)

학습 POINT

세 자리 수의 크기를 비교할 때에는 백의 자리 수부터 비교합니다.

173 (<) 292
1 < 2

백의 자리 수가 다른 세 자리 수의 크기를 비교할 때는 [백]의 자리 수가 클수록 더 큰 수입니다.

정답은 33쪽

[01～12] 두 수의 크기를 비교하여 ○ 안에 >, <를 알맞게 써넣으시오.

01 672 ○ 489

07 168 ○ 213

02 351 ○ 287

08 450 ○ 712

03 308 ○ 610

09 573 ○ 482

04 268 ○ 300

10 629 ○ 901

05 367 ○ 155

11 705 ○ 599

06 950 ○ 794

12 852 ○ 925

본문 22~23쪽과 함께 공부하세요.

8. 수의 크기를 비교해 볼까요(2)

학습 POINT

세 자리 수의 크기를 비교할 때 백의 자리 수가 같으면 십의 자리 수를 비교합니다.

724 (<) 731
2<3

백의 자리 수가 같으므로
[십]의 자리 수가 클수록 더 큰 수입니다.

정답은 33쪽

[01~12] 두 수의 크기를 비교하여 ○ 안에 >, <를 알맞게 써넣으시오.

01 376 ◯ 382

02 431 ◯ 425

03 543 ◯ 534

04 969 ◯ 990

05 183 ◯ 158

06 623 ◯ 651

07 692 ◯ 688

08 708 ◯ 715

09 258 ◯ 273

10 825 ◯ 816

11 361 ◯ 329

12 538 ◯ 570

본문 24～25쪽과 함께 공부하세요.

9. 수의 크기를 비교해 볼까요(3)

학습 POINT

세 자리 수의 크기를 비교할 때 백의 자리 수끼리, 십의 자리 수끼리 같으면 일의 자리 수를 비교합니다.

498 ◯(>) 495 (8 > 5)

백의 자리 수끼리, 십의 자리 수끼리 같으므로 [일]의 자리 수가 클수록 더 큰 수입니다.

정답은 34쪽

[01～12] 두 수의 크기를 비교하여 ○ 안에 >, <를 알맞게 써넣으시오.

01 123 ◯ 124

02 855 ◯ 857

03 379 ◯ 372

04 926 ◯ 928

05 205 ◯ 201

06 876 ◯ 873

07 719 ◯ 718

08 514 ◯ 512

09 450 ◯ 451

10 657 ◯ 654

11 362 ◯ 369

12 731 ◯ 735

본문 58～59쪽과 함께 공부하세요.

1. 덧셈을 하는 여러 가지 방법(1)

학습 POINT

$29+42=29+40+2$
$=69+2$
$=71$

42를 40과 2로 생각하여 29에 40을 먼저 더하고 [2]를 더하기

$29+42=30+42-1$
$=72-1$
$=71$

29를 가까운 30으로 생각하여 계산한 후 [1]을 빼기

정답은 34쪽

[01 ~ 08] □ 안에 알맞은 수를 써넣으시오.

01 $29+33=29+30+\square$
$=59+\square$
$=\square$

02 $37+24=37+20+\square$
$=57+\square$
$=\square$

03 $48+35=48+\square+5$
$=\square+5$
$=\square$

04 $55+27=55+\square+7$
$=\square+7$
$=\square$

05 $19+32=20+32-\square$
$=52-\square$
$=\square$

06 $18+53=20+53-\square$
$=73-\square$
$=\square$

07 $27+45=\square+45-3$
$=\square-3$
$=\square$

08 $36+35=\square+35-4$
$=\square-4$
$=\square$

본문 58～59쪽과 함께 공부하세요.

2. 덧셈을 하는 여러 가지 방법(2)

학습 POINT

$29+42=20+40+9+2$
$=60+11$
$=71$

29는 20과 9, 42는 40과 2로 생각하여 20과 40을 더하고 9와 2를 더하기

$29+42=29+1+41$
$=30+41$
$=71$

29가 30이 되도록 29에 1을 먼저 더하고 41을 더하기

정답은 34쪽

[01～08] □ 안에 알맞은 수를 써넣으시오.

01 $18+33=10+30+8+\square$
$=40+\square$
$=\square$

05 $17+46=17+\square+43$
$=\square+43$
$=\square$

02 $26+35=20+30+\square+5$
$=50+\square$
$=\square$

06 $28+54=28+\square+52$
$=\square+52$
$=\square$

03 $35+47=30+\square+5+7$
$=\square+12$
$=\square$

07 $49+45=49+1+\square$
$=50+\square$
$=\square$

04 $48+27=\square+20+8+7$
$=\square+15$
$=\square$

08 $36+55=36+4+\square$
$=40+\square$
$=\square$

3. (두 자리 수)+(한 자리 수)

학습 POINT

$$\begin{array}{r} 5\ 6 \\ +\quad 7 \\ \hline \end{array} \Rightarrow \begin{array}{r} {}^{1}\quad \\ 5\ 6 \\ +\quad 7 \\ \hline 3 \end{array} \Rightarrow \begin{array}{r} {}^{1}\quad \\ 5\ 6 \\ +\quad 7 \\ \hline 6\ 3 \end{array}$$

일의 자리 수끼리의 합이 10이거나 10보다 크면 [십]의 자리로 받아올림하여 계산합니다.

정답은 34쪽

[01～12] 덧셈을 하시오.

01 $\begin{array}{r} 4\ 5 \\ +\quad 9 \\ \hline \end{array}$

05 $\begin{array}{r} 7\ 8 \\ +\quad 4 \\ \hline \end{array}$

09 $\begin{array}{r} 8\ 5 \\ +\quad 7 \\ \hline \end{array}$

02 $\begin{array}{r} 2\ 9 \\ +\quad 8 \\ \hline \end{array}$

06 $\begin{array}{r} 7\ 7 \\ +\quad 5 \\ \hline \end{array}$

10 $\begin{array}{r} 3\ 2 \\ +\quad 9 \\ \hline \end{array}$

03 $\begin{array}{r} 6\ 8 \\ +\quad 7 \\ \hline \end{array}$

07 $\begin{array}{r} 5\ 6 \\ +\quad 6 \\ \hline \end{array}$

11 $\begin{array}{r} 3\ 4 \\ +\quad 6 \\ \hline \end{array}$

04 $\begin{array}{r} 8\ 4 \\ +\quad 7 \\ \hline \end{array}$

08 $\begin{array}{r} 5\ 9 \\ +\quad 9 \\ \hline \end{array}$

12 $\begin{array}{r} 6\ 2 \\ +\quad 8 \\ \hline \end{array}$

본문 60 ~ 61쪽과 함께 공부하세요.

4. (두 자리 수)+(두 자리 수)(1)

학습 POINT

$$\begin{array}{r} 48 \\ +\ 13 \\ \hline \end{array} \Rightarrow \begin{array}{r} ^{1}\ \ \\ 48 \\ +\ 13 \\ \hline 1 \end{array} \Rightarrow \begin{array}{r} ^{1}\ \ \\ 48 \\ +\ 13 \\ \hline 61 \end{array}$$

일의 자리 수끼리의 합이 10이거나 10보다 크면 [십]의 자리로 받아올림하여 계산합니다.

정답은 34쪽

[01 ~ 12] 덧셈을 하시오.

01 $\begin{array}{r} 38 \\ +\ 16 \\ \hline \end{array}$

02 $\begin{array}{r} 63 \\ +\ 19 \\ \hline \end{array}$

03 $\begin{array}{r} 36 \\ +\ 16 \\ \hline \end{array}$

04 $\begin{array}{r} 41 \\ +\ 29 \\ \hline \end{array}$

05 $\begin{array}{r} 54 \\ +\ 27 \\ \hline \end{array}$

06 $\begin{array}{r} 18 \\ +\ 65 \\ \hline \end{array}$

07 $\begin{array}{r} 27 \\ +\ 19 \\ \hline \end{array}$

08 $\begin{array}{r} 28 \\ +\ 37 \\ \hline \end{array}$

09 $\begin{array}{r} 57 \\ +\ 26 \\ \hline \end{array}$

10 $\begin{array}{r} 34 \\ +\ 59 \\ \hline \end{array}$

11 $\begin{array}{r} 65 \\ +\ 27 \\ \hline \end{array}$

12 $\begin{array}{r} 35 \\ +\ 45 \\ \hline \end{array}$

5. (두 자리 수)+(두 자리 수)(2)

학습 POINT

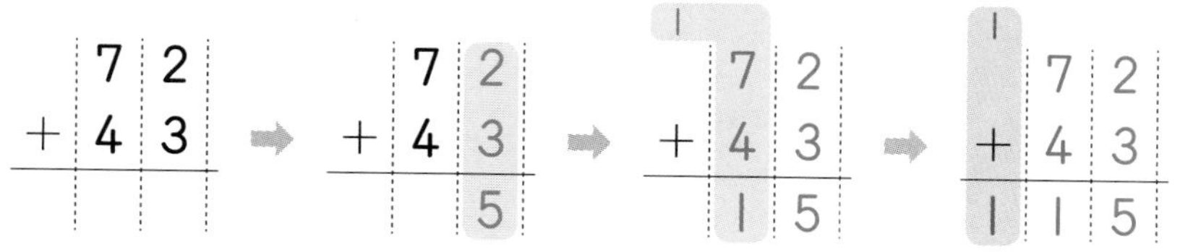

십의 자리 수끼리의 합이 10이거나 10보다 크면 [백]의 자리로 받아올림하여 계산합니다.

정답은 34쪽

[01～12] 덧셈을 하시오.

01 $31 + 85$

05 $53 + 64$

09 $82 + 46$

02 $64 + 94$

06 $86 + 21$

10 $97 + 32$

03 $45 + 73$

07 $78 + 51$

11 $63 + 86$

04 $74 + 85$

08 $52 + 84$

12 $91 + 77$

본문 66～67쪽과 함께 공부하세요.

6. (두 자리 수)+(두 자리 수)(3)

학습 POINT

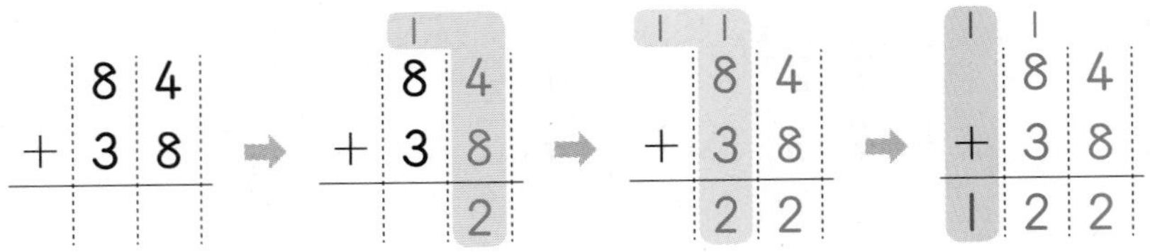

일의 자리 수끼리의 합이 10이거나 10보다 크면 [십]의 자리로 받아올림하고, 십의 자리 수끼리의 합이 10이거나 10보다 크면 [백]의 자리로 받아올림하여 계산합니다.

정답은 34쪽

[01 ~ 12] 덧셈을 하시오.

01
$$\begin{array}{r} 9\ 8 \\ +\ 3\ 5 \\ \hline \end{array}$$

02
$$\begin{array}{r} 6\ 3 \\ +\ 6\ 9 \\ \hline \end{array}$$

03
$$\begin{array}{r} 5\ 8 \\ +\ 5\ 3 \\ \hline \end{array}$$

04
$$\begin{array}{r} 9\ 5 \\ +\ 6\ 9 \\ \hline \end{array}$$

05
$$\begin{array}{r} 2\ 4 \\ +\ 8\ 6 \\ \hline \end{array}$$

06
$$\begin{array}{r} 9\ 2 \\ +\ 2\ 9 \\ \hline \end{array}$$

07
$$\begin{array}{r} 1\ 6 \\ +\ 9\ 4 \\ \hline \end{array}$$

08
$$\begin{array}{r} 7\ 8 \\ +\ 3\ 4 \\ \hline \end{array}$$

09
$$\begin{array}{r} 5\ 6 \\ +\ 5\ 5 \\ \hline \end{array}$$

10
$$\begin{array}{r} 5\ 8 \\ +\ 8\ 8 \\ \hline \end{array}$$

11
$$\begin{array}{r} 8\ 7 \\ +\ 9\ 7 \\ \hline \end{array}$$

12
$$\begin{array}{r} 5\ 6 \\ +\ 8\ 7 \\ \hline \end{array}$$

본문 72~73쪽과 함께 공부하세요.

7. 뺄셈을 하는 여러 가지 방법(1)

학습 POINT

$40-29=40-20-9$
$=20-9$
$=11$

29를 20과 9로 생각하여 40에서 20을 먼저 빼고 9를 빼기

1만큼 더 큰 수

$40-29=41-30=11$

1만큼 더 큰 수

40보다 1만큼 더 큰 수에서 29보다 1만큼 더 큰 수를 뺀다고 생각하기

정답은 34쪽

[01~08] □ 안에 알맞은 수를 써넣으시오.

01 $30-16=30-\square-6$
$=\square-6$
$=\square$

02 $50-24=50-\square-4$
$=\square-4$
$=\square$

03 $60-26=60-20-\square$
$=40-\square$
$=\square$

04 $80-48=80-40-\square$
$=40-\square$
$=\square$

05 $50-28=52-\square$
$=\square$

06 $70-57=73-\square$
$=\square$

07 $90-43=\square-40$
$=\square$

08 $60-32=\square-30$
$=\square$

본문 72～73쪽과 함께 공부하세요.

8. 뺄셈을 하는 여러 가지 방법(2)

학습 POINT

$40-29=30-20+10-9$
$=10+1$
$=11$

40을 30과 10으로, 29를 20과 9로 생각하여 30에서 20을 빼고 10에서 9를 빼기

$75-47=75-45-2$
$=30-2$
$=28$

75와 일의 자리 수가 같은 45를 빼고 [2]를 더 빼기

정답은 35쪽

[01～08] □ 안에 알맞은 수를 써넣으시오.

01 $30-18=20-10+10-\square$
$=10+\square$
$=\square$

02 $50-26=40-20+10-\square$
$=20+\square$
$=\square$

03 $60-34=50-30+10-\square$
$=20+\square$
$=\square$

04 $80-58=70-50+10-\square$
$=20+\square$
$=\square$

05 $65-28=65-25-\square$
$=40-\square$
$=\square$

06 $86-37=86-36-\square$
$=50-\square$
$=\square$

07 $92-54=92-\square-2$
$=\square-2$
$=\square$

08 $74-39=74-\square-5$
$=\square-5$
$=\square$

9. (두 자리 수)−(한 자리 수)

학습 POINT

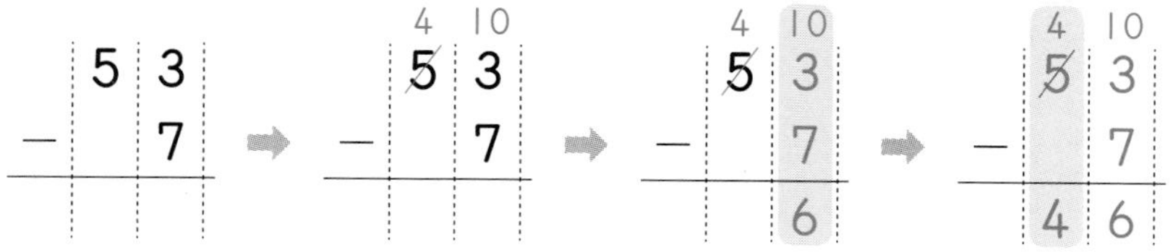

일의 자리 수끼리 뺄 수 없으면 [십]의 자리에서 받아내림하여 계산합니다.

정답은 35쪽

[01~12] 뺄셈을 하시오.

01 $\begin{array}{r} 42 \\ -\ \ 8 \\ \hline \end{array}$

05 $\begin{array}{r} 21 \\ -\ \ 9 \\ \hline \end{array}$

09 $\begin{array}{r} 21 \\ -\ \ 5 \\ \hline \end{array}$

02 $\begin{array}{r} 93 \\ -\ \ 7 \\ \hline \end{array}$

06 $\begin{array}{r} 46 \\ -\ \ 7 \\ \hline \end{array}$

10 $\begin{array}{r} 82 \\ -\ \ 4 \\ \hline \end{array}$

03 $\begin{array}{r} 64 \\ -\ \ 7 \\ \hline \end{array}$

07 $\begin{array}{r} 55 \\ -\ \ 6 \\ \hline \end{array}$

11 $\begin{array}{r} 24 \\ -\ \ 9 \\ \hline \end{array}$

04 $\begin{array}{r} 40 \\ -\ \ 9 \\ \hline \end{array}$

08 $\begin{array}{r} 88 \\ -\ \ 9 \\ \hline \end{array}$

12 $\begin{array}{r} 41 \\ -\ \ 3 \\ \hline \end{array}$

본문 74～75쪽과 함께 공부하세요.

10. (몇십)−(몇십몇)(1)

학습 POINT

$$\begin{array}{r}40\\-25\\\hline\end{array} \Rightarrow \begin{array}{r}\overset{3}{\cancel{4}}\overset{10}{0}\\-25\\\hline\end{array} \Rightarrow \begin{array}{r}\overset{3}{\cancel{4}}\overset{10}{0}\\-25\\\hline 5\end{array} \Rightarrow \begin{array}{r}\overset{3}{\cancel{4}}\overset{10}{0}\\-25\\\hline 15\end{array}$$

일의 자리 수끼리 뺄 수 없으면 [십]의 자리에서 받아내림하여 계산합니다.

정답은 35쪽

[01 ~ 12] 뺄셈을 하시오.

01 $\begin{array}{r}30\\-17\\\hline\end{array}$

05 $\begin{array}{r}40\\-19\\\hline\end{array}$

09 $\begin{array}{r}50\\-24\\\hline\end{array}$

02 $\begin{array}{r}40\\-28\\\hline\end{array}$

06 $\begin{array}{r}50\\-32\\\hline\end{array}$

10 $\begin{array}{r}60\\-36\\\hline\end{array}$

03 $\begin{array}{r}70\\-41\\\hline\end{array}$

07 $\begin{array}{r}80\\-33\\\hline\end{array}$

11 $\begin{array}{r}60\\-27\\\hline\end{array}$

04 $\begin{array}{r}70\\-54\\\hline\end{array}$

08 $\begin{array}{r}80\\-18\\\hline\end{array}$

12 $\begin{array}{r}90\\-35\\\hline\end{array}$

11. (몇십)−(몇십몇)(2)

학습 POINT

가로셈은 자리를 맞추어 세로셈으로 바꾼 다음 받아내림에 주의하여 계산합니다.

50−16 ➡

	4	10
	~~5~~	0
−	1	6

➡

	4	10
	~~5~~	0
−	1	6
		4

➡

	4	10
	~~5~~	0
−	1	6
	3	4

정답은 35쪽

[01~12] 세로셈으로 바꾸어 계산하려고 합니다. □ 안에 알맞은 수를 써넣으시오.

01 30−15 ➡ □□ / − □□ / □□

05 40−12 ➡ □□ / − □□ / □□

02 50−27 ➡ □□ / − □□ / □□

06 60−43 ➡ □□ / − □□ / □□

03 70−39 ➡ □□ / − □□ / □□

07 80−54 ➡ □□ / − □□ / □□

04 90−61 ➡ □□ / − □□ / □□

08 90−28 ➡ □□ / − □□ / □□

본문 78～79쪽과 함께 공부하세요.

12. (두 자리 수)−(두 자리 수)(1)

학습 POINT

$$\begin{array}{r} 8\ 3 \\ -\ 5\ 7 \\ \hline \end{array} \Rightarrow \begin{array}{r} {\scriptstyle 7\ 10} \\ \not{8}\ 3 \\ -\ 5\ 7 \\ \hline \end{array} \Rightarrow \begin{array}{r} {\scriptstyle 7\ 10} \\ \not{8}\ 3 \\ -\ 5\ 7 \\ \hline 6 \end{array} \Rightarrow \begin{array}{r} {\scriptstyle 7\ 10} \\ \not{8}\ 3 \\ -\ 5\ 7 \\ \hline 2\ 6 \end{array}$$

일의 자리 수끼리 뺄 수 없으면 [십]의 자리에서 받아내림하여 계산합니다.

정답은 35쪽

[01～12] 뺄셈을 하시오.

01
$$\begin{array}{r} 4\ 4 \\ -\ 2\ 8 \\ \hline \end{array}$$

02
$$\begin{array}{r} 6\ 3 \\ -\ 3\ 5 \\ \hline \end{array}$$

03
$$\begin{array}{r} 9\ 8 \\ -\ 6\ 9 \\ \hline \end{array}$$

04
$$\begin{array}{r} 7\ 2 \\ -\ 4\ 4 \\ \hline \end{array}$$

05
$$\begin{array}{r} 8\ 2 \\ -\ 3\ 5 \\ \hline \end{array}$$

06
$$\begin{array}{r} 3\ 4 \\ -\ 1\ 5 \\ \hline \end{array}$$

07
$$\begin{array}{r} 4\ 3 \\ -\ 2\ 7 \\ \hline \end{array}$$

08
$$\begin{array}{r} 4\ 5 \\ -\ 1\ 6 \\ \hline \end{array}$$

09
$$\begin{array}{r} 9\ 1 \\ -\ 1\ 8 \\ \hline \end{array}$$

10
$$\begin{array}{r} 8\ 4 \\ -\ 3\ 9 \\ \hline \end{array}$$

11
$$\begin{array}{r} 9\ 7 \\ -\ 4\ 8 \\ \hline \end{array}$$

12
$$\begin{array}{r} 6\ 2 \\ -\ 5\ 3 \\ \hline \end{array}$$

13. (두 자리 수)−(두 자리 수) (2)

학습 POINT

가로셈은 자리를 맞추어 세로셈으로 바꾼 다음 받아내림에 주의하여 계산합니다.

$$75-29 \Rightarrow \begin{array}{r} \scriptstyle 6\ 10 \\ \not 7\ 5 \\ -\ 2\ 9 \\ \hline \end{array} \Rightarrow \begin{array}{r} \scriptstyle 6\ 10 \\ \not 7\ 5 \\ -\ 2\ 9 \\ \hline 6 \end{array} \Rightarrow \begin{array}{r} \scriptstyle 6\ 10 \\ \not 7\ 5 \\ -\ 2\ 9 \\ \hline 4\ 6 \end{array}$$

정답은 35쪽

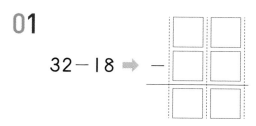

[01~08] 세로셈으로 바꾸어 계산하려고 합니다. □ 안에 알맞은 수를 써넣으시오.

01 32−18 ⇒
$\begin{array}{r} \square\ \square \\ -\ \square\ \square \\ \hline \square\ \square \end{array}$

05 41−25 ⇒
$\begin{array}{r} \square\ \square \\ -\ \square\ \square \\ \hline \square\ \square \end{array}$

02 53−16 ⇒
$\begin{array}{r} \square\ \square \\ -\ \square\ \square \\ \hline \square\ \square \end{array}$

06 56−27 ⇒
$\begin{array}{r} \square\ \square \\ -\ \square\ \square \\ \hline \square\ \square \end{array}$

03 64−49 ⇒
$\begin{array}{r} \square\ \square \\ -\ \square\ \square \\ \hline \square\ \square \end{array}$

07 73−34 ⇒
$\begin{array}{r} \square\ \square \\ -\ \square\ \square \\ \hline \square\ \square \end{array}$

04 81−63 ⇒
$\begin{array}{r} \square\ \square \\ -\ \square\ \square \\ \hline \square\ \square \end{array}$

08 91−22 ⇒
$\begin{array}{r} \square\ \square \\ -\ \square\ \square \\ \hline \square\ \square \end{array}$

14. 세 수의 계산을 해 볼까요(1)

학습 POINT

13+27+16=56
40
56

두 수를 더한 후 나머지 수를 더합니다.

37+15−16=36
52
36

앞의 두 수를 더한 후 마지막 수를 뺍니다.

정답은 35쪽

[01 ~ 06] □ 안에 알맞은 수를 써넣으시오.

01 23+18+17=□

04 47+18−14=□

02 35+26+29=□

05 29+24−35=□

03 48+15+28=□

06 36+18−25=□

본문 80～81쪽과 함께 공부하세요.

15. 세 수의 계산을 해 볼까요(2)

학습 POINT

33−16+18=35

17

35

맨 앞의 수에서 가운데 수를 뺀 후 마지막 수를 더합니다.

46−11−16=19

35

19

맨 앞의 수에서 가운데 수를 뺀 후 마지막 수를 뺍니다.

정답은 36쪽

[01～06] □ 안에 알맞은 수를 써넣으시오

01 32−18+15=□

04 56−19−25=□

02 80−17+19=□

05 63−26−18=□

03 55−27+19=□

06 90−45−16=□

본문 84~85쪽과 함께 공부하세요.

16. 덧셈식을 뺄셈식으로 나타내 볼까요

학습 POINT

■+▲=● → ●−■=▲

■+▲=● → ●−▲=■

32+58=90 ➡ 90−[32]=58, 90−[58]=32

정답은 36쪽

[01~08] 덧셈식을 보고 뺄셈식으로 나타낸 것입니다. □ 안에 알맞은 수를 써넣으시오.

01 37+26=63

➡ 63−□=26
63−□=37

02 29+28=57

➡ 57−29=□
57−28=□

03 28+45=73

➡ 73−□=45
73−45=□

04 18+54=72

➡ 72−18=□
72−□=18

05 47+35=82

➡ □−47=□
□−□=47

06 26+69=95

➡ □−□=69
□−69=□

07 68+15=□

➡ 83−□=15
□−□=68

08 39+37=□

➡ □−□=37
76−□=□

17. 뺄셈식을 덧셈식으로 나타내 볼까요

학습 POINT

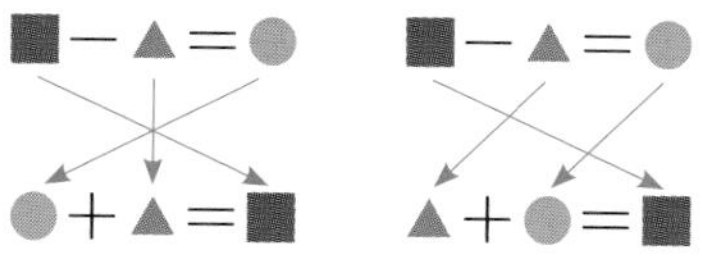

$43-17=26$ ➡ $26+\boxed{17}=43$, $17+\boxed{26}=43$

정답은 36쪽

[01 ~ 08] 뺄셈식을 보고 덧셈식으로 나타낸 것입니다. □ 안에 알맞은 수를 써넣으시오.

01 $72-25=47$

➡ $47+\square=72$

$25+\square=72$

05 $55-38=17$

➡ $\square+38=\square$

$38+\square=\square$

02 $67-48=19$

➡ $19+48=\square$

$48+\square=67$

06 $84-55=29$

➡ $29+\square=\square$

$\square+29=\square$

03 $42-13=29$

➡ $29+\square=42$

$\square+29=42$

07 $31-17=\square$

➡ $14+\square=31$

$17+\square=\square$

04 $52-24=28$

➡ $28+\square=52$

$\square+28=52$

08 $46-27=\square$

➡ $\square+27=\square$

$\square+19=\square$

본문 88~89쪽과 함께 공부하세요.

18. □가 사용된 덧셈식을 만들고 □의 값을 구해 볼까요

학습 POINT

덧셈식에서 □의 값을 구할 때 덧셈식을 뺄셈식으로 나타내는 방법을 이용합니다. 26쪽 참고

□+17=43 → 43−17=□, □=26

19+□=35 → 35−19=□, □=16

정답은 36쪽

[01~04] 그림을 보고 □를 사용하여 덧셈식을 만들고 □의 값을 구하시오.

01

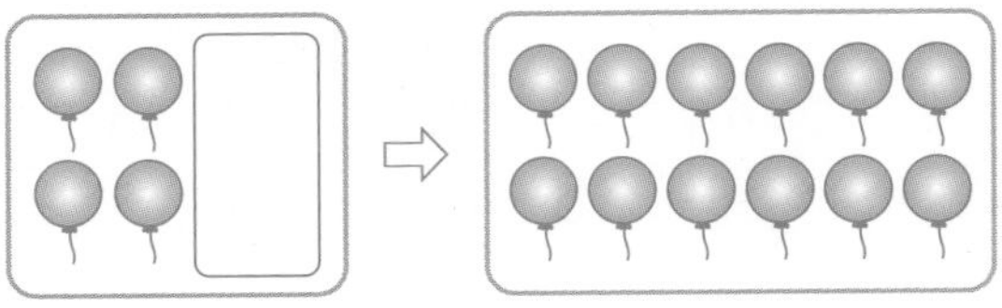

덧셈식 ______________________

□의 값 ______________________

02

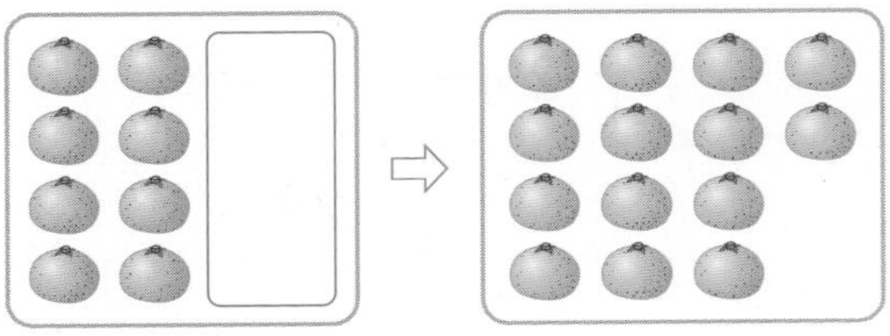

덧셈식 ______________________

□의 값 ______________________

03

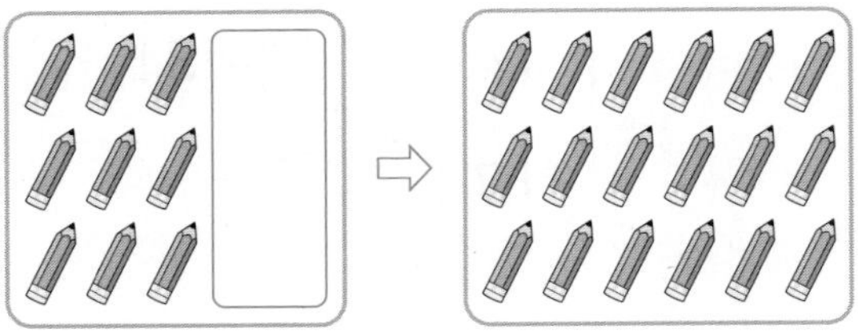

덧셈식 ______________________

□의 값 ______________________

04

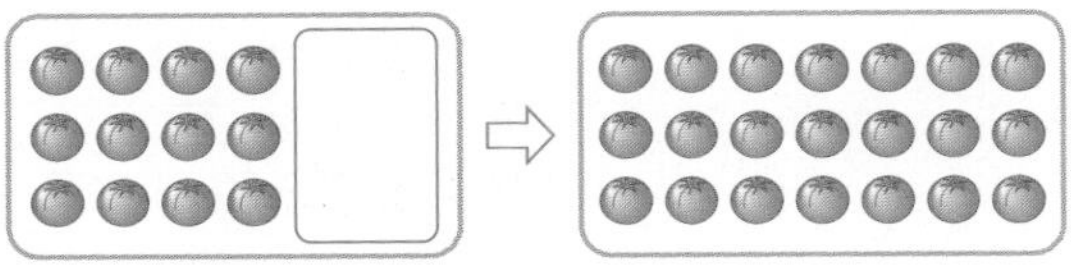

덧셈식 ______________________

□의 값 ______________________

19. □가 사용된 뺄셈식을 만들고 □의 값을 구해 볼까요

학습 POINT

뺄셈식에서 □의 값을 구할 때 뺄셈식을 덧셈식으로 나타내는 방법을 이용합니다.

27쪽 참고

$\square-18=44$

$44+18=\square,\ \square=62$

$42-\square=29$

$\square+29=42,\ 42-29=\square,\ \square=13$

정답은 36쪽

[01 ~ 04] 그림을 보고 □를 사용하여 뺄셈식을 만들고 □의 값을 구하시오.

01

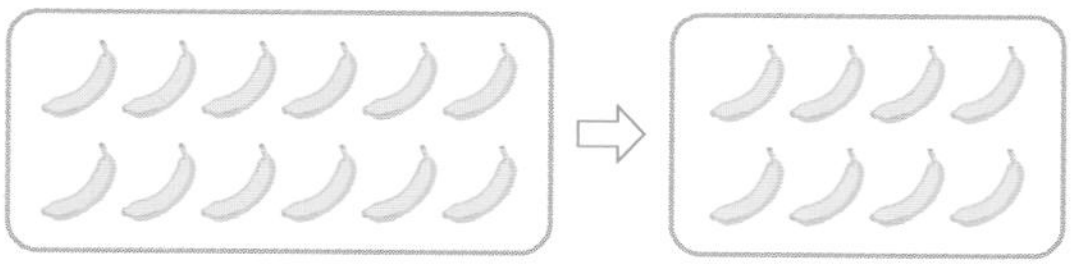

뺄셈식 ______________________

□의 값 ______________________

02

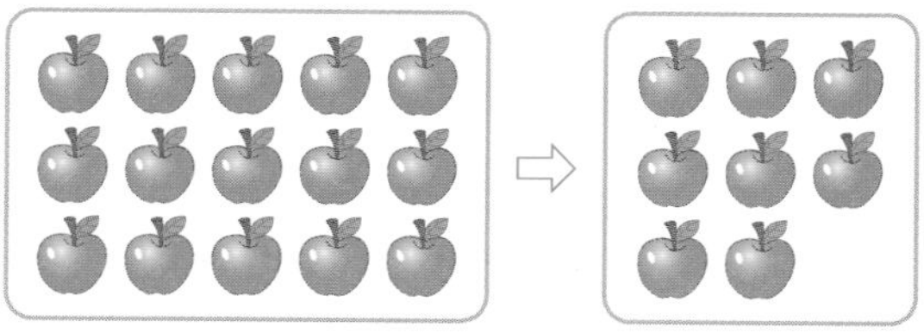

뺄셈식 ______________________

□의 값 ______________________

03

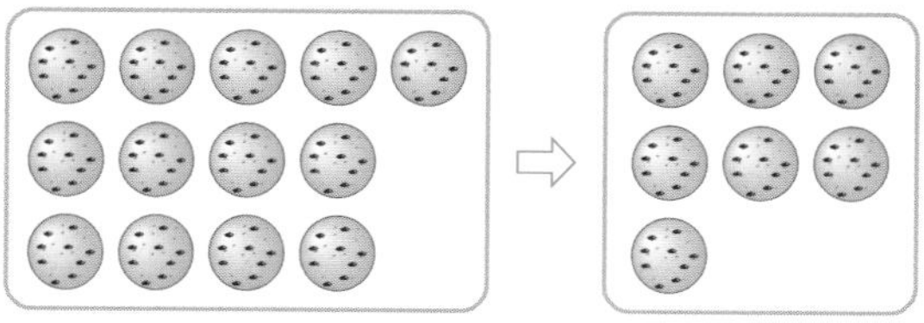

뺄셈식 ______________________

□의 값 ______________________

04

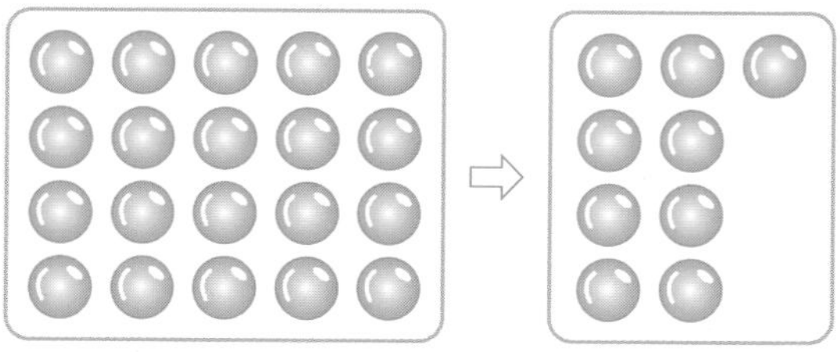

뺄셈식 ______________________

□의 값 ______________________

본문 142～143쪽과 함께 공부하세요.

1. 묶어 세어 볼까요

학습 POINT

2	4	6	8
2씩 1묶음	2씩 2묶음	2씩 3묶음	2씩 4묶음

정답은 36쪽

[01～04] 묶어 세어 보시오.

01

3 — ( ) — ( ) — ( ) — ( )

02

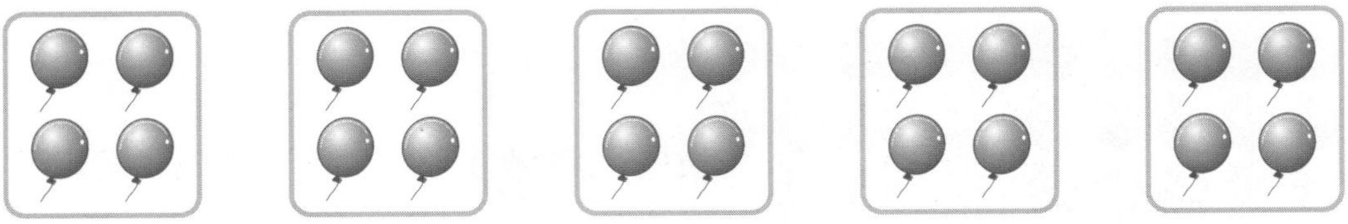

4 — ( ) — ( ) — ( ) — ( )

03

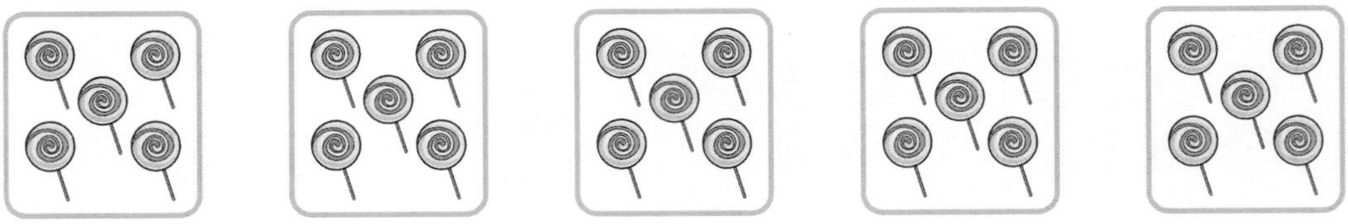

( ) — ( ) — ( ) — ( ) — ( )

04

( ) — ( ) — ( ) — ( ) — ( )

본문 144 ~ 145쪽과 함께 공부하세요.

2. 몇의 몇 배를 알아볼까요

학습 POINT

2씩 5묶음은 2 의 5 배입니다.

정답은 36쪽

[01 ~ 04] 그림을 보고 □ 안에 알맞은 수를 써넣으시오.

01

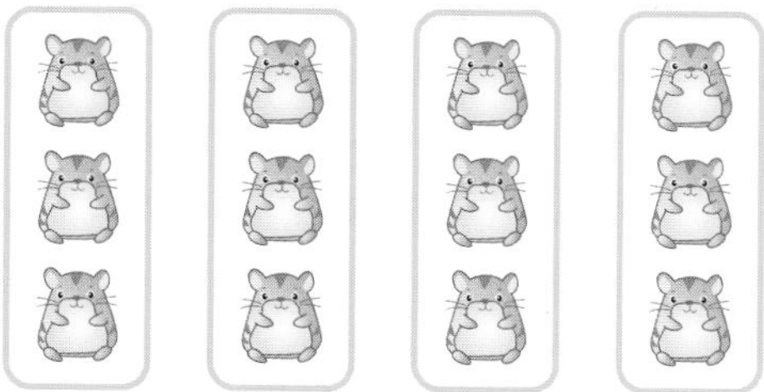

3씩 4묶음은 □의 □배입니다.

02

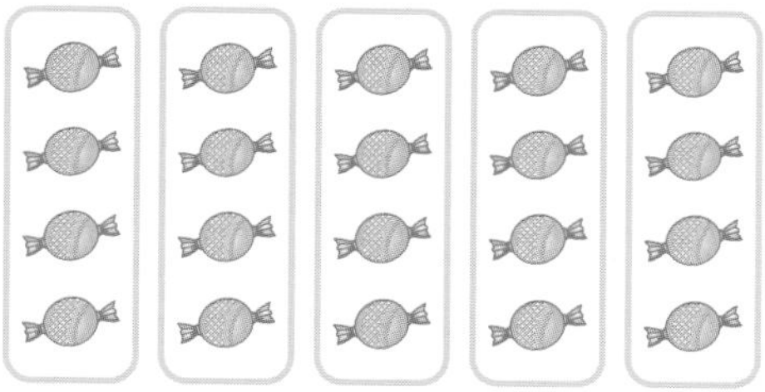

4씩 5묶음은 □의 □배입니다.

03

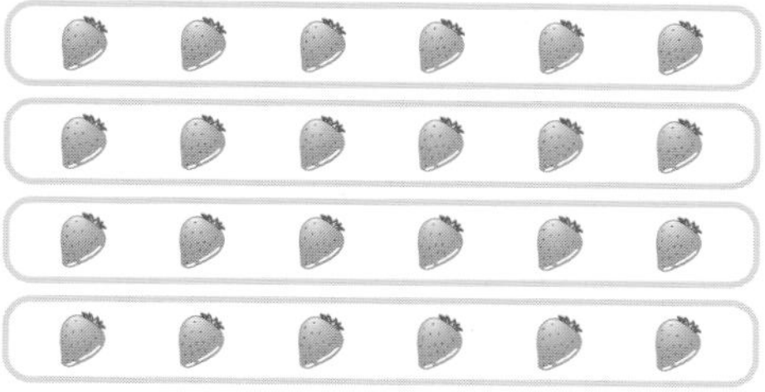

6씩 □묶음은 □의 □배입니다.

04

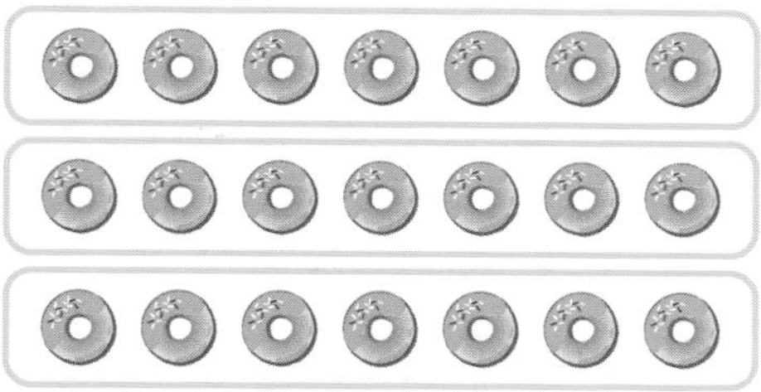

7씩 □묶음은 □의 □배입니다.

본문 152～153쪽과 함께 공부하세요.

3. 곱셈식으로 나타내 볼까요

학습 POINT

덧셈식 3+ 3 + 3 + 3 + 3 = 15

곱셈식 3× 5 = 15

정답은 36쪽

[01～04] 그림을 보고 □ 안에 알맞은 수를 써넣으시오.

01

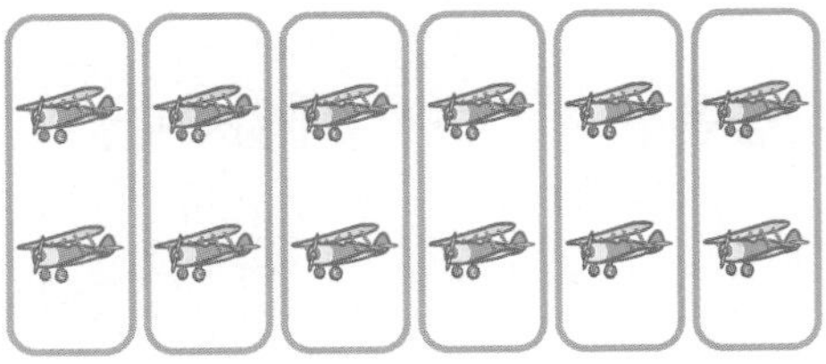

덧셈식 2+2+2+2+2+2=12

곱셈식 2×□=□

02

덧셈식 4+4+□+□=□

곱셈식 4×□=□

03

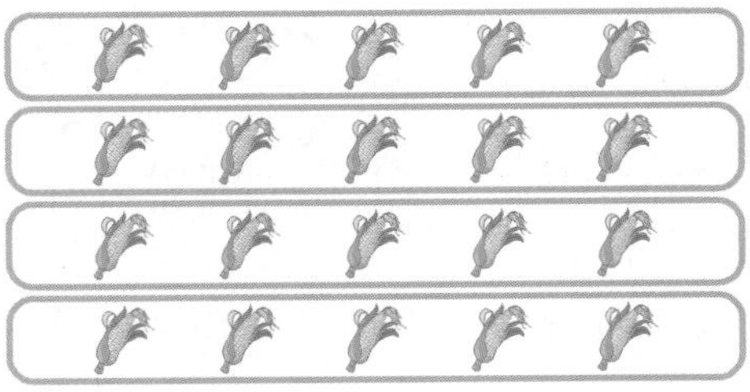

덧셈식 5+5+□+□=□

곱셈식 5×□=□

04

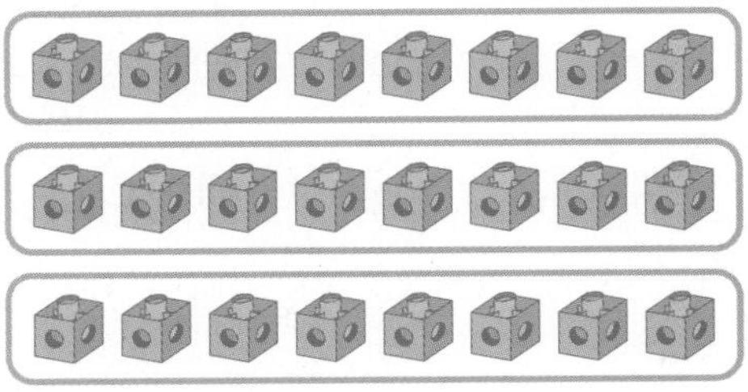

덧셈식 8+□+□=□

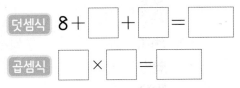

곱셈식 □×□=□